环保公益性行业科研专项经费项目系列丛书

可移动式风蚀风洞及其辅助系统设计原理与应用

姬亚芹　吴丽萍　金陶胜　著

科学出版社

北　京

内 容 简 介

本书是以南开大学 NK-1 可移动式风蚀风洞及其辅助系统设计为核心，详细研究了风蚀风洞及其辅助系统的设计、集沙仪、排沙器和原状取土器。内容包括国内外可移动式风蚀风洞概述；可移动式风蚀风洞设计的理论基础；可移动式风蚀风洞气动结构设计；大气边界层实验模拟方法；可移动式风蚀风洞辅助系统及测量；土壤风蚀物采集器——集沙仪；排沙器和原状取土器。

本书可供环境科学、生态学、地理学、机械、水土保持等领域科研、工程技术人员及有关风洞研发单位开展相关工作时参考，也可供高等院校相关专业师生参考。

图书在版编目（CIP）数据

可移动式风蚀风洞及其辅助系统设计原理与应用／姬亚芹，吴丽萍，金陶胜 . —北京：科学出版社，2014.9

（环保公益性行业科研专项经费项目系列丛书）

ISBN 978-7-03-041613-1

Ⅰ. 可… Ⅱ.①…②吴…③金… Ⅲ. 风蚀–风洞–计算机辅助设计
Ⅳ. ①S157.1②V211.74-39

中国版本图书馆 CIP 数据核字（2014）第 183931 号

责任编辑：李 敏 刘 超／责任校对：鲁 素
责任印制：徐晓晨／封面设计：无极书装

科学出版社 出版
北京东黄城根北街 16 号
邮政编码：100717
http://www.sciencep.com

北京厚诚则铭印刷科技有限公司 印刷
科学出版社发行 各地新华书店经销
*
2014 年 9 月第 一 版 开本：787×1092 1/16
2017 年 4 月第二次印刷 印张：14 3/4 插页：1
字数：300 000
定价：110.00 元
（如有印装质量问题，我社负责调换）

环保公益性行业科研专项经费项目系列丛书

编著委员会

序　言

　　我国作为一个发展中的人口大国，资源环境问题是长期制约经济社会可持续发展的重大问题。党中央、国务院高度重视环境保护工作，提出了建设生态文明、建设资源节约型与环境友好型社会、推进环境保护历史性转变、让江河湖泊休养生息、节能减排是转方式调结构的重要抓手、环境保护是重大民生问题、探索中国环保新道路等一系列新理念新举措。在科学发展观的指导下，"十一五"环境保护工作成效显著，在经济增长超过预期的情况下，主要污染物减排任务超额完成，环境质量持续改善。

　　随着当前经济的高速增长，资源环境约束进一步强化，环境保护正处于负重爬坡的艰难阶段。治污减排的压力有增无减，环境质量改善的压力不断加大，防范环境风险的压力持续增加，确保核与辐射安全的压力继续加大，应对全球环境问题的压力急剧加大。要破解发展经济与保护环境的难点，解决影响可持续发展和群众健康的突出环境问题，确保环保工作不断上台阶出亮点，必须充分依靠科技创新和科技进步，构建强大坚实的科技支撑体系。

　　2006 年，我国发布了《国家中长期科学和技术发展规划纲要（2006~2020 年）》（以下简称《规划纲要》），提出了建设创新型国家战略，科技事业进入了发展的快车道，环保科技也迎来了蓬勃发展的春天。为适应环境保护历史性转变和创新型国家建设的要求，原国家环境保护总局于 2006 年召开了第一次全国环保科技大会，出台了《关于增强环境科技创新能力的若干意见》，确立了科技兴环保战略，建设了环境科技创新体系、环境标准体系、环境技术管理体系三大工程。五年来，在广大环境科技工作者的努力下，水体污染控制与治理科技重大专项启动实施，科技投入持续增加，科技创新能力显著增强；发布了 502 项新标准，现行国家标准达 1263 项，环境标准体系建设实现了跨越式发展；完成了 100 余项环保技术文件的制修订工作，初步建成以重点行业污染防治技术政策、技术指南和工程技术规范为主要内容的国家环境技术管理体系。环境科技为全面完成"十一五"环保规划的各项任务起到了重要的引领和支撑作用。

　　为优化中央财政科技投入结构，支持市场机制不能有效配置资源的社会公益研究活动，"十一五"期间国家设立了公益性行业科研专项经费。根据财政部、科技部的总体部署，环保公益性行业科研专项紧密围绕《规划纲要》和《国家环境保护"十一五"科技发展规划》确定的重点领域和优先主题，立足环境管理中的科技需求，积极开展应急性、培育性、基础性科学研究。"十一五"期间，环境保护部组织实施了公益性行业科研专项项目 234 项，涉及大气、水、生态、土壤、固废、核与辐射等领域，共有包括中央级科研院所、高等院校、地方环保科研单位和企业等几百家单位参与，逐步形成了优势互补、团结协作、良性竞争、共同发展的环保科技"统一战线"。目前，专项取得了重要研究成果，提出了一系列控制污染和改善环境质量技术方案，形成一批环境监测预警和监督管理技术体系，研发出一批与生态环境保护、国际履约、核与辐射安全相关的关键技术，提出了一系列环境标准、指南和技术规范建议，为解决我国环境保护和环境管理中急需的成套技术和政策制定提供了重要的科技支撑。

为广泛共享"十一五"期间环保公益性行业科研专项项目研究成果，及时总结项目组织管理经验，环境保护部科技标准司组织出版"十一五"环保公益性行业科研专项经费系列丛书。该丛书汇集了一批专项研究的代表性成果，具有较强的学术性和实用性，可以说是环境领域不可多得的资料文献。丛书的组织出版，在科技管理上也是一次很好的尝试，我们希望通过这一尝试，能够进一步活跃环保科技的学术氛围，促进科技成果的转化与应用，为探索中国环保新道路提供有力的科技支撑。

中华人民共和国环境保护部副部长

吴晓青

2011 年 10 月

前　言

　　土壤风蚀是一种自然现象，自古有之。我国存在大面积的沙漠、沙地、草地和季节性裸露农田，尤其北方（干）旱（多）风同期的气候特点，导致土壤风蚀严重。土壤风蚀不仅造成风蚀地区土壤流失，肥力降低，农牧民生活水平下降，更造成沙尘所经地区环境空气颗粒物浓度超标、人体健康受损、能见度下降、江河淤积、地表径流和水路交通受阻。因此，包括风蚀起尘机制机理、影响因素、预测模型、控制技术、管理对策等一系列与土壤风蚀防治有关的研究受到了广泛重视。风蚀风洞作为土壤风蚀相关研究中重要的研究手段和必备工具，自土壤风蚀定量化研究之初，其作用就受到了研究者的青睐。而可移动式风蚀风洞作为风蚀风洞的一种特殊类型，日益受到人们的重视，一些研究单位相继研发和制造了可移动式风蚀风洞。

　　本书共 7 章。第 1 章简要介绍了国内外可移动式风蚀风洞，总结了几个典型的可移动式风蚀风洞的特点。第 2 章介绍了可移动式风蚀风洞设计的理论基础，主要包括相似理论、误差理论、异常值检验与剔除方法，继而介绍了动力学相似准数、流场主要特征参数、平均风速剖面模拟和边界层湍流特性模拟等相关理论问题，为风蚀风洞的设计奠定了理论基础。第 3 章介绍了 NK-1 可移动式风蚀风洞气动结构的设计依据、结构尺寸，详细介绍了风洞实验段、尾部扩散段、收缩段、转角段、过渡段、进气段、动力段的结构尺寸设计依据和方法，然后介绍了能量比估算方法以及配套风机的设计、选型和效率校核等。第 4 章介绍了大气边界层实验模拟方法部分，主要介绍了国内外大气边界层主动和被动模拟两种方法和流体力学模拟大气边界层的相关方法和最新进展，最后分别以南开大学可移动式风蚀风洞粗糙元和棒栅系统以及内蒙古农业大学可移动式风蚀风洞的被动模拟装置为例，进行了详细的模拟装置设计的方法、过程介绍和结果验证。第 5 章介绍了南开大学NK-1 可移动式风蚀风洞的数据采集与控制系统、风速测试系统、接地与安全保护问题，然后介绍了该风洞空风洞情况下流场动力学性能检测方法和结果。第 6 章介绍了国内外集沙仪的研究进展，从集沙仪设计的基本原则入手，详细介绍了南开大学研制的集沙仪和中国农业大学研制的集沙仪的尺寸和相关性能测试方法和结果。第 7 章介绍了排沙器和原状取土器的最新进展，重点介绍了内蒙古农业大学设计制造的排沙器和原状取土器，为相关单位开展类似研究提供借鉴。

　　本书各章节编写和审阅人员如下：第 1 章由吴丽萍、姬亚芹编写；第 2 章由吴丽萍（第 1~3 节）和金陶胜（第 4~5 节）编写；第 3 章由吴丽萍编写，李光里审阅；第 4 章由金陶胜和付雪梅编写；第 5 章由吴丽萍编写，李光里审阅；第 6 章由王嘉珺和姬亚芹编写；第 7 章由朱振宇和姬亚芹编写。全书由赵静波和张诗建负责文字和格式校对，姬亚芹负责统稿，审定终稿。

　　本书得到国家环保公益性行业专项资金支持。

　　书稿几经修改，希望尽可能详细地介绍可移动式风蚀风洞领域的最新进展、设计理论、设计实例，以及在可移动式风蚀风洞实验中必备的重要设备——集沙仪和原位取土器等相关设备，希望为相关研究人员开发设计新的可移动式风蚀风洞及其相关设备提供理论基础和典型案例，为促进土壤风蚀研究向纵深化、系统化、定量化等方向发展服务。

　　在本书编写过程中，引用了大量的论文、专著等相关资料，限于篇幅未能在参考文献中一一列出，谨向文献的作者致以深深的歉意，并表示衷心的感谢。特别感谢沈阳航空航天大学的徐让书老师、李光里老师和李国文老师在南开大学可移动式风蚀风洞设计、流体力学模拟和制造过程中的大力支持和协作。

　　由于作者水平有限，书中难免有疏漏和不妥之处，热切希望读者批评指正。

作　者

2014 年 4 月

目　　录

第1章　国内外可移动式风蚀风洞概述

风蚀风洞是伴随着土壤风蚀问题的研究而产生和发展起来的。土壤风蚀所产生的颗粒物会造成源地、途径地和汇地大气颗粒物污染加剧，并引发一系列环境与健康问题，探求风蚀机制及其控制途径，成为世界各国土壤保持和大气颗粒物污染防治领域的科学家和研究者共同努力的方向。环境风洞及可移动式风蚀风洞的开发与应用，极大地加速了土壤风蚀问题研究的进程。而可移动式风蚀风洞（movable wind erosion tunnel）的出现及其应用，在土壤风蚀影响因子、风蚀预报模型、抗风蚀机制、风蚀控制技术、风蚀控制管理措施、土壤风蚀危害等系统研究中发挥了极其重要的作用，已成为土壤风蚀成因以及管理与控制领域不可或缺的研究工具。本章简要介绍可移动式风蚀风洞的产生、作用与特点，分类介绍国内外可移动式风蚀风洞的发展与各自的特点和应用状况，归纳总结了可移动式风蚀风洞设计的基本准则和一般要求。

1.1　可移动式风蚀风洞的产生、作用与特点

1.1.1　土壤风蚀研究与风蚀风洞

1.1.1.1　土壤风蚀的定义

科学的风蚀（wind erosion）概念以侵蚀（erosion）概念为基础，erosion 一词源于拉丁语 erodere，原意为吃掉、挖掉。1894 年，Penck 将 erosion 引入地质学中，首次用以描述水流作用下地表固体物质的流失和沟壑、潜谷的形成。与 erosion 意义相近的，用于描述侵蚀现象的词还有 ablation（源于拉丁语 ablatio，意为带走）、corrosion（源于拉丁语，意为啃成碎片）、abrasion（源于拉丁语 abradere，意为刮掉）和 deflation 等。史培军等（1999）认为土壤侵蚀过程涉及侵蚀动力与下垫面相互作用过程。侵蚀是在各种外在物质（即外在地貌因子）作用下，土壤层或其下基岩（即土壤圈和岩石圈）的破损。依据侵蚀发生的水动力、风动力、温差、重力等作用力的不同，土壤侵蚀过程可划分为水蚀过程、风蚀过程、冻融侵蚀过程、重力侵蚀过程。

朱显谟（1956）提出，风蚀是风力作用对土壤圈或岩石圈进行损害和破坏，风蚀过程就是风力作用引起地表物质脱离地表并被搬运和再堆积的过程。董治宝和李振山（1995）指出，风蚀是侵蚀与塑造地球景观的基本地貌过程之一，也是发生于干旱、半干旱以及部分半湿润地区土地沙漠化的关键环节。因此在自然状态下，风蚀与水力侵蚀、重力侵蚀和冻融侵蚀等各类土壤侵蚀一样，只是自然力作用下的某种现象。Chepil 和 Milne（1939）研究认为，对于疏松干燥的细颗粒土壤、缺乏植被覆盖的裸露地表、开阔平坦的原野等区

域，容易发生风蚀。戚隆溪和王伯懿（1996）指出，风蚀是指松散的地表土壤颗粒被风吹起和输运的吹蚀过程，以及地表物质受到风吹起颗粒撞击而破碎的磨蚀过程。吹蚀过程主要涉及流体动力学过程，或者更严格地讲是气固两相流动过程。风蚀主要发生在干旱与半干旱气候区，一般年降雨量在 250~300 mm 范围内的地区易受风蚀影响。土壤侵蚀分类分级标准（SL 190—2007）对风蚀的定义为：风蚀即风力侵蚀，指在气流的冲击作用下，土粒、沙粒或岩石碎屑脱离地表，被搬运和堆积的过程。

　　土壤风蚀是土壤侵蚀的一种类型。《风沙物理学》（丁国栋，2010）对土壤风蚀的描述是：土壤风蚀是指土壤或土壤母质在一定风力的作用下，土壤结构遭受破坏以及土壤颗粒发生位移的过程。Shao（2000）、董志宝等（1995）等认为，土壤风蚀可以理解为：土壤颗粒受风力作用产生位移，这种位移包括土壤颗粒的夹带起尘、空间运移、重力沉降与沉积或地表土壤颗粒的蠕移、运移、沉积和再堆积过程。

　　上述这些过程表现为地表颗粒的磨蚀过程，实质上是表层土壤中细颗粒物和营养物质的吹蚀、搬运与沉积的过程，所产生的直接性生态后果表现为：造成表土层大量富含营养元素的细微颗粒的损失，致使农田表土层粗化、土壤肥力下降和土地生产力衰退，是导致土地荒漠化的重要原因；土壤风蚀过程易产生大量的气溶胶颗粒，这些颗粒悬浮于大气中，会造成所在地区乃至周边地区严重的环境污染，是沙尘、扬沙等天气现象的重要来源。

1.1.1.2　土壤风蚀问题的研究与发展

　　自然界风力侵蚀的表现形式多种多样，如各种鬼斧神工般的风蚀地貌以及黄土高原的形成等，构成了自然环境的一部分。人类既无可能、也无必要对这些正常的自然过程强加改变，胡云锋等（2003）将这种自然状态下的风力侵蚀称为"容许侵蚀"。由于人类的高强度、不合理活动，风力侵蚀发生、发展的强度及影响范围逐渐增强、增大，乃至引发环境灾害，危及人类正常的生产、生活环境甚至于生命安全。例如，20 世纪 30 年代中叶至 40 年代，美国中西部大平原、加拿大西部大草原以及苏联中亚地区灾难性的"黑风暴"事件，据估计，这一时期美国大平原每年被侵蚀的土质重量与进入大气中的尘埃重量分别为 2.44 亿 t 和 0.77 亿 t，每年来自撒哈拉地区的矿物质尘埃达 2.60 亿 t，每年风从大地表面上搬运的粒径小于 20μm 的细沙量超过 5 亿 t。探求风蚀机制及其控制途径成为世界各国土壤保持与颗粒物污染防治领域的科学家共同努力的方向。

　　正是这一时期严重的沙尘暴引起了科学界对土壤风蚀危害的空前重视，极大地刺激了风蚀问题研究的纵深发展。Bagnold（1941）深入利比亚沙漠进行观测，积累了丰富的现场资料；同时利用室内风沙环境风洞进行相关研究，获得了广泛的实验资料。以这些资料为基础，创立了风沙物理学，建立了《风沙和荒漠沙丘物理学》的理论体系。他将风-沙定性关系问题简化为可以定量测量的空气动力学问题来研究，通过风沙环境风洞（wind tunnel of blown sand environment）实验和野外观测来确定引起沙粒移动的力学机制，全面研究了稳定地表和被侵蚀表面上空的风速剖面、沙粒移动的起动风速、沙粒的跃移与蠕移等土壤风蚀问题，为近代风蚀体系的认识与研究奠定了坚实的科学基础。遵循 Bagnold 的理论体系，Chepil（1945）及其合作者对耕地的风蚀问题进行了长达 25 年的系统研究，涉及风蚀的影响因子以及沙粒的蠕移、输运和沉积机制，发表了具有重要学术价值的研究论文，讨论了吹蚀机制问题，分析了风蚀因子，确定了土壤可蚀性指标和气候指标，研制了风蚀仪器设备，初步建立了风蚀研究的理论–实践体系，被誉为现代土壤风蚀科学的开拓者。风蚀研究由此实现了由定性研究向定量研究的飞跃，可移动式风蚀风洞的雏形便在此阶段产生。自 1947 年可移动式风蚀风洞经美国农业部土壤风蚀实验室进一步的开发、改进与发展，在土壤风蚀影响因子的系统研究中发挥了极其重要的作用。20 世纪 60 年代，Woodruff 和 Siddoway（1965）建立的世界上第一个通用风蚀方程（WEQ），便是基于该可移动式风蚀风洞的野外实验数据得到的。这里提到的风沙环境风洞是风沙研究的专用设备，用来模拟研究风对自然界地表结构的影响，以及风和沙粒在吹蚀、搬运、堆积过程中的相互作用与相互关系。可移动式风蚀风洞特指一类尺寸小、重量轻、可拆卸、容易移至野外并在真实地表条件下现场进行实验的研究工具。国外学者 Raupach（1990）、Nickling 和 Gillies（1993）、Leys 和 Raupach（1991）、Pietersma 等（1996）在其论文中多称之为便携式风洞（portable wind tunnel），国内研究者朱朝云等（1992）、吴正（2003）的相关文献中称为野外风蚀风洞（field wind tunnel），荣姣凤（2004）、范贵生（2005）发表的论文中称为可移动式风蚀风洞。

当然，由于自然条件的错综复杂，地表风蚀研究经历过几次大的发展浪潮，而每一次大的发展都更加强化和注重了风蚀风洞实验研究的实际应用。

（1）国外土壤风蚀研究进展

国外土壤风蚀研究可分为 4 个阶段：定性描述阶段、定量研究阶段、风蚀方程的建立与完善阶段及风蚀预报系统的建立与完善阶段。

1）定性描述阶段。20 世纪 30 年代前，科学家总结了对土壤风蚀认识的有关结论，包括风与土壤的相互作用、风蚀物质的损失与搬运等，认为通过深入了解土壤理化性质可以找出减轻土壤风蚀的办法，如增加土壤湿度和有机质含量、改良土壤结构、增加作物残留物、构建防风带等措施保护地表。

2）定量研究阶段。20 世纪 30 年代中期，Bagnold 的代表作《风沙和荒漠沙丘物理学》标志着土壤风蚀迈入了定量研究阶段，是近代风蚀体系认识与研究的奠基石。

3）风蚀方程的建立与完善阶段。20 世纪 30 年代末至 50 年代，"黑风暴"事件成为这一时期的标志。这一时期，美国的 Chepil 被誉为现代土壤风蚀科学的开拓者，风蚀动力学机制、风沙流磨蚀作用、风蚀流失量及其影响因素、土壤风蚀因子、风蚀强度等级以及土壤理化性质与土壤抗蚀性间关系等研究获得突破，风蚀研究理论体系的建立成为风蚀定量研究飞跃发展过程的标志。50 年代中期，苏联雅库波夫等通过野外观测和风洞模拟实验，探讨了微地形、土壤、植被等环境条件与土壤风蚀间的关系，在防风蚀的综合农业措施方面做出了卓越贡献。自此，涉及物理措施、生物措施、管理措施等农田防风蚀措施的研究得到重视与发展，土壤风蚀的研究由理论研究向应用研究转变。

4）风蚀预报系统的建立与完善阶段。20 世纪 60 年代，计算机的应用使土壤风蚀研究出现新的转机，并得以在理论研究领域长足发展。Woodruff 和 Siddoway（1965）首次建立了田间年风蚀量的估算模型——WEQ，使之成为这一时期的标志。80 年代，计算机技术的迅速发展和深入渗透，美国农业部专家组综合风蚀科学、数据库、计算机技术等联合推进土壤风蚀预报的研究，提出了修正风蚀方程（RWEQ），90 年代继续推出了风蚀预报系统（WEPS），最终取代 WEQ。土壤风蚀程度与环境因素密切相关，WEPS 具有模拟田间条件和土壤蚀积时空变异的能力，除模拟基本的风蚀过程，还能模拟土壤风蚀随环境条件影响变化的过程。该系统可以分别输出跃移、蠕移和悬浮土壤流失量方面的量化数据，这在土壤风蚀起尘对城市环境空气质量的影响研究中至关重要。WEPS 是迄今为止影响因素最完整、手段最先进的风蚀预报模型，是大力推进风蚀定量评价研究、风蚀防治实践、环境规划与管理等工作的重要技术工具。

（2）国内土壤风蚀研究概况

我国学者很早就注意到土壤风蚀问题及其引起的沙尘暴灾害，但风蚀研究工作进展缓慢，20 世纪 50 年代以前，随着西方近代土壤侵蚀研究的不断发展和相关科学知识的传播，国内学者开始关注并认识土壤风蚀问题。国内土壤风蚀的研究过程大致可以归纳为四个阶段。

1）萌芽阶段。1950 年以前，国内研究者基于风沙物理学研究和沙漠研究，开始较详细地对我国干旱、半干旱地区的农田风蚀问题进行调查，区域涉及东北、内蒙古、新疆、陕北及黄河下游洪泛平原半湿润地区。这一阶段以定性和描述性研究为主，陈渭南等（1994）认为中国土壤风蚀科学研究在这一时期处于萌芽阶段。

2）定性研究阶段。20 世纪 50 ~ 60 年代，我国学者钱宁和林秉南、杨郁华、梁式弘等先后翻译出版了拜格诺的《风沙和荒漠沙丘物理学》、苏联兹纳门斯基的《沙地风蚀过程的实验研究和沙堆防止问题》、雅库波夫的《土壤风蚀及其防止》等专著，并翻译了大量学术论文，这些专著和论文成为防沙治沙工程的重要理论指导。在此基础上，在风蚀活动的自然条件、风蚀地形发育以及风沙运动规律、防沙措施机制等方面开展了系统性研究，建立了一批实验站，重点结合大型工程建设任务开展了农田风蚀沙害、交通干道风蚀沙害的防沙治沙技术实验研究。该阶段仍以宏观调查和定性分析为主。1967 年，中国科学院兰州冰川冻土沙漠研究所建成了我国第一座环境风洞，开启了我国风沙物理实验研究的新纪元，风蚀研究由定性研究向半定量、定量研究转变。

3）定量研究阶段。20 世纪 70 ~ 90 年代，土壤风蚀的风洞实验研究迅速发展，1988 年，中国科学院兰州沙漠研究所建成第二座沙风洞——土壤风蚀风洞，安置于中国科学院寒区旱区环境与工程研究所沙坡头沙漠实验研究站，方便野外研究。这一时期，风蚀的专项研究工作相继兴起和发展，研究方法包括野外观测、风洞模拟实验和理论分析。贺大良等（1986）、董光荣等（1987）在我国较早地应用风洞研究了地表粗糙度与人畜践踏等对土壤风蚀的影响。董治宝等（1995，1996a，1996b，1996c，1997a，1997b）通过风洞模拟实验，对土地开垦、植被盖度、土壤含水量、土壤机械组成等主要风蚀因子与土壤风蚀强度之间的关系，进行了定量和半定量研究。朱朝云（1987）、赵存玉（1992）、哈斯（1994）等利用可移动式风蚀风洞研究了不同地表的土壤风蚀量和风蚀物垂直分布。董治宝和李振山（1998）通过风洞模拟实验，建立了风蚀率与风速等因素之间的数量关系。刘连友等（1999）利用风洞实验模拟测定了不同砾石覆盖密度与覆盖方式对土壤风蚀率的影响。这一时期是我国土壤风蚀研究专向化、系统化、定量化全面发展的阶段。

4）应用与发展阶段。20 世纪 90 年代以来，计算机技术、数理化方法、遥感解译、室内动态仿真模拟等现代技术方法的出现与飞速发展，结合实地调查、定位观测等常规技术手段，我国土壤风蚀研究迅速发展，获得了区域治理途径与措施、区域土地资源开发利用等一系列应用研究成果。严平（2000）通过对^{137}Cs 剖面分布态势的分析，探讨了不同土类的现代风蚀过程，且根据^{137}Cs 模型计算出青藏高原风蚀地区的土壤风蚀速率。

（3）土壤风蚀研究展望

胡云锋等（2003）提出，土壤风蚀研究的根本任务是对土壤风蚀的范围、强度及数量进行监测、评价和预测预报。因此，对于土壤风蚀的物理机制、过程的深刻理解，包括对风蚀作用发生、发展和减弱消亡过程的各类影响因子的研究与理解，是实现土壤风蚀研究任务的基础。

在土壤风蚀问题的研究过程中，无论是土壤颗粒的夹带起尘、空间运移及沉降淀积过程的研究，还是风蚀作用发生、发展和减弱消亡过程的研究，均与时间尺度密切相关。由于土壤风蚀的季节主要发生在冬春旱风同期的季节，因此风蚀规律研究的时间尺度涉及年际尺度、月尺度、季尺度；而风蚀的物理机制，如土壤颗粒发生跃移、蠕移、悬移的影响因子等，需要以小时，甚至分钟等更小的时间尺度进行实时监测。因此，随着风蚀研究向定量模型化方向的快速发展，移动式风蚀风洞的应用也越来越显示出对于风蚀研究的重要性和经济价值。国内外关于风沙移动规律、气流夹带起沙机理、风蚀分布的地带性规律、风蚀强度与风蚀量、土壤风蚀因子的影响等风蚀理论与基础的研究，都需要依靠野外风洞。美国、苏联、澳大利亚和加拿大等采用保护性耕作措施与退耕还林、植树造林、建立防风屏障等措施治理沙尘暴，治理速度快、效率高、经济性强，其治理成效均离不开便携式风蚀风洞在保护性耕作措施研究中的利用。可见，随着土壤风蚀问题研究的深入和细化，可移动式风蚀风洞成为必备的研究工具。

1.1.2 可移动式风蚀风洞的地位与作用

土壤风蚀研究的发展历程体现了风蚀研究对风蚀风洞技术进步和演化的带动与促进作用，而风蚀风洞技术的发展又一直推动着风蚀研究向深度和广度方向发展，二者相互促进、相辅相成。国外自 20 世纪 30 年代中期，便进入了室内风洞实验结合野外观测的土壤风蚀定量化研究阶段。利用风蚀风洞，包括室内大型风蚀风洞或可移动式风蚀风洞，可以模拟并观测各种气象条件和地表状况下的风蚀过程，尤其是土-气边界层中的起沙和降尘过程。风蚀风洞是开展时空尺度特征的土壤风蚀定量化研究的必备工具，从风蚀研究的初始阶段就成为风沙物理学家和土壤风蚀研究者进行风蚀研究的首选工具。

土壤风蚀研究最重要的两种方法：①现场实测法。通过在野外现场（农田等）布置集沙仪直接测量。②实验模拟法。包括室内（固定式）风蚀风洞模拟实验和野外风蚀风洞模拟实验。室内开展风洞模拟实验前，需要从野外现场挖取一定规格的土样放置于风洞实验段，通过风扇系统产生各种等级的风力以模拟自然风场。其存在的主要问题是研究所使用的土样很难保持原状，原状土采样工具缺乏，采样后的保存运输也是影响因素。同时原状土运送到实验室之后其土壤水分性状等物理特征会发生显著变化，因此制约了原状土室内风洞实验研究。野外风蚀风洞模拟实验则只需将可移动式式风蚀风洞运去野外现场即可开展相关实验，但存在运输成本高的问题。土壤风蚀研究的现场实测法适合于自然风力较大，地表土壤颗粒能被吹起的情况，且测量精度取决于集沙仪的采样精度。实验模拟法则不受气候条件的约束，短时间内可以获得较多的风蚀实验数据，实验效率较高，但野外地表的土样采集对模拟结果的影响较大：采样过程会破坏现场地表，土样运输过程可能造成表层土壤机械组成、含水率等条件的改变，室内风洞不能准确模拟温度、光照和空气湿度等自然气象条件。因此室内风洞的实验结果需要用现场实测数据进行对比修正。利用可移动式风蚀风洞的模拟实验，则结合了现场实测的可靠性、真实性和风洞模拟的快捷性、便利性等优点，其一，它避免了从野外采集土样以复制真实地表状况时造成的人为实验误差，增强了风蚀模拟实验结果的可靠性；其二，可移动式风蚀风洞可以模拟各种自然风力，同样可以完成室内沙风洞的各项风蚀实验，实验结果更趋于真实。因此，移动式风蚀风洞得到了较广泛的应用，成为土壤风蚀研究中不可或缺的实验工具和研究手段。

1.1.3　可移动式风蚀风洞的类型及主要特点

1.1.3.1　可移动式风蚀风洞的类型

《风洞设计原理》中将实验段风速在 $0 \sim 135\text{m/s}$ 范围内的风洞归为低速风洞。根据在土壤风蚀问题研究中的作用和条件，土壤风蚀风洞的风速范围通常在 $0 \sim 50\text{m/s}$，属于低速风洞范畴。低速风洞可分为开路式风洞和回流式风洞，如图 1-1 和图 1-2 所示。

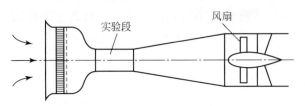

图 1-1　开路式风洞结构简图

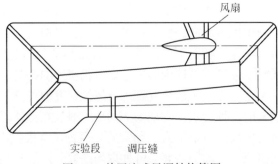

图 1-2　单回流式风洞结构简图

开路式风洞内气流经过实验段后排出风洞，没有专门的管路导回。一般大型开路式风洞的两端都直通大气，即风洞直接从大气中吸进空气，经过实验段后再排入大气。根据风洞风机的安装位置，开路式风洞还可分为吸气式风洞和吹气式风洞。吸气式风洞的风机安装在风洞的尾部，起动风机后气流由风机产生的风力带动被吸入风洞内。吹气式风洞的风机安装在风洞的头部，风洞尾部直通大气。

回流式风洞实际上是将直流式风洞首尾相接，形成封闭回路，回流式风洞中气流经过实验段后由专门的管道导回，可循环使用。回流式风洞通常有 3 种形式：单回流风洞、双回流风洞和环形回流风洞。其中，单回流风洞是最常见的型式，双回流式风洞一般为大型风洞，环形回流式风洞为变密度风洞，强度较高。

开路式风洞与回流式风洞相比，各有优缺点。开路式风洞从扩压段流出的气流动能是不能回收的，回流式风洞则可以回收一部分能量。开路式风洞的入口气流比较乱，必须设置蜂窝器、纱网等整流设备。回流式风洞的整流设备较简单，通常一层纱网即可。一般来说，回流式风洞的流场品质要比开路式风洞好。回流式风洞的结构尺寸大，尤其对大型风洞更显突出，因而同样的实验段口径，回流式风洞的造价高出 60 % ～ 100 %。开路式风洞中，实验段气流很少受风洞下游动力机械的影响，而在回流式风洞中，这种影响要严重得多，甚至影响模型的绕流流态。开路式风洞建设费用相对较低，如需要进行大量的烟雾流迹显示实验或采用内燃机发动机，在清洁风洞方面没有特殊要求，但风洞内的流动容易受到外界和低温天气的影响。回流风洞虽然流场品质不受外界活动和天气条件的干扰，但一次投资比开口直流风洞高很多，若需要进行大量烟雾流迹显示实验或使用内燃机发动机时，必须配备有效清洁设备，长时间运转时，风洞内部会产生较高温度，可能对某些测试产生影响。

可移动式风蚀风洞尺寸小、重量轻、易拆卸、可移动，实验段底面为自然地表或人工地表，气流经过实验段后即排出风洞，故一般为开路吹气式低速风洞，风洞内气流可认为是不可压缩的，维持风蚀风洞运行所需功率较低。

1.1.3.2　可移动式风蚀风洞的特点

自 20 世纪 40 年代以来，可移动式风蚀风洞得到持续开发并被用于自然土壤地表测定、土壤表面特性的研究和覆盖层对土壤可蚀性、输沙量的影响研究。可移动式风蚀风洞最简单的形式至少包括 3 个组件：电源（如发电机）、风扇或鼓风机（诱导空气流动和营造人工风）、实验段。其他组件可能包括连接风机和实验段的过渡段，调节实验段风速的装置和在该段捕集沉降物的装置。

吸气式风洞的风机位于实验段的下游，经过实验段时，气流运动不会发生改变，因此不需要流量调节设备和过长的洞体来产生均匀气流。相反，吹气式风洞的风机是置于实验段前端，流经实验段截面的气流被风扇切碎，会出现严重的湍涡，在这种情况下，流经实验段的气流与自然风不同，会造成测量误差的累积效应，若要获得均匀流，可以通过整流元件和长的洞体调整实验段前的气流。基于此，吸气式风洞要优于吹气式风洞。一般，在气流流过测试区表面足够长度并发展成为平均风速剖面之后再进行地表侵蚀率和风速的测定。在吸气式风洞内，测量点安排在风机前，采样器、场地器材等移进和移出有一定的困难。在吹气式风洞内，测量点在风洞的末端，测量器械容易进出，因而吹气式风洞比吸气式风洞有利。总之，风蚀研究中存在诸多影响因素，移动式风蚀风洞的设计型式主要取决于风蚀研究的主要目的。典型的吸气式、吹气式便携式风洞如图1-3和图1-4所示。吸气式可移动式风蚀风洞包括圆锥形风洞入口、扩散段、输沙器、9.4m长实验段、带有机玻璃门的测量段、轴流风机和发电机以及变频器和笔记本电脑。吹气式便携式风洞包括过滤器、吸气式风扇、槽式取样器、工作段、气流稳定段、帆布波纹管连接段、气流导直段、输沙器、离心鼓风机和倾斜过渡段。

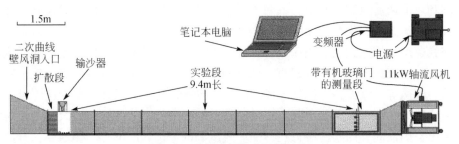

图1-3 吸气式便携式风洞结构

资料来源：Maurer et al. ，2006

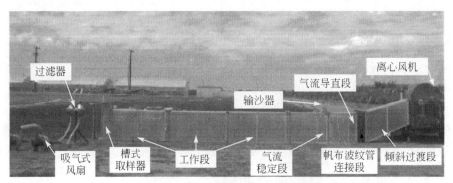

图1-4 吹气式可移动风蚀风洞结构

资料来源：Van Pelt and Zobeck. 2013

1.2 可移动式风蚀风洞研究进展

1.2.1 国外可移动式风洞研究进展

世界上公认的第一个风洞是英国人温罕姆（Wenham F. H. ）于1871年建造的低速风洞。美国的莱特兄弟（Wright O. 和Wright W. ）于1901年制造了实验段截面积0.56m^2、风速12 m/s的风洞，之后世界上第一架实用的飞机于1903年诞生。20世纪中叶后风洞开始大量出现，但主要应用在航空航天领域。随着工业技术的发展，从60年代开始，风洞实验逐渐应用于非航空航天部门，包括农业、林业、建筑、机械、船舶、桥梁、车辆、生物、气象、能源、环境保护等领域。其中，用来研究复杂地形或建筑物周围的流动特征和污染物迁移、扩散规律的风洞，称为环境风洞，是模拟大气边界层流动的工具。例如，沙风洞是在农业、林业和环境保护方面应用的风洞，用来研究风沙流结构和风沙流中土壤颗粒的运动。大气环境风洞是在实验室进行模拟实验，考察大气污染扩散过程和扩散规律的有效途径之一。

环境风洞根据其能否移动分为固定式和可移动式。室内环境风洞在风蚀研究中具有很大的作用，但在评估自然土壤表层的侵蚀度和起尘量方面存在局限性。在风蚀研究中，固定式风洞受到限制，尤其在评估自然土壤表层的可蚀性和输沙量方面更为明显。

可移动式风蚀风洞用于估算土壤侵蚀程度、研究土壤表面性状和地表覆盖对土壤可蚀性的影响、计算地表起尘量已经超过半个多世纪。可移动式野外风洞的应用可以追溯至 20 世纪 40 年代，美国便开始使用可移动式风蚀风洞研究农田土壤的飘移问题，但设计者和建造者没有公开或发表该风洞的设计资料。美国农业部土壤风蚀实验室对土壤风蚀研究与发展以及风蚀风洞的设计与装备做出了重要贡献，自 1947 年，逐步研发了包括室内风沙环境风洞、野外可移动式风蚀风洞、尘埃采集器等一系列土壤风蚀研究专用工具。Zingg 是美国农业部的一名机械师，他和其他研究者在美国堪萨斯州立大学（Kansas State University）设计了一座可移动式风洞，并首次发表了该风洞的设计尺寸和结构，这个风洞用于测量农田地表的可蚀性以评估土壤表层基于压差阻力的粗糙度效应，对土壤水分、土壤粒度、土壤结构、有机物、地表粗糙度、表土密度、植物覆盖度等风蚀因子的系统研究发挥了极其重要的作用，最著名的风蚀方程 WEPS 就基于此风洞而诞生。Ambrust 和 Box 等于 1967 年参照此风洞在 Big Spring 风蚀实验站建造了改进型的可移动式风洞，用于测定作物对跃移颗粒磨蚀的敏感度，研究裸露农田作物的抗风蚀作用。随后，美国学者 Gillette（1978）在国家大气研究中心设计建造了一座小型吸气式风洞，成功用于测定自然地表颗粒蠕移的起始风速，研究了沙漠、农田土壤风蚀的临界摩阻风速。苏联在哈萨克国家农业机械化和电气化科学研究所建造了一座可移动式风蚀风洞，研究土壤风蚀量变化问题。加拿大 Guelph 大学建造了一座可移动式风蚀风洞，在北美和非洲等地开展了风蚀实验研究。20 世纪 70~90 年代，澳大利亚改进并建造了两座可移动式风蚀风洞，其中，Leys 等（2002）在澳大利亚建造了一个微型吸气式风洞，用于确定铁矿石和道路表面的相对输沙率。Raupach 和 Leys（1990）在澳大利亚建造了一个车载可移动式风洞，在考察了矩形和三角形实验段后认为矩形截面优于三角形截面。研究者进一步注意到风洞实验段上游气流调节的重要性，并且陈述了便携式风洞设计的空气动力学准则，在 Zingg（1951）提出的便携式风蚀风洞设计准则的基础上，从技术角度新增加了个别内容。应用该风蚀风洞，Leys 和 Raupach（1991）研究了裸露耕地和未耕种土壤的可蚀性，Leys 和 Eldridge（1998）研究了气流扰动对生物结皮可蚀性的影响，Bennell 等（2007）研究了土壤表层跃移颗粒对窄叶羽扇豆的损害和恢复。

20 世纪 90 年代初，美国国家环境保护局、华盛顿州政府、华盛顿州立大学三方面合作的"哥伦比亚高原风蚀空气质量计划"项目中，主要承担者华盛顿州立大学的 Saxton 教授设计了一座可移动式风蚀风洞，风洞总长 13m，动力装置为 33kW 汽油发动机连接直径 1.4 m 的轴流风机，实验段 1.0 m×1.2m×7.2 m（宽×高×长）。

在北美，Fryrear 和 Skidmore（1985）采用了一种吹气式风洞，用来测定定向和任意地表粗糙度对土壤可蚀性的影响，该风洞需要一个配有小型拖车和移动电源的独立输送设备，风洞的移动由 16m 长拖挂的大卡车装载。北美另一个较大的便携式风洞是吸气式风洞，实验段长 12 m，Nickling 和 Gillies（1989）、Houser 和 Nickling（2001）、Macpherson 等（2008）等，应用这个风洞研究了北美和非洲自然结皮的地表可蚀性。Pietersma 等（1996）、Saxton 等（2000）、Chandler（2005）、Copeland 等（2009）应用一种吹气式风洞评估了北美太平洋西北部地区有覆盖和未覆盖地表土壤的输沙量，该风洞用一辆卡车装载发电机和鼓风机，通过起重吊臂移动和搬运实验段。

近年来，德国研究者 Maurer 等（2006）建造了两类不同的便携式野外风洞。其中一类便携式边界层风洞需要人工安装和现场校准，实验段由 3 个 2m 长子段组成，由 5m 长的拖挂安放。Fister 和 Ries（2009）利用该风洞评估了荒地开垦和牲畜踩踏对土壤侵蚀度的影响。德国人 Fister 等（2012）设计了另一种便携式风洞，用来研究人工模拟降雨作用下，雨水飞溅对土壤风蚀的影响。大型便携式风洞要求大功率的机械安装设备，也需要较大的地表区域，另外还需要组织人员移动风洞和寻找合适的水平地表安放测试仪器等，上述这些要求也限制了它们的应用。国外便携式野外风洞实验段的尺寸、最大设计风速等参数见表 1-1。

表 1-1　国外可移动式风蚀风洞设计参数

设计者	设计机构	年份	类型	实验段参数				设计目的
				长度/m	宽度/m	高度/m	设计风速 /（m/s）	
Zingg	美国 Kansas 大学	1951	吹气式	9.12	0.91	0.91	17	对风蚀方程的扩展
Armbrust 和 Box	美国农业部 Texas 州 Big Spring 风蚀实验站	1967	吹气式	7.32	0.91	1.22	18	作物对土壤颗粒剥蚀阻力的研究
Gillette	美国国家大气研究中心	1978	吸气式	3.01	0.15	0.15	7	自然地表临界摩阻风速的确定
Bocharov	苏联哈萨克国家农业机械化和电气化科学研究所	1984	吸气式	3.00	0.60	1.00	18	土壤风蚀量随风速的变化研究
Fryrear	美国	1984	吹气式	7.00	0.60	0.90	20	评估地垄、泥块和地表覆盖对土壤损失减少的作用

设计者	设计机构	年份	类型	实验段参数				设计目的
				长度/m	宽度/m	高度/m	设计风速 / (m/s)	
Nickling 和 Gillies	加拿大 Guelph 大学	1989	吸气式	11.90	1.00	0.75	15	北美和非洲土壤的侵蚀研究
Raupach 和 Leys	澳大利亚 New South Whales 洲水土保持服务中心	1990	吹气式	4.20	1.20	0.90	14	优化过渡段设计，改进风洞设计准则，澳大利亚 MURRAYMALLEE 南部地区的风蚀模拟
Pietersma 等	美国国家环保局、华盛顿州立大学	1996	吹气式	5.6	1	1.2	>20	哥伦比亚高原风蚀空气质量计划
Leys 等	澳大利亚 New South Whales 洲水土保持服务中心	2002	吸气式	1	0.05	0.1	19	道路表面和矿粒输沙率的相关性
Maurer 等	德国	2006	吸气式	9.4	0.6	0.7	15	评估荒地开发和牲畜踩踏对土壤侵蚀度的影响
Fister 和 Ries	德国	2009	吹气式	3	0.7	0.7	8	评估荒地开发和牲畜踩踏对土壤侵蚀度的影响
Scott 等	美国农业部风蚀和水利研究所	2010	吹气式	6	0.5	1	18.7	土壤结构、理化性质调查

资料来源：刘汉涛等，2006；Maurer et al.，2006；Van Pelt et al.，2010

（1）早期便携式风蚀风洞

便携式风蚀风洞在国外的应用始于 20 世纪 40 年代，较早的几个便携式风蚀风洞是由机械工程师 Zingg、土壤风蚀研究的鼻祖 Chepil（1951）以及研究风蚀预报模型的 Woodruff 一起设计并制造的，基本机构如图 1-5 所示，一般由拖车、风扇、整流装置和实验段组成，其中整流段为变截面设计。他们给出了以符合实际边界层风场为目的的便携式风洞的设计要求，并基于风洞中风场的可控性开展了大量的实验研究，对包括土壤颗粒的起动风速、搬运过程、农作物种类与留茬高度等在内的土壤风蚀影响因子给出了重要指导建议。

（2）澳大利亚移动式风蚀风洞

20 世纪 70～80 年代，在 Armbrust 和 Box 的便携式风蚀风洞的基础上，Raupach 和 Leys 等设计并建造了相似的车载便携式风蚀风洞，如图 1-6 所示。澳大利亚风蚀风洞洞体由风扇段、过渡段、实验段组成，风洞过渡段较长，工作段长 4.2m，横截面高 0.9m、宽

图 1-5　早期便携式风蚀风洞结构示意图与现场安装图

资料来源：谢莉和郑晓静，2007

1.2m，采用拖车固定。风扇后安装了反扭导流片，过渡段入口与出口处安装了两道蜂窝器，实验段气流的平直性较好。

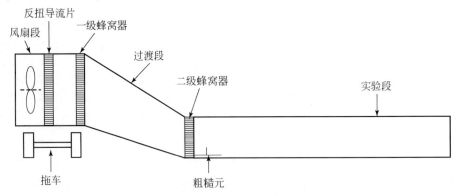

图 1-6　澳大利亚可移动式风蚀风洞结构简图

资料来源：荣姣凤，2004

（3）美国便携式风蚀风洞

美国农业部农业研究院设计的便携式风蚀风洞洞体由风扇段、过渡段、稳定段、收缩段、实验段组成，全长 13.4m，如图 1-7 和图 1-8 所示。其中，实验段长 7.3m，高 1.2m，宽 1m；扩散段与稳定段合为一体，结构较为紧凑，稳定段内安装了蜂窝器和纱网。从空气动力学角度，美国便携式风蚀风洞的过渡段承接了由圆形截面至矩形截面的转变，扩散段和收缩段的上、下壁面为曲线形扩散和收缩，气流的稳定性较好。

该风洞由 1953 年产的 40 马力[①]福特工业燃气发动机驱动 Φ1.4m 轴流风机，气流由风扇入口经过渡段后经过流量调节到实验段，风扇后湍流和涡流的调节由两块多孔板，再经蜂窝器和间隔约 2m 的滤网后消除并导直。利用放置于入口的网格状棒栅模拟风洞实验段的湍流。

----

① 1 马力 = 735.498 75W。

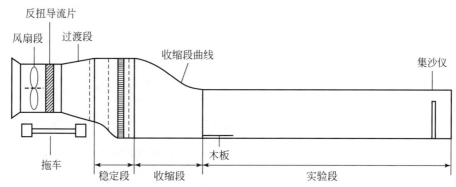

图 1-7　美国便携式风蚀风洞结构简图

资料来源：荣姣凤，2004

图 1-8　美国便携式风蚀风洞在田间的实验

资料来源：USDA-ARS，2009

1.2.2　国内移动式风蚀风洞研究进展

董治宝（2005）指出，风沙流是指含有沙粒的运动气流，是一种沙粒的群体运动，是风沙活动的主要方式。随着我国对环境问题的重视，许多新的研究内容需要用风洞实验来解决。1968 年，中国科学院寒区旱区环境研究所建成了我国第一座室内沙风洞，开始了国内风沙流结构、沙粒运动等土壤风蚀的系统性研究。该风洞全长 16m，实验段截面为 600mm×900mm 矩形。20 世纪 80 年代后期，我国在土壤风蚀科学研究中取得了众多研究成果，其中有许多就是利用该风洞完成的。环境风洞的实验段长，风速剖面属边界层分布，风速范围接近自然界风速，又称为大气边界层（atmospheric boundary layer）风洞，用于风工程研究。目前，北京大学、同济大学、复旦大学、湖南大学、浙江大学、武汉大学、西南交通大学等均建有大气边界层风洞，可移动式风蚀风洞也属于大气边界层风洞，但目前国内仅 4 例，国内的大气边界层风洞见表 1-2。

表1-2　国内大气边界层风洞

序号	风洞名称	风洞所在地	建成时间	最大风速/ (m/s)	实验段（或工作段）/m			类型
					高	宽	长	
1	—	北京大学环境风洞	1984	21	2	3	32	直流开口式
2	—	北京大学中型风洞	1985	40	1.0/1.8	1.2/2.4	8.0/4.2	双实验段闭口回流式
3	CGB-1	广东省建筑科学研究院	1986	18/46	2.0/1.8	3.0/1.2	10/9	双实验段闭口回流式
4	XNJD-1	西南交通大学	1989	22/45	3.0/2.0	3.6/2.4	8/16	双实验段单回流
5	FD-4	复旦大学	1990	17	1.5	1.8	12.4	开口直流吸气式
6	TJ-1	同济大学	1991	30	1.8	1.8	14	闭口直流式
7	TJ-2	同济大学	1996	67	2.5	3	15	闭口回流式
8	STDX-1	汕头大学	1996	45	2	3	20	建筑群体的风荷载风洞
9	—	西安建筑科技大学	1996	5/20	1.0/0.4	1.0/0.6	9.0/5.0	开口双实验段直流吸入式
10	—	国电环境保护研究院	1998	6.5/25	3.5/1.5	2.2/1.2	20/20	双实验段
11	TJ-3	同济大学	1998	17	2	15	14	闭口竖向回流
12	CLP	香港科技大学	2000	6/26	6/4	3.6/3.0	60/26	闭口单回流双实验段
13	—	郑州大学	2002	30	2.2	4	15	—
14	XNJD-2	西南交通大学	2002	20	1.54	1.34	8	斜拉索风雨振动专用风洞
15	—	北京农业大学	2003	18	1	0.8	6	开路直流吹气式
16	CA-1	长安大学	2004	53	2.5	3	15	闭口单回流双实验段
17	—	湖南大学	2004	56/18	2.5/4.4	3.0/5.5	18/15	双实验段单回流式
18	TJ-4	同济大学	2005	30	0.8	0.8	5	多用途卧式单回流闭口式
19	OFDY-1.2	内蒙古农业大学	2005	20	1.2	1	7.2	开路直流吹气式
20	—	中国计量大学	2005	65	0.6	0.6	2	闭口回流式
21	SIAMM400	上海大学	2006	—	0.4	0.4	1.7	闭口单回流
22	FD-1	复旦大学	—	40	3.6	5.5	12	
23	DUT-1	大连理工大学	2006	45	2.5	3	18	闭口单回流式
24	—	兰州大学	2006	40	1.45	1.3	20	多功能环境风洞
25	—	东北电力大学	2007	18/40	1.2/0.8	1.2/0.8	2.4/2	直流式双实验段
26	XNJD-3	西南交通大学	2008	20	4.5	22.5	36	最大的边界层风洞
27	—	中国建筑科学研究院	2008	30/18	3/3.5	4/6	22/21	建筑专用风洞
28	HIT-WWT	哈尔滨工业大学	2008	44/25	3.0/3.6	4.0/6.0	25/50	闭口单回流双实验段
29	STY-1	石家庄铁道大学	2009	80/30	2/3	2.2/4	5/24	串联双实验段回/直流可变

序号	风洞名称	风洞所在地	建成时间	最大风速 / (m/s)	实验段（或工作段）/m			类型
					高	宽	长	
30	ZD-1	浙江大学	2010	55	3	4	18	单回路单实验段立式
31	NK-1	南开大学	2010	22	0.9	0.9	7.7	开路直流吹气式
32	—	北京交通大学	2011	40/18	2.0/2.5	3.0/5.2	15/14	双实验段回流式闭口风洞
33	—	中国科学院新疆生态与地理研究所	2011	22	1	1.3	8	开路直流吹气式
34	—	上海电力学院	2012	50	ϕ1.62		2	低速开口回流风洞
35	WD-1	武汉大学	2012	30	3.2	2.1	16	开路吸气式

资料来源：王元等，1997；黄东群等，1999；李会知等，2003；郑健光等，2006；李强等，2007；齐娟等，2009；项海帆等，2010；中国土木工程学会桥梁及结构工程分会风工程（专业）委员会，2010；郑则浩等，2012；胡丹梅等，2013

我国应用的第一座可移动式风蚀风洞，是内蒙古林学院于 20 世纪 70 年代由日本进口的移动式风蚀风洞，用于内蒙古准格尔煤田一期工程土地沙漠化环境评价和毛乌苏沙地风沙运动的野外实验研究，该风洞后来因结构变形而报废。

2003 年，中国农业大学参照美国学者 White 和 Mounla 提出的可移动式风蚀风洞设计要求，制造了国内第一座可移动式风蚀风洞，属我国应用的第二例可移动式风蚀风洞，该风洞在北京市郊农田保护性耕作及防风蚀效果评价研究方面发挥了重要作用，研究了农作物残茬高度、覆盖度、地表破坏率和起垄方向等对农田土壤风蚀的影响。荣姣凤等（2004a）利用风蚀风洞研究了农田起垄方向对土壤风蚀的影响，发现起垄方向与风向一致时风蚀量最大，90°时最小。荣姣凤等（2004b）应用野外风洞研究了含水量、风速对农田土壤、沙的风蚀量影响，指出风蚀导致土壤中细颗粒成分的大量损失是土壤粗粒化的主要原因。荣姣凤等（2005）在北京市昌平区耕地进行了防风蚀效果的风洞实验，发现与传统秋翻耕地相比，少耕、残茬覆盖措施能减少农田土壤风蚀量，风速 18m/s 以上时效果明显。还发现土壤含水量和地表残茬覆盖共同影响土壤风蚀量，而残茬量对风蚀量的影响存在一临界值。冯晓静等（2008）利用风蚀风洞对北京市周边典型农田进行了风蚀实验研究，主要考察耕作制度、地表状况、风速和作物行向 4 种因素对风蚀的影响规律，结果表明：地表覆盖量的增加可以减少地表土壤风蚀，覆盖量越大就越明显；风向与行向平行时风蚀量最大，垂直时最小；风速较大时，玉米根茬的根系有较好的固土作用，对农田防治风蚀技术发展具有重要意义。李琳等（2011）采用风蚀风洞，研究了耕地覆盖作物种类、冬小麦播种机类型、冬小麦耕作方式以及保护性耕作下冬小麦播种期等因素对农田土壤覆盖率和防尘效果的影响，旨在为指导京郊裸露农田治理和结构调整、生态补贴的实施提供理论依据。

2005 年，内蒙古农业大学参照美国农业部农业研究服务中心（USDA-ARS）Pietersma 等设计的可移动式风蚀风洞，设计并建造了我国现存的第二座可移动式风蚀风洞。陈智和麻硕士（2006）应用该风洞，对阴山北麓农牧交错区麦薯带状间作农田土壤抗风蚀能力进行了探讨，在定量研究的基础上提出了翻耕带有效抗风蚀宽度为 5m。孙悦超等（2007）采用野外风洞原位测试方法，定量评价阴山北麓干旱、半干旱区不同地表土壤的抗风蚀效果，指出风速为 18m/s 时，无退化草地、保护性耕作农田的抗风蚀效率分别可达 85.1% 和 90.8%，且对 8 级大风具有较好的抗风蚀效果。王金莲和赵满全（2008）利用该风蚀风洞对麦茬深松农田地表进行了土壤抗风蚀效果的测试研究，为防治农田土壤风蚀提供理论依据。赵沛义等（2009）采用风蚀圈和野外移动式风洞实验的方法，以中国北方农牧交错带为研究区域，探究冬春风蚀季节生物篱、作物残茬对间作裸露秋翻地的防护作用，发现风速 5～15m/s 时，有生物篱保护的土壤，其风蚀降低率为 5.03%～20.53%，提出油葵秆生物篱具有防风蚀作用，当与草谷子残茬组合对间作裸地会起到更好的固土防蚀作用。赵永来等（2010）利用移动式风蚀风洞对实验区地表进行了原位测试，定量评价净风吹蚀下有植被覆盖的地表的抗风蚀性能，提出土壤防风蚀的植被盖度在 30% 以上较为显著，当风速大于 10m/s 时的有效防风蚀植被盖度须达到 40% 以上，风速为 14～18m/s 时的有效植被盖度须达到 60%～80% 的水平。孙悦超等运用野外风洞原位测试方法，定量评价了风洞中心风速、植被覆盖度及交互作用对草原地表的风蚀作用。

2010 年，南开大学在沈阳维泰风洞设备设计有限公司的协助下，设计并完成了 NK-1 可移动式风蚀风洞的建造。2010 年 9 月，南开大学研究人员研究了裸露地表风蚀起尘、释尘量以及地表覆盖、保护性耕作等关键防治技术，开发了地表风蚀尘 PM_{10} 的预测模型。

2011 年 5 月，中国科学院新疆生态与地理研究所委托中国航空工业气动研究所设计制造，在中国科学院兰州沙漠研究所和西安交通大学的协助下建造完成了新疆首个可移动式风蚀风洞，该风洞为车载运输，将用于干旱区开展以风沙过程为主线的，绿洲–荒漠–沙漠近地表风沙运动过程演变、风成地貌形成、风沙工程、风沙干扰下的植物生理生态研究。

1.2.2.1　中国农业大学可移动式风蚀风洞

（1）中国农业大学可移动式风蚀风洞结构

中国农业大学的可移动式风蚀风洞（简称中农风蚀风洞），是我国有应用记载的第二例、自行设计的第一例可移动式风蚀风洞，属于吹气式低速风洞。中国农业大学可移动式风蚀风洞的设计主要参考了澳大利亚便携式风蚀风洞。该风蚀风洞总长 10.8m，风洞洞体包括两个过渡段、一个稳定段、一个收缩段和一个长实验段，如图 1-9 和图 1-10 所示。实验段长 6.0m，截面为 1000mm×800mm（高×宽）矩形，风扇段（包括连接轴）长 1.8m，过渡段长 1.4m，稳定段长 0.76m，收缩段长 0.84m。

（2）中农风蚀风洞结构特点

中农风蚀风洞的结构特点主要在于以下 7 方面。

1）直接购置叶轮直径为 Φ1.25 m 的轴流风机，10 片扇叶，叶片角度 35°，流量 64 825 m^3/h，轴转速 960 rpm①，全压 361.1Pa，由拖拉机（铁牛 654L 型）的动力输出轴提供动

---

① 1rpm = 1r/min。

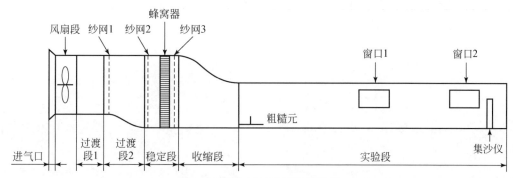

图 1-9 中农风蚀风洞结构简图

资料来源：荣姣凤，2004

图 1-10 中农风蚀风洞田间实验图

力源，该动力输出轴为半独立式设计，额定功率 34.4kW，额定转速 540rpm，与风机轴相连。拖拉机的动力输出轴与风机轴连接处加设了三挡位的变速箱，传动比分别为 0.5、1 和 2，工作时，变速箱的输入轴与动力输出轴相连接，输出轴与风机轴连接，可在高（约 18m/s）、中（约 9m/s）、低风速（约 5m/s）间实现变风速实验。田间现场运行时，实验段风速最高可达到 18m/s。

2）设置了独立的稳定段，置于第二过渡段之后，如图 1-11 所示。稳定段的入口端和出口端安装了两道纱网，出口端纱网前安装了蜂窝器（蜂窝元件为 100mm×100mm 的正方形口径，长 250mm）。由于阻尼元件均安装于稳定段内，因此总压力损失有所降低，但同样能够保证实验段产生平直和稳定的气流。收缩段为一维收缩，收缩比为 1.6，设计了曲线形收缩壁，避免了收缩段出口处流动的分离。

3）有两个过渡段，如图 1-12 所示。其中，第一过渡段承接由圆截面到矩形截面的转变，该变化较为复杂，直径为 1300mm 圆形风扇管道的左右两侧经二维收缩变化至 800 mm，上下两侧经二维扩散至 1600mm，形成 800mm×1600mm（宽×高）的矩形截面；第二过渡段变化简单，由截面为 800mm×1600mm 的矩形管段底部经一维扩散变化为 800mm× 1800mm（宽×长）的矩形截面。

4）风洞实验段沿气流方向距实验段入口端 3.0 m 和 5.0 m 处开有观察窗，方便实验观察和风速的测定；紊流度为 0.6%，均匀场系数为< 1.01%。

图 1-11　中农风蚀风洞稳定段结构　　　　　图 1-12　中农风蚀风洞过渡段结构

5）风洞稳定段、收缩段、实验段分别采用螺栓连接，可拆卸后进行运输，安装时可利用拖拉机的液压悬挂吊装风洞，使其在实验地块间转移。

6）风洞实验段洞体采用 1.5mm 厚的钢板，其余各段采用 2mm 厚的钢板材料制造，重约 1.7t，可使用 BJ1041 汽车 [车厢尺寸 4250 mm×1860 mm×400 mm（长×宽×高）] 进行长距离运输，为防止高速气流引起的振动使实验段壁面变形，另使用了 40mm×40mm 的方钢做加强筋。

7）使用 TESTO435 风速仪（德国）手工测定实验风速，利用狭缝集沙仪测定高度为 0~600mm 的总风蚀物。

1.2.2.2　内蒙古农业大学可移动式风蚀风洞

（1）OFDY-1.2 型的结构

内蒙古农业大学可移动式风蚀风洞，于 2003 年由内蒙古农业大学设计制造，命名为 OFDY-1.2 型，是我国现存的第二例可移动式风蚀风洞，如图 1-13 和图 1-14 所示。

OFDY-1.2 型可移动式风蚀风洞的设计参考了 Pietersma 等（1996）于 1995 年在美国农业部农业研究服务中心设计研制的风蚀风洞。OFDY-1.2 型可移动式风蚀风洞为开路直流式低速风洞，由风扇段、过渡段、风洞整流段和实验段组成，其中风机整流段包含了宽角扩散段、稳定段和收缩段。该风蚀风洞全长 11.8 m，其中风扇段长 0.9m，过渡段长 1.43m，整流段长 2.27m，实验段长 7.2m，由三段 2.4m 长的子段组成，截面尺寸为 1200 mm×1000 mm（高×宽）。

（2）OFDY-1.2 型的结构特点

OFDY-1.2 可移动式风蚀风洞的结构特点主要表现为以下七方面。

1）购置风机为直径 Φ1.4m 的 BK-57-No.14 轴流风机，风机轴功率为 30 kW，全压为 868.3 Pa，额定风量为 1438.3 m³/min，风机效率 84.1%。配套电机为 YBFe225M-6（30）

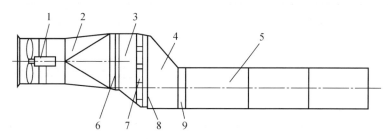

1. 风机段；2. 风机整流段；3. 宽角扩散段；4. 收缩段；5. 实验段；
6. 多孔板；7. 蜂窝器；8. 阻尼网；9. 平行棒栅

图 1-13　内蒙古农业大学可移动式风蚀风洞结构示意图

资料来源：范贵生，2005

图 1-14　内蒙古农业大学可移动式风蚀风洞实验现场图

资料来源：冬梅，2005

6 级三相异步电机，额定功率 33kW。另外，还配备了一套 I300-300HFE 变频调速器，使风速连续可调。考虑到田间实验对动力源的需求，该风洞还配备了 40GF 型柴油发电机组，功率为 40kW。

2）风洞过渡段承接了由直径为 1.41m 风扇管道圆截面至 1420mm×1160mm（高×宽）矩形截面的过渡，即过渡段同时经历了二维收缩和二维扩散的变化。

3）风洞整流段由长 0.66m 的宽角扩散段、0.41m 的稳定段和 1.2m 的收缩段组成。在宽角扩散段入口和出口处安装了多孔板，在稳定段出口前安装了蜂窝器和纱网。收缩段采用了一维收缩，收缩比为 1.7，通过平滑曲线型收缩壁面的设计，保证了实验段入口处流动的稳定性。

4）风洞洞体采用 3~5mm 厚的铁板材料，并进行了必要的加固，近 5t 重，除防止洞体壁面变形外，还考虑了野外移动和拆装的机械性能要求。

5）风洞过渡段、稳定段、收缩段、实验段分别采用螺栓连接，可拆卸后进行运输，安装时可利用拖拉机的液压悬挂吊装风洞，使其在实验地块间转移。各段之间也采用螺栓连接。该风洞采用卡车、拖车装运系统，现场拆装和移动均由升降机完成。

6）设计了风洞自动测量系统组件。使用由皮托管、微差压变送器、模数转换模块和计算机所组成的压力和风速测试系统，自动化程度高，精度高。

7) 研制了旋风式集沙仪。能分层收集风蚀产物，对 0.076mm 以上粒径的土壤悬浮颗粒的收集效率达 97 % 以上；设计了加沙设备，可以模拟挟沙风，加沙器由变频器控制，转速无级可调，最小排沙量为 0.53 g/s。

1.2.2.3 南开大学可移动式风蚀风洞（NK-1 可移动式风蚀风洞）

（1）NK-1 可移动式风蚀风洞结构

南开大学可移动式风蚀风洞，于 2010 年 10 月制造完成，命名为 NK-1，是我国现存的第三例可移动式风蚀风洞。NK-1 可移动式风蚀风洞的气动轮廓，主要由进气段、动力段、过渡段、转角段、稳定段、收缩段、实验段和尾部扩散段组成，如图 1-15 和图 1-16 所示，全长 15.9m，总高 2.456 m，实验段全长 7.7m，由 7 段 1.1m 长的子段组成，该段宽 0.9m，高 0.9m。收缩段收缩比为 2.0，风洞能量比为 0.414。

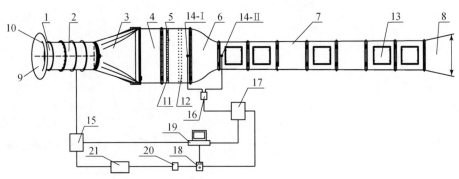

1. 进气段；2. 动力段；3. 过渡段；4. 转角段；5. 稳定段；6. 收缩段；7. 实验段；8. 尾部扩散段；9. 进气唇口；10. 安全网；11. 蜂窝器；12. 阻尼网；13. 检修口；14-Ⅰ、14-Ⅱ. 皮托管；15. 变频器；16. 微压差变送器；17. 数据采集卡；18. 单极性可调精密直流稳压电源；19. 工控机；20. 不间断电源；21. 外接电源

图 1-15　南开大学 NK-1 可移动式风蚀风洞结构简图

（2）NK-1 可移动式风蚀风洞结构特点

NK-1 可移动式风蚀风洞的独特设计在于，风洞设计风速为 0.3 ~ 20 m/s 且连续可调，风洞各段之间易于连接和分离，便于野外测试时的移动和运输，其结构上的独特性可以归纳为以下几点。

1）利用转角设计形成具有向上 20° 仰角的气动结构，避免了动力段向上偏置产生的非对称性，风洞各段的对称结构设计有效降低了流动能耗，风洞结构更趋紧凑。

2）动力段为自主设计制造，包括风扇系统和导流片、整流罩的气动结构。通过选择高升阻比的翼型风扇，根据需要确定设计工况点，合理选择了桨叶和导流片设计参数，如桨毂比、实度、升力系数和圆弧角等，对整流罩流线型旋成体进行了合理的设计与计算，同时验证了风扇系统效率符合设计要求。

3）利用 Fluent 软件，引入多孔介质模型方法模拟实际地表大气边界层风速剖面，获得了棒栅+粗糙元组合的优化分布，室内外风洞实验表明，采用该人工大气边界层调节装

图 1-16 南开大学 NK-1 可移动式风蚀风洞野外工作图

置，获得了与实际地表相似的对数律平均风速剖面。

4）配备了实验数据自动采集与控制系统，便于完成可移动式风蚀风洞实验段流场的空气动力学特征参数湍流度、气流稳定性、气流速度均匀性、轴向静压梯度、风洞能量比各项指标的测试。

1.2.2.4 中国科学院可移动式环境风洞

中国科学院新疆生态与地理研究所的可移动式环境风洞实验段全长 8 m，宽 1.3 m、高 1 m，如图 1-17 和图 1-18 所示。实验段内移测架导轨距离为 3.9 m，简易移测架可测量其余 4.1 m 的距离。中国科学院可移动式环境风洞包括野外及室内两套实验段（可随实验

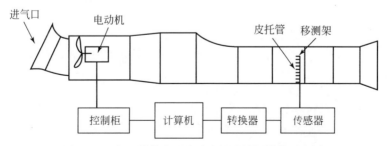

图 1-17 中国科学院可移动式风蚀风洞结构示意图

资料来源：郑则浩等，2012

安排灵活选择)、二维烟风洞(用于配合可移动环境风洞和室内观测模型表面流场结构)、
输沙通量观测系统(用于与可移动环境风洞实验结果进行对比)等部分组成。该环境风洞
通过车载运输,在没有额外机械辅助的情况下,随车自带的6.3t起重机能在野外作业过程
中自行安装风洞设备,对于车辆无法进入的流动沙漠地区则需租用沙漠吊车进行搬运。

该风洞将用于风沙两相流模拟、风沙地貌的形成与演变、沙物质的运移规律等研究,
针对野外不同环境现场以及室内不同人工模拟下垫面(如农田、戈壁、林地、干涸盐湖、
冲积平原、河流尾闾干三角洲、半固定沙漠丘间地、流动沙漠丘间地等)进行风洞实验。

图1-18　中国科学院可移动式风蚀风洞外形图

资料来源:郑则浩等,2012

参 考 文 献

陈广庭.1991.北京平原土壤机械组成和抗风蚀能力的分析.干旱区资源与环境,225(1):103-113.

陈渭南.1991.蒙陕接壤区土壤母质的风蚀实验研究.水土保持学报,5(1):33-40.

陈渭南,董光荣,董治宝.1994.中国北方土壤风蚀问题研究的进展与趋势.地球科学进展,9(5):
6-11.

陈智,麻硕士.2006.阴山北麓农牧交错区麦薯带状间作农田土壤抗风蚀能力研究.河南农业大学学报,
40(4):370-374.

丁国栋.2010.风沙物理学(第二版).北京:中国林业出版社.

冬梅.2005.可移动式风蚀风洞集沙仪及排沙器的性能实验研究.内蒙古:内蒙古农业大学硕士学
位论文.

董光荣,邹桂香,李长治,等.1983.巴盟河套西部防沙林带防风阻沙效益的初步观测:以磴口县坝楞公
社为例.中国沙漠,3(1):9-19.

董光荣,李长治,金炯,等.1987.关于土壤风蚀风洞模拟实验的某些结果.科学通报,32(4):
297-301.

董玉祥,康国定.1994.中国干旱半干旱地区风蚀气候侵蚀力的计算与分析.水土保持学报,8(3):
1-7.

董治宝,陈广庭.1997.内蒙古后山地区土壤风蚀问题初论.土壤侵蚀与水土保持学报,3(2):84-90.

董治宝, 陈渭南, 董光荣, 等 . 1995. 关于人为地表结构破损与土壤风蚀关系的定量研究 . 科学通报, 40 (1)：54-57.

董治宝, 陈渭南, 李振山, 等 . 1996a. 植被对土壤风蚀影响作用的实验研究 . 土壤侵蚀与水土保持学报, 2 (2)：1-8.

董治宝, 陈渭南, 董光荣, 等 . 1996b. 植被对风沙土风蚀作用的影响 . 环境科学学报, 16 (4)：437-443.

董治宝, 陈渭南, 李振山, 等 . 1996c. 风沙土水分抗风蚀性研究 . 水土保持通报, 16 (2)：17-23.

董治宝, 陈渭南, 李振山, 等 . 1997a. 风沙土开垦中的风蚀研究 . 土壤学报, 34 (1)：74-80.

董治宝, 陈广庭, 韩致文, 等 . 1997b. 塔里木沙漠石油公路风沙危害 . 环境科学, 18 (1)：4-9.

董治宝, 李振山 . 1995. 国外土壤风蚀的研究历史与特点 . 中国沙漠, 15 (1)：100-104.

董治宝, 李振山 . 1998. 风成沙粒度特征对其风蚀可蚀性的影响 . 土壤侵蚀与水土保持学报, 4 (4)：1-5.

董治宝 . 1998. 建立小流域风蚀量统计模型初探 . 水土保持通报, 18 (5)：55-62.

董治宝 . 2005. 中国风沙物理研究五十年（Ⅰ）. 中国沙漠, 25 (3)：293-305.

范贵生 . 2005. 可移动式风蚀风洞设计及其空气动力学性能研究 . 内蒙古：内蒙古农业大学博士学位论文 .

冯晓静, 高焕文, 王丽洁, 等 . 2008. 北京周边典型农田风蚀风洞实验与防治 . 分析农业机械学报, 39 (7)：64-67.

高安, 吴诗怡 . 1996. 黄淮海平原沙地风蚀的研究 . 土壤学报, 33 (2)：183-191.

高焕文, 刘聚才 . 2003. 中澳培训教材——机械化保护性耕作技术 . 兰州：农业部保护性耕作研究中心, 澳大利亚国际农业研究中心, 甘肃省农业机械管理局, 8：85-87.

哈斯 . 1994. 坝上高原土壤不可蚀性颗粒与耕作方式对风蚀的影响 . 中国沙漠, 14 (4)：92-97.

哈斯 . 1997. 河北坝上高原土壤风蚀物垂直分布的初步研究 . 中国沙漠, 17 (1)：9-14.

贺大良 . 1993. 输沙量与风速关系的几个问题 . 中国沙漠, 13 (2)：14-18.

贺大良, 邹本功, 李长治, 等 . 1986. 地表风蚀物理过程风洞实验的初步研究 . 中国沙漠, 6 (1)：26-31.

贺大良, 高有广 . 1988. 沙粒跃移运动的高速摄影研究 . 中国沙漠, 8 (1)：18-29.

贺大良, 刘大有 . 1989. 跃移沙粒起跳的受力机制 . 中国沙漠, 9 (2)：14-22.

贺大良, 申建友, 刘大有 . 1990. 风沙运动的三种形式及其测量 . 中国沙漠, 10 (4)：9-17.

胡丹梅, 张志超, 孙凯, 等 . 2013. 低速开口回流风洞的气动设计及数值计算 . 上海电力学院学报, 29 (2)：146-150.

胡孟春, 刘玉璋, 乌兰, 等 . 1991. 科尔沁沙地土壤风蚀的风洞实验研究 . 中国沙漠, 11 (1)：22-29.

胡云锋, 刘纪远, 庄大方 . 2003. 土壤风力侵蚀研究现状与进展 . 地理科学进展, 22 (3)：288-295.

黄东群, 马健, 董力耘, 等 . 1999. 大气边界层流场的模拟与大气边界层风洞 . 上海力学, 20 (1)：10-15.

李会知, 樊友景, 庞涛, 等 . 2003. 在 4 m×3m 风洞中模拟大气边界层 . 郑州大学学报, 24 (4)：90-92.

李琳, 杜玲, 王俊英, 等 . 2011. 京郊农田不同植被的土壤风蚀模数比较 . 中国农学通报, 27 (3)：457-461.

李强, 丁珏, 翁培奋 . 2007. 上海大学低湍流度低速风洞及气动设计 . 上海大学学报, 13 (2)：203-207.

李银芳, 周兴佳, 潘伯荣, 等 . 1986. 兰新铁路哈密地区的沙害 . 中国沙漠, 6 (4)：56-62.

凌裕泉, 金炯, 邹本功, 等 . 1984. 栅栏在防止前沿积沙中的作用——以沙坡头地区为例 . 中国沙漠, 4 (3)：16-25.

凌裕泉. 1988. 塔克拉玛干沙漠的流场特征与风沙活动的强度. 中国沙漠, 8 (2): 25-37.

凌裕泉. 1994. 输沙量（率）水平分布的非均一性. 实验力学, 9 (4): 352-356.

凌裕泉. 1997. 最大可能输沙量的工程计算. 中国沙漠, 17 (4): 362-367.

凌裕泉, 吴正. 1980. 风沙运动的动态摄影实验. 地理学报, 35 (2): 174-181.

凌裕泉, 金炯, 甄计国. 1991. 腾格里沙漠东南缘的风沙活动规律. 流沙治理研究（二）. 银川: 宁夏人民出版社.

凌裕泉, 屈建军, 樊锦诗, 等. 1996. 莫高窟崖顶防沙工程的效益分析. 中国沙漠, 16 (1): 13-18.

刘汉涛, 麻硕士, 窦卫国, 等. 2006. 国内外移动式风洞在土壤风蚀实验中的应用. 农机化研究, (12): 132-135.

刘连友, 王建华, 李小雁, 等. 1998. 耕作土壤可蚀性颗粒的风洞模拟测定. 科学通报, 43 (15): 1663-1666.

刘连友, 刘玉璋, 李小雁, 等. 1999. 砾石覆盖对土壤吹蚀的抑制效应. 中国沙漠, 19 (1): 60-63.

刘绍中, 杨绍华, 凌裕泉. 1985. 沙粒跃移模型及其数值分析. 计算物理, 2 (4): 443-452.

刘铁良, 陈昌秀. 1984. 不易沙埋的铁路路基断面形式问题. 中国沙漠, 4 (1): 31-37.

刘贤万, 凌裕泉, 贺大良, 等. 1982a. 下导风工程的风洞实验研究: (1) 平面上的实验. 中国沙漠, 2 (4): 14-21.

刘贤万, 凌裕泉, 贺大良, 等. 1982b. 下导风工程的风洞实验研究: (2) 地形条件下的实验. 中国沙漠, 3 (3): 25-34.

刘贤万. 1991. 草方格沙障的风洞实验. 流沙治理研究（二）. 银川: 宁夏人民出版社.

刘贤万. 1993. 颗粒运动及其数理解析. 中国沙漠, 13 (2): 1-8.

刘贤万, 崔志刚. 1994. 特大风区防翻车挡风墙工程设计的风洞实验研究. 中国沙漠, 14 (3): 38-46.

刘贤万. 1995. 实验风沙物理与风沙工程学. 北京: 科学出版社.

刘玉璋, 董光荣, 李长治. 1992. 影响土壤风蚀主要因素的风洞实验研究. 中国沙漠, 12 (4): 41-48.

马世威. 1988. 风沙流结构的研究. 中国沙漠, 8 (2): 8-22.

戚隆溪, 王伯懿. 1996. 土壤侵蚀的流体力学机制（Ⅱ）—风蚀. 力学进展, 26 (1): 41-55.

齐娟, 周云龙, 李峰. 2009. 直流式低速风洞流动特性研究. 东北电力大学学报, 29 (1): 19-22.

屈建军, 张伟民, 彭期龙, 等. 1996. 论敦煌莫高窟的若干风沙问题. 地理学报, 51 (5): 418-424.

屈建军, 董光荣, 文子祥, 等. 1997. 敦煌莫高窟的风沙危害与防治问题. 中国科学, 27 (1): 82-88.

荣姣凤. 2004. 移动式风蚀风洞研制与应用. 北京: 中国农业大学博士学位论文.

荣姣凤, 高焕文, 王晓燕. 2004a. 河北坝上农田垄向对土壤风蚀的影响. 中国农业大学学报, 9 (3): 13-15.

荣姣凤, 李晓东, 丁凤琴. 2005. 北京市保护性耕作防治土壤风蚀的效果研究. 中国水土保持, (6): 31-32.

荣姣凤, 张海涛, 毛宁. 2004b. 土壤风蚀量随风速的变化规律研究. 干旱地区农业研究, 22 (2): 149-153.

荣姣凤, 高焕文, 李胜. 2004c. 风蚀集沙仪的等动力性实验研究. 中国水土保持, 1 (5): 17-19.

申建友, 董光荣, 李长治. 1988. 风洞与野外输沙率的分析与讨论. 中国沙漠, 8 (3): 23-30.

史培军, 刘宝元, 张科利, 等. 1999. 土壤侵蚀过程与模型研究. 资源科学, 21 (5): 368-379.

史培军. 2002. 中国土壤风蚀研究的现状与展望. 第十二届国际水土保持大会邀请学术报告: 1-15.

孙悦超, 麻硕士, 陈智, 等. 2007. 阴山北麓干旱半干旱区地表土壤风蚀测试与分析. 农业工程学报, 23 (12): 1-5.

王金莲, 赵满全. 2008. 麦茬深松地表土壤风蚀实验研究. 农业工程学报, 24 (9): 27-30.

王元, 张鸿雁, 吴延奎 . 1997. 风工程学与大气边界层风洞 . 西安建筑科技大学学报, 29 (3): 344-348.

吴正 . 2003. 风沙地貌与治沙工程学 . 北京: 科学出版社 .

项海帆, 林志兴, 葛耀君 . 2010. 中国结构风工程学科发展三十年回顾 . 中国结构风工程研究 30 周年纪念大会论文集: 11-22.

谢莉, 郑晓静 . 2007. 风蚀风洞的发展 . 第三届全国力学史与方法论学术研讨会论文集: 226-234.

雅库波夫 . 1956. 土壤风蚀及其防止 . 梁式弘译 . 北京: 财政经济出版社 .

严平 . 2000. ^{137}Cs 法测定青藏高原土壤风蚀的初步研究 . 科学通报, 45 (2): 199-204.

张春来, 董光荣, 董治宝, 等 . 1996. 用风洞实验方法计算土壤风蚀量的时距问题 . 中国沙漠, 16 (2): 200-203.

赵存玉 . 1992. 鲁西北风沙化农田的风蚀机制、防治措施 . 中国沙漠, 12 (3): 46-50.

赵沛义, 李焕春, 妥德宝, 等 . 2009. 作物残茬与生物篱组合对减轻土壤风蚀的作用 . 农业工程学报, 25 (8): 231-235.

赵永来, 陈智, 孙悦超, 等 . 2010. 植被覆盖地表抗风蚀性能的测试与研究 . 农机化研究, (7): 1-4.

郑建光, 任海洋, 聂年晓 . 2006. 回流式低速风洞流动特性的研究 . 中国计量学院学报, 17 (3): 212-216.

郑则浩, 雷加强, 李生宇 . 2012. 可移动式环境风洞气动特性测试与评价 . 中国沙漠, 32 (6): 1551-1558.

中国科学院兰州沙漠研究所额济纳旗考察队 . 1983. 乌兰布和沙漠西南铁路沿线沙害防治 . 中国沙漠, 3 (2): 30-35.

中国土木工程学会桥梁及结构工程分会风工程 (专业) 委员会 . 2010. 我国已建成的边界层风洞 . 中国结构风工程研究 30 周年纪念大会论文集: 130.

朱朝云 . 1987. 土壤风蚀的野外风洞实验研究 . 干旱区资源与环境, 1 (1): 125-131.

朱朝云, 丁国栋, 杨明远 . 1992. 风沙物理学 . 北京: 中国林业出版社 .

朱广一 . 2002. 大气可吸入颗粒物研究进展 . 环境保护科学, 28 (113): 3-5.

朱显谟 . 1956. 黄土区土壤侵蚀的分类 . 土壤学报, 4 (2): 99-115.

朱震达, 刘恕 . 1981. 中国北方地区的沙漠化过程及其治理区划 . 北京: 中国林业出版社 .

朱震达, 刘恕, 邸醒民 . 1989. 中国的沙漠化及其治理 . 北京: 科学出版社 .

兹纳门斯基 A N. 1958. 沙地风蚀过程的实验研究和沙堆防止问题 . 杨郁华译 . 北京: 科学出版社 .

邹本功, 丛自立, 刘世雄 . 1981. 沙坡头地区风沙流的基本特征及防治效益的初步观察 . 中国沙漠, 1 (1): 33-39.

邹学勇, 朱久江, 董光荣, 等 . 1992. 风沙流结构中起跃沙粒垂直初速度分布函数 . 科学通报, 37 (23): 2175-2177.

邹学勇, 刘玉璋, 董光荣 . 1994. 风沙流能量的实验计算 . 科学通报, 39 (2): 161-164.

邹学勇, 刘玉璋, 吴丹, 等 . 1994. 若干特殊地表风蚀的风洞实验研究 . 地理研究, 13 (2): 41-48.

Bagnold R A. 1941. The Physics of Blown Sand and Desert Dunes. London: Methuen.

Bagnold R A. 1954. 风沙和荒漠沙丘物理学 . 钱宁, 林秉南译 . 北京: 科学出版社 .

Chandler G V. 2005. A description of cyclic creep under conditions of axial cyclic and mean stresses. Internal Journal of Fatigue, 27 (5): 541-545.

Chen W N, Dong Z B, Li Z S, et al. 1996. Wind tunnel test of the influence of moisture on the erodibility of loessial sandy loam soil by wind. Journal of Arid Environments, 34: 391-402.

Chepil W S, Milne R A. 1939. Comparative study of soil drifting in the field and in a wind tunnel. Sci. Agric. , (19): 249-257.

Chepil W S. 1942. Relation of wind erosion to water stable and dry clod structure of soil. Soil Sci. , 55: 275-287.

Chepil W S. 1945. Dynamics of wind erosion: I. Nature of movement of soil by wind. Soil Science, 60 (4): 305-320.

Chepil W S. 1950a. Properties of soil which influence wind erosion: I. The governing principle of surface roughness. Soil Sci. , 69: 149-162.

Chepil W S. 1950b. Properties of soil which influence wind erosion: II. Dry aggregate structure as an index of erodibility. Soil Sci. , 69: 403-414.

Chepil W S. 1951. Properties of soil which influence wind erosion: III. The effect of apparent density and erodibility. Soil Sci. , 71: 141-153.

Chepil W S. 1952. Factors that influence clod structure and erodibility of soil by wind: I. Soil structure. Soil Sci. , 75: 473-483.

Chepil W S. 1953. Factors that influence clod structure and erodibility of soil by wind: II. Water stable structure. Soil Sci. , 76: 389-399.

Chepil W S. 1954. Factors that influence clod structure and erodibility of soil by wind: III. Calcium carbonate and decomposed organic material. Soil Sci. , 77: 473-480.

Chepil W S. 1955. Factors that influence clod structure and erodibility of soil by wind: IV. Sand, silt and clay. Soil Sci. , 80: 155-162.

CopelandN S, Sharratt B S, Wu J Q, et al. 2009. A wood-strand material for wind erosion control: Effects on total sediment loss, PM_{10} vertical flux, and PM_{10} loss. JEQ, 38 (1): 139-148.

Fister W, Iserloh T, Ries J B, et al. 2012. A portable wind and rainfall simulator for in situ soil erosion measurements. CATENA, 91: 72-84.

Fister W, Ries J B. 2009. Wind erosion in the central Ebro Basin under changing land use management. Field experiments with a portable wind tunnel. Journal of Arid Environments, 73 (11) : 996-1004.

Fryrear D W, Skidmore E L. 1985 . Methods for Controlling Wind Erosion//Follett R F, Stewart B A. Soil Erosion and Soil Productivity. ASA-CSSA-SSSA, 677 South Segoe Road, Madison, WI 53711, USA.

Gillette D. 1978. A wind tunnel simulation of the erosion of soil: Effect of soil texture, sandblasting, wind speed, and soil consolidation on dust production. Atmospheric Environment, 12 (8) : 1735-1743.

Houser C A, Nickling W G. 2001. The emission and vertical flux of particulate matter <10 micrometers from a disturbed clay-crusted surface. Sedimentology, 48: 255-267.

Kulkarni P, Baron P A. 2011. Aerosol Measurement Principles, Techniques and Applications. New York: John Willey & Sons, inc.

Leys J F, Eldridge D J. 1998. Earth surface processes and landforms. Earth Surf. Process. Landforms, 23: 963-974.

Leys J F, Raupach M R. 1991. Soil flux measurements using a portable wind erosion tunnel. Australian Journal of Soil Research, 29 (1): 533-552.

Macpherson T, Nickling W G, Gillies J A, et al. 2008. Dust emissions from undisturbed and disturbed supply-limited desert surfaces. Journal of Geophysical Research Earth Surface, 113 (2): 1-16.

Maurer T, Herrmann L, Gaiser T, et al. 2006. A mobile wind tunnel for wind erosion field measurements. Journal of Arid Environments, 66 (2): 257-271.

Milne R A. 1939. Comparative study of soil drifting in the field and in a wind tunnel. Sci. Agr. , 19: 249-257.

MR Bennell M R, Leys J F, Cleugh HA. 2007. Sandblasting damage of narrow-leaf lupin (Lupinus angustifolius L.): a field wind tunnel simulation. Soil Research, 45 (2): 119-128.

Nickling W G, Gillies J A. 1989. Emission of fine- grained particulates from desert soils//Leinen M, Sarnthein M. Paleoclimatology and Paleometeorology: Modern and Past Patterns of Global Atmospheric Transport. Mathematical and Physical Sciences, 282: 133-165.

Nickling W G, Gillies J A. 1993. Dust emission and transport in Mali, West Africa. Sedimentology, 40 (1): 859-868.

Pietersma D, Stetler L D, Saxton K E. 1996. Design and aerodynamics of portable wind tunnel for soil erosion and fugitive dust research, Trans. Assoc. Agric. Eng., 39 (6): 2075-2083.

Raupach M R, Leys J F. 1990. Aerodynamics of a portable wind erosion tunnel for measuring soil erodibility by wind . Australian Journal of Soil Research, 28 (2): 177-191.

Saxton K, Chandler D, Stetler L, et al. 2000. Wind erosion and fugitive dust fluxes on agricultural lands in the Pacific Northwest, Trans. Assoc. Agric. Eng. , 43 (2): 623-630.

Shao Y P. 2000. Physics and Modeling of Wind Erosion. London: Kluwer Academic Publishers.

UNEP. 1993. Managing fragile ecosystem: combating desertification and drought. Agenda 21, Chapter 12. Desertification Control Bullet in, 2: 122.

Van Pelt R S, Zobeck T M, Baddock M C, et al. 2010. Design, construction, and calibration of a portable boundary layer wind tunnel for field use. American Society of Agricultural and Biological Engineers, 53 (5): 1413-1422.

Van Plet R S, Zobeck T M. 2013. Portable wind tunnels for field testing of soils and natural surfaces. // Ahmed N A. 2013. Wind tunnel design and their direrse engineering applications. http: //dx. doi. org/10. 5772/54141

Woodruff N P, Siddoway F H. 1965. A wind erosion equation. Soil Science Society of America Proceedings, 29 (5): 602-608.

Zingg A W. 1951. A portable wind tunnel and dust collector developed to evaluate the erodibility of field surfaces. Agronomy Journal, 43: 189-193.

第 2 章　可移动式风蚀风洞设计的理论基础

自 20 世纪中期开始，Sherlock 和 Stalker（1940）将风洞实验技术与污染物扩散问题相结合，风洞模拟大气边界层的实验技术开始得到发展并不断丰富，促进了空气污染气象学的产生和发展。1985 年，综合知识性、系统性、实用性和发展性，伍荣林和王振羽编撰了《风洞设计原理》一书，成为我国风洞设计与研究工作者必备的工具书，各类环境风洞在我国各地陆续兴建，截至 2010 年年底，我国已建成 30 余座大气边界层风洞。

风蚀现象是发生在近地表大气边界层内的沙粒运动现象，风蚀过程实质上是风与地表土壤颗粒间的相互作用，大气边界层内空气的流动状态与风蚀过程密切相关。因此，风蚀风洞的设计应考虑大气边界层流动的模拟。本章主要介绍风蚀风洞气动结构设计所依据的基础理论及动力学相似准数、流场主要特征参数等。

2.1　理论基础概述

2.1.1　相似理论

大气边界层的许多问题，如飞机气动性能和土壤风蚀起尘机制等，都需要通过风洞实验来研究。而直接实验成本高，具有较大的局限性，所得实验结果往往只适用于某些特定条件，不具有普适性。况且，还有许多现象不宜进行直接原型实验，如飞机太大，不能在风洞中直接研究飞机原型飞行问题；同时，原型直接实验往往只能得出个别量之间的规律，难以抓住现象的本质。如果要使从模型实验中得到的精确的定量数据能够准确代表对应原型的流动现象，就必须使模型和原型之间满足相似理论的要求。相似理论是大气层研究的有力工具，是空气动力学模拟研究中所依托的重要理论。

（1）基本概念

自然界现象的规律可以用现象特征的各物理量间存在的某种特定关系表征，即可以用某种物理方程来描述，则同一类物理现象必然符合同一类物理方程。因此，两个现象相似则必然为同一类现象，符合同一类物理方程，相应物理量也保持各自固定的比例关系。对于两个相似现象而言，其对应点的由基本量纲组合而成的无量纲参数是相同的，这些无量纲参数即相似准则，又称相似准数、相似判据、相似模数或相似参数等。同名相似准则的数值相同，是现象相似的特征和标志，有些还是衡量现象相似与否的判据。相似理论的理论基础是相似三定理。

1）相似第一定理。可表述为"对相似的现象，其同名相似准则的数值相同"。基于该定理，实验中应对相似准则或相似准则中所包含的各物理量进行测量。

2）相似第二定理。可表述为"现象的各物理量之间的关系，可以转化为各相似准则之间的关系"。一般工程系统中，现象的各物理量之间的关系，往往用物理方程或函数关系表示，通过引入基本量纲（量纲相互独立）可将各物理量化为由基本量纲组合的无量纲形式，即化为相似准则之间的关系。对于两个相似现象来说，这种无量纲形式表示的相似准则之间的关系式是完全相同的，这是相似现象的又一重要性质。

3）相似第三定理。可表述为"对于同一类物理现象，如果两个现象的单值条件相似，而且由单值条件组成的同名相似准则数值相等，则这两个现象相似"。这里的单值条件包括几何条件（或空间条件）、介质条件（或介质物理性质）、边界条件和初始条件（或时间条件）。据此，具体实验时，要求所有的同名相似准则数值相同并不是必要的，只要关键相似准则数值相同即可判定两个现象相似。这就是相似理论在实际应用中的相对性。也就是说，实际工作中同时满足所有因素相等是很难的，一般只能根据研究工作需要，保证少数几个起主导作用的参数相等，这样所得到的模拟结果往往也具有足够精度。可见，相似理论在实践应用中具有相对性，并非绝对性，只有部分相似没有完全相似。

(2) 风洞模拟流场的相似

依据相似定理，风洞模拟大气边界层，必须保证模型实验的流场与实际流场相似，以保证模型实验所得的数据能指导实践。

参照《空气动力学实验技术》所述，空气动力学中两个流场的相似，是指两个流场的对应点上表征流动状况的相应瞬时物理量均保持各自固定的比例关系（包括方向相同）。因而涉及几何参数、动力学参数、热力学参数等及各种参数的综合。一般情况下，两个流场的相似可以用几何相似、运动相似、动力相似、热力学相似和质量相似来描述。

1）几何相似。如果两个物体中的一个经过均匀变形，即同一缩尺比后能和另一个物体完全重合，则称这两个物体几何相似。可见，对于两个几何相似的物体来说，它们的形状相同，一个是另一个的简单放大复制而已，它们的尺寸可以不同。

2）运动相似。指速度、加速度矢量场的几何相似，流线谱均匀变形后应重合。即两个流场对应的速度大小保持固定的比例关系，方向相同，则其速度相似，它决定了两个几何相似的流场对应点的加速度相似。

3）动力相似。指两个流场对应点上作用的各机械力的合力是相似的。

4）热力学相似。指两个流场对应点的温度保持固定的比例关系。

5）质量相似。指两个流场对应点的密度保持固定比例关系。

满足几何相似、运动相似和动力相似时，两个流动在力学上是相似的。其中，几何相似是运动相似和动力相似的前提，动力相似是运动相似的主导因素，而运动相似只是几何相似和动力相似的表征；三者密切相关，缺一不可。

空气动力学是航空航天技术及其他工业技术的一门基础科学，空气动力学实验的各种方法中，最主要的是风洞实验，是空气动力学研究的最基本实验设备，其设计所遵循的重要理论是相似理论。

参考《高低速风洞气动与结构设计》，依据流体静力学理论，对于静止空气中的运动物体或运动气流中保持静止的物体，所受到的空气动力 R 取决于与气流或物体相关联的参

数，即

$$R = f(L, \ u, \ \rho, \ h, \ \alpha, \ \beta, \ E, \ n_s, \ m, \ p, \ \mu, \ \overline{u'^2}, \ \gamma, \ C_p, \ C_v, \ \lambda) \qquad (2\text{-}1)$$

式中，L 为对象的长度（m）；u 为对象的运动速度（m/s）；ρ 为空气的密度（kg/m³）；h 为对象表面粗糙度的特性尺度（m）；α 为运动的迎角（°）；β 为运动的偏航角（°）；E 为模型的体积弹性系数（Pa）；n_s 为运动部件的频率或转速（1/s）；m 为物体单位长度的质量（kg/m）；p 为空气的压强（Pa）；μ 为空气的动力黏滞系数（Pa·s）；$\overline{u'^2}$ 为空气平均脉动速度的平方（m²/s²）；γ 为空气的重度（N/m³）；C_p 为空气的定压热容量（定压比热）[J/（kg·K）]；C_v 为空气的定容热容量（定容比热）[J/（kg·K）]；λ 为空气的导热系数 [W/（m·K）]。

式（2-1）中影响流体气动力特性的参数共 16 个，根据量纲理论，16 个参数的单位中包含 4 个基本量纲，即质量 M、长度 L、时间 T、温度 Θ，采用 M-L-T-Θ 基本量纲系统分析，则气动力系数 C_R 将取决于 12 个无量纲参数，这些无量纲参数称为相似准则。

$$C_R = R / \frac{1}{2} \rho u^2 L^2 = F(\Delta, \ \alpha, \ \beta, \ C, \ D, \ S, \ Ma, \ Re, \ \varepsilon, \ Fr, \ \psi, \ Pr) \qquad (2\text{-}2)$$

式中，Δ 为模型表面的相对粗糙度，$\Delta = h/L$；C 为物体弹性变形的相似准则，$C = E/\rho u^2$；D 为物体质量分布的相似准则，$D = m/(\rho L^3)$；S 为斯特罗哈数（Strouhal number），$S = u/(n_s L)$；Ma 为马赫数（Mach number），$Ma = u/a$，其中 a 为声速（m/s）；Re 为雷诺数（Reynolds number），$Re = \rho u L / \mu$；ε 为湍流度，$\varepsilon = \sqrt{\overline{u'^2}}/\overline{u}$；$Fr$ 为弗劳德数（Froude number），$Fr = u^2/(gL)$；ψ 为热容量比（比热比），$\psi = C_p/C_v$；Pr 为普兰特数（Prandtl number），$Pr = \mu C_p / \lambda$。

根据相似理论，风洞实验流场与真实流场之间的相似，涉及几何相似、运动相似、动力相似、热力学相似和质量相似。要在风洞边界层条件下完全满足这些要求非常困难，甚至是不可能的。依据《风洞设计原理》（伍荣林和王振羽，1985），对于给定的研究对象、风速范围，一般影响风洞实验的主要相似准则只有几个，而这几个主要的相似准则，有时也不需要完全满足，仅要求达到一定的程度，经过实验修正就可以得到相当可靠的实验数据。

伍荣林和王振羽（1985）认为，在式（2-2）的 12 个相似准则中，Re、Ma、ε、Pr、ψ 是与风洞设计密切相关的相似准则；Δ、C、D、α、β 则与风洞设计关系不大；Fr、S 与风洞设计间接相关。且除低速风洞外，马赫数 Ma 是所有其他风洞必须满足的相似准则，对于黏性流体还应满足雷诺数 Re 要求。

相对粗糙度 Δ 反映的是实验对象的几何相似。粗糙度是通过影响边界层流态起作用的，因此，对于环境风洞而言，满足该相似准则的通常做法是人为布置湍流涡发生器，如粗糙元和棒栅等，使模拟环境和真实的边界层流态相似。

物体弹性变形的相似准则 C 反映在高速气流中，弹性力起主导作用，以弹性力和惯性力的比值表征。

斯特罗哈数 S 反映的是具有周期性变化的流动相似性。对于以空气中沙粒为实验对象的低速风洞，斯特罗哈数可以不用考虑。

α 和 β 准则，一般在风洞设计时通过模型安装和变角度机构的运动，来保证迎角 α 和偏航角 β 的准确性。对于研究真实地表中含沙气流流场运动状态的低速风洞，沙粒为原型实验对象，α 和 β 准则自动满足。

陈谟（1997）提出，若要做到完全相似的两个流场，风洞实验将无法进行，风洞也就失去存在的必要。实践经验也多次证明，对于每一个实验目的，并非式（2-2）中的全部参数都起作用，往往只有一两个参数起主要作用，其他则可以忽略。

2.1.2 误差理论

误差定义为测量对象的实测值相对于其真值的差异程度。风蚀风洞模拟实验中引起实验结果差异性的因素有很多，如风蚀风洞气动性能指标、洞壁干扰、风洞内模型及测量仪器对流场的影响、模型尺寸和均匀度、温度对风速的影响、室内与野外环境的差异、测量仪器的精确度、流场校测处理、数据采集和处理方法等。关注主要误差源可以简化工作。误差难以避免，进行定量分析时，不仅要得到测量结果，而且必须对测量结果进行评价，判断结果的准确性（可靠程度），分析产生误差的原因，采取减小误差的有效措施，从而不断提高测量结果的准确程度。根据风洞实验误差来源可将误差分为测量误差和数据处理误差两种，数据处理误差主要表现为拟合误差。

（1）测量误差

测量误差的表示形式通常为绝对误差、相对误差和引用误差。

绝对误差指测量值与被测量的真值之间的差值，能够说明测量结果偏离实际值的情况，但不能确切反映测量的准确程度，而且真值难以获得。相对误差为测量的绝对误差与被测量的真值之比。引用误差为相对误差的一种特殊形式，是测量仪器的绝对误差与该仪器的测量范围上限值的比值，用以比较测量仪器的精度。

测量误差产生的原因一般源于 3 个方面：①仪器误差。因测量器具在设计、制造、装配、安装和校准过程中产生的误差，与测量仪器精度有关。②条件误差。由于测量时环境条件变化而造成的误差，如实验过程中环境大气的压强、温度、湿度、气流扰动以及测量时振动等均可能使测得值产生误差。③主观误差。由于观测人员感官生理条件不同、精神状态变化、操作习惯等主观因素影响而造成的误差，如测量者主观判断不确切或采用近似测量方法等均可产生误差。

测量误差按其性质分类，可分为系统误差、随机误差和粗差 3 种类型。系统误差指在同一测量条件下，多次测量同一量值时，误差的绝对值和正、负号保持不变或按一定规律变化的误差。该误差可以由实验或理论计算确定，依据系统误差量值大小可对测量结果进行修正，以消除它对测量结果的影响。随机误差是由实验过程中许多具有随机性质的因素综合影响的结果，它由于某些偶然的因素（如测定时环境的温度、湿度和气压的微小波动，仪器性能的微小变化等）或难以控制的因素所引起，其影响有时大，有时小，有时正，有时负；如在实际相同的测量条件下，多次测量同一量值时，误差的绝对值和正、负号以不可预定的方式变化着。主要由测量者造成，超出在规定条件下预期的误差称为粗大误差，简称为粗差。粗大误差的绝对值与测量列中其他测得值的误差分量相比明显偏大，即明显歪曲测量结果。含有粗大误差的测量值称为异常值或坏值。为了克服少数异常值带来的干扰，有必要在进行研究之前识别出这些异常值并做一些必要的处理，使它们的影响降低到最低水平。剔除离群数据会使测定结果更客观；若仅从良好愿望出发，任意删去一些表观差异较大并非离群数据，虽由此得到认为满意的数据，但并不符合客观实际。因此，对可疑数据的取舍，必须参照一定的原则处理。

在实际测量过程中，系统误差、随机误差和粗差通常混杂在一起，很多情况下都可以将系统误差和粗差作为随机误差来处理。

随机误差的特性是当测量次数 n 充分大时符合正态分布规律，即式（2-3）。

$$f(\delta) = \frac{1}{\sigma\sqrt{2\pi}} e^{-\frac{\delta^2}{2\sigma^2}} \tag{2-3}$$

式中，$f(\delta)$ 为误差 δ 出现的概率分布密度；δ 为随机误差；σ 为标准偏差，计算式如（2-4）所示。

$$\sigma = \sqrt{\frac{\sum\limits_{i=1}^{n} \delta_i^2}{n}} \tag{2-4}$$

式（2-3）表示对于不完全相等的每一个测得值均具有一定的不可靠性，围绕真值有一定的分散性。式（2-4）中 σ 值能灵敏地反映出，对同一物理量作 n 次重复测量的测得值的分散程度，即测得值越分散，出现的随机误差越大，标准偏差就越大。

基于测量真值的不可知性，当采用有限次的等精度测量时，可应用残差 ε 估算测量列的单次测量标准偏差。

$$\sigma = \sqrt{\frac{\sum\limits_{i=1}^{n} \varepsilon_i^2}{n-1}} \tag{2-5}$$

式中，ε 为残余误差，简称残差，是测得值 x_i 与测得值的算术平均值 $\bar{x}$ 之差，即 $\varepsilon_i = x_i - \bar{x}$。

测量误差服从正态分布，残差 ε 也符合正态分布，其分布密度为

$$f(\varepsilon) = \frac{1}{\sigma\sqrt{2\pi}} e^{-\frac{\varepsilon^2}{2\sigma^2}} \tag{2-6}$$

标准偏差 σ 越小，任一单次的测得值 x_i 对算术平均值 $\bar{x}$ 的分散度就越小，测量精度就越高。测量列算术平均值的标准偏差定义为

$$\sigma_{\bar{x}} = \frac{\sigma}{\sqrt{n}} \tag{2-7}$$

当 n 越大，所得的算术平均值就越接近真值，测量的精确度越高。但是，测量次数越多，越难保证测量条件的稳定，会造成新的误差。因此，应选取较为适当的测量次数。

（2）数据处理误差

针对等精度测量，最小二乘法是用于数据处理和误差估计的得力数学工具，它可以实现误差为最小而得到最佳线性拟合曲线。

设在相同的测量条件下对某物理量 Y 进行独立的无系统误差和粗差的 n 次测量，有

$$\begin{cases} y_1 = f_1(x_1, x_2, \cdots, x_m) \\ y_2 = f_2(x_1, x_2, \cdots, x_m) \\ \vdots \\ y_n = f_n(x_1, x_2, \cdots, x_m) \end{cases} \tag{2-8}$$

式中，$x_1, x_2, \cdots, x_m$ 为待求的量值；$y_1, y_2, \cdots, y_n$ 为对应真值的估计值。

测量值的残差为

$$\begin{cases} \varepsilon_1 = z_1 - f_1(x_1, x_2, \cdots, x_m) \\ \varepsilon_2 = z_2 - f_2(x_1, x_2, \cdots, x_m) \\ \vdots \\ \varepsilon_n = z_n - f_n(x_1, x_2, \cdots, x_m) \end{cases} \tag{2-9}$$

式中，$z_1, z_2, \cdots, z_n$ 为有误差的测得值，相互独立并服从正态分布，标准差分别为 σ_1，$\sigma_2, \cdots, \sigma_n$，则 $z_1, z_2, \cdots, z_n$ 出现在相应真值附近区域内的概率为

$$P_i = \frac{1}{\sigma_i \sqrt{2\pi}} e^{-\delta_i^2/(2\sigma_i^2)} d\delta_i \qquad i = 1, 2, \cdots, n \tag{2-10}$$

由概率论可知，各测得值同时出现在相应区域的概率为

$$P = \prod_{i=1}^{n} P_i = \frac{1}{\sigma_1 \sigma_2 \cdots \sigma_n \sqrt{2\pi}} e^{-\sum_{i=1}^{n} \delta_i^2/(2\sigma_i^2)} d\delta_1 d\delta_2 \cdots d\delta_n \tag{2-11}$$

测得值 $z_1, z_2, \cdots, z_n$ 为已知，则有理由认为这 n 个测得值出现于相应区间的概率 P 为最大。而要使 P 最大，应有

$$\frac{\delta_1^2}{\sigma_1^2} + \frac{\delta_2^2}{\sigma_2^2} + \cdots + \frac{\delta_n^2}{\sigma_n^2} = 最小 \tag{2-12}$$

由于结果只是接近真值的估计值，因此上述条件应表示为

$$\frac{\varepsilon_1^2}{\sigma_1^2} + \frac{\varepsilon_2^2}{\sigma_2^2} + \cdots + \frac{\varepsilon_n^2}{\sigma_n^2} = 最小 \tag{2-13}$$

等精度测量的最小二乘法原理是

$$\varepsilon_1^2 + \varepsilon_2^2 + \cdots + \varepsilon_n^2 = \sum_{i=1}^{n} \varepsilon_i^2 = 最小 \tag{2-14}$$

式（2-14）表明，若 F 是一组等精度测得值中的最佳值，则 F 与各测得值之间差值的平方和为最小，这就是最小二乘法原理，即

$$(z_1 - F)^2 + (z_2 - F)^2 + \cdots + (z_n - F)^2 = \sum_{i=1}^{n} (z_i - F)^2 \tag{2-15}$$

2.1.3 异常值检验与剔除

2.1.3.1 正态分布样本的异常值检验方法

在正态分布小样本异常值测定中，常用的异常值检验方法有格鲁布斯法、狄克逊检验

法、t 检验法与偏度–峰度检验法。由于各种检验方法的严格程度与检验功效不同，在有些情况下，用不同的检验方法得到的检验结论是不同的，在这种情况下，如何确定检验结论，在不同的文献中有不同的看法，这是一个值得考虑的问题。

（1）格鲁布斯（Grubbs）检验法

将 x_j （$j=1$, 2, 3, $\cdots$, n）按它们的大小，从小到大的顺序排列，设为 $x_1 \leqslant x_2 \leqslant \cdots \leqslant x_n$，即 x_1 最小，x_n 最大。如果怀疑 x_1 或者 x_n 为异常数值，那么可以这样来进行判定。先求出它们的算术平均值 $\bar{x}$ 和标准偏差 s，然后计算出统计量 G_i，比较 G_i 与临界值 $G_{(\alpha, n)}$，进行判断。

$$\bar{x} = \frac{\sum x}{n}; \quad s = \sqrt{\frac{\sum (x_i - \bar{x})}{n-1}}; \quad G_i = \frac{|x_i - \bar{x}|}{s} \tag{2-16}$$

式中，s 为包括可疑样本在内的标准差；$\bar{x}$ 为包括可疑值在内的全部样本的平均值；x_i 为可疑异常值。

查格鲁布斯临界值表，得到 $G_{(\alpha, n)}$。若 $G_i > G_{(\alpha, n)}$，则 G_i 为异常值而考虑剔除；若 $G_i \leqslant G_{(\alpha, n)}$，则 G_i 不是异常值而保留。

将可疑数据判定为异常值，则剩余 $n-1$ 个数据，并重复以上步骤，再次判断，直到经过 m 次判断，得到无异常数据。可见，该方法可判断多个异常值。

格鲁布斯检验法的标准差和平均值是由包括可疑值在内的全部数据计算而得到的，标准差数值较大，严格程度适中，概率意义明确，检验效果最好，其适宜样本个数为 20 ~ 100（刘修鑫等，1998）。

（2）狄克逊（Dixon）检验法

狄克逊检验法无需求出标准偏差 s 和平均值 $\bar{x}$。它是用极差比的方法，得到简化而严密的结果。为了使判定的效率高，按照不同的测定次数范围采用不同的极差比统计量计算公式。可重复使用狄克逊检验法判断多个异常值。狄克逊检验法的另一个优点是计算简便。

将测量列 x_j （$j=1$, 2, 3, $\cdots$, n）按它们的大小，从小到大的顺序排列，设为 $x_1 \leqslant x_2 \leqslant \cdots \leqslant x_n$，即 x_1 最小，x_n 最大。x_1，x_n 为可疑数据。根据 n 数目的不同，计算出相应的 r 值。

当 $3 \leqslant n \leqslant 7$ 时

$$r_大 = \frac{x_n - x_{n-1}}{x_n - x_1} \text{ 或 } r_小 = \frac{x_2 - x_1}{x_n - x_1} \tag{2-17}$$

当 $8 \leqslant n \leqslant 10$ 时

$$r_大 = \frac{x_n - x_{n-1}}{x_n - x_2} \text{ 或 } r_小 = \frac{x_2 - x_1}{x_{n-1} - x_1} \tag{2-18}$$

将计算求得的 $r_大$ 和 $r_小$ 分别与临界值表中查得的 $r_{(0.05, n)}$ 或 $r_{(0.01, n)}$ 进行比较。如果 $r_大$（或

$r_{小}$）$>r_{(0.05,n)}$ 或 $r_{(0.01,n)}$，则最大（或最小）的可疑值为异常值，不可信。如果 $r_{大}$（或 $r_{小}$）$\leq r_{(0.05,n)}$ 或 $r_{(0.01,n)}$，则最大（或最小）的可疑值不是异常值，应保留。

当测定值中出现一个以上的可疑值时，可重复使用狄克逊检验法连续进行异常值的检验和剔除，直到不能检出异常值为止。狄克逊检验法是极差型检验，无需计算 $\bar{x}$ 与 s，方法简便，概率意义明确，检验不严格，保留一些异常值的可能性较大，在通常的定量分析中还是切合实际的，适用于样本容量为 $3<n<30$ 的异常值剔除（杨茂兴，2005）。

（3） t 检验法（汤姆逊法）

t 检验法在计算 $\bar{x}$ 与 s 时，从 t 分布检验出发，事先将欲检验的可疑值 x_j 排除在外，保证了计算出的标准差 s 的独立性与正确性，在理论上是比较严格的。由于 x_j 不参与检验统计量中 $\bar{x}$ 与 s 的计算，使得计算出的 s 变小，而计算出的 x_j 与 $\bar{x}$ 值之差变大，从而使统计量值变大，因此有可能将一些正常的测定值判定为异常值，为了避免发生这种"判无为有"与"判少为多"的错误，应该选择较小的检出水平。

在测量列 x_j（$j=1$，2，3，$\cdots$，n）中选择可疑值 x_j，将其剔除后计算平均值 $\bar{x}$ 和标准差 s（不包括可疑值 x_j）。根据测量次数 n 选取显著水平 0.05 或 0.01，查表得到 t 检验系数 $K_{(0.05,n)}$ 或 $K_{(0.01,n)}$。如果 $|x_j-\bar{x}| \geq K_{(0.05,n)} \times s$ 则认为测量值 x_j 为异常值。

t 检验法中的标准差和平均值是在去除了可疑值之后计算出来的，标准差数值变小，检验的灵敏度就提高了，这样就有可能把有些正常值判断为异常值，该法偏严，该方法刚刚能检出异常值时，格鲁布斯检验法还检不出异常值，这样 t 检验法犯第二类错误的概率就比格拉布斯检验法低（王文周，2000a），当 n 很小时宜采用该准则（刘修鑫等，1998）。

（4） 偏度-峰度检验法

偏度-峰度检验法计算工作量大，这是未能广泛应用的重要原因。当一组测定值中存在一个以上的异常值时，使用偏度-峰度检验法来进行异常值连续检验与剔除时，也有犯"判多为少"或"判有为无"错误的可能，但比狄克逊检验法与格鲁布斯检验法犯这类错误的可能性要小。

（5） 样本分位法

王蓉华等提出了基于总体参数的稳健估计量（如样本分位数）的方法进行异常值检验。

这种方法所对应的各检验统计量如下：设 x_1，$\cdots$，x_n 为取自 N（u，δ^2）的样本，$x_1 \leq \cdots \leq x_n$ 为其顺序统计量。构造异常值检验统计量（包括上侧、下侧、双侧 3 种情形），当怀疑 x_n（x_1）异常时，计算上侧（下侧）异常值检验统计量，当无法确定异常值出现在哪侧时，计算双侧异常值检验统计量，当由样本计算出的相应统计量的值大于它们的临界值时，则在相应的显著性水平下，判定该极值为异常值。这种方法所对应的各检验统计量如下。

当 δ^2 已知时，采用 0.3 样本分位数法，其中，

上侧检验统计量：

$$T_n = \frac{x_n - \frac{1}{2}(x_{n_1} + x_{n_2})}{\sigma} \tag{2-19}$$

下侧检验统计量：

$$T_1 = \frac{\frac{1}{2}(x_{n_1} + x_{n_2}) - x_1}{\sigma} \tag{2-20}$$

双侧检验统计量：

$$\text{MRT} = \frac{\max\limits_{i=1, \cdots, n} \left| x_i - \frac{1}{2}(x_{n_1} + x_{n_2}) \right|}{\sigma} \tag{2-21}$$

式中，$n_1 = \begin{cases} 0.3n, & 0.3n \text{ 为整数} \\ [0.3n] + 1, & 0.3n \text{ 为非整数} \end{cases}$；$n_2 = n - n_1 + 1$。

当 δ^2 未知时，采用 1/4 样本分位数法，其中，

上侧检验统计量：

$$T_n = \frac{x_n - \frac{1}{2}(x_{n_3} + x_{n_4})}{x_{n_4} - x_{n_3}}, \tag{2-22}$$

下侧检验统计量：

$$T_1 = \frac{\frac{1}{2}(x_{n_4} + x_{n_3}) - x_1}{x_{n_4} - x_{n_3}}, \tag{2-23}$$

双侧检验统计量：

$$\text{MRT} = \frac{\max\limits_{i=1, \cdots, n} \left| x_i - \frac{1}{2}(x_{n_3} + x_{n_4}) \right|}{x_{n_4} - x_{n_3}} \tag{2-24}$$

式中，$n_3 = \begin{cases} n/4, & n/4 \text{ 为整数} \\ [n/4] + 1, & n/4 \text{ 为非整数} \end{cases}$；$n_4 = n - n_3 + 1$。

这种方法利用样本分位数的优化组合来估计总体参数，在正态样本的异常值检验中具有较好的稳健性和较高的估计效率，计算简便，抵抗异常值干扰能力强，且可连续使用，检验多个异常值。因此，在许多情况下，有其他方法所不可比拟的优越性。

（6）估计邻域法

估计邻域法是克立格与霍金斯将区域化变量理论和结构分析思想用于识别及处理异常值的方法。该法将所提出的识别异常值的统计量与邻域内观测值的平均方差（σ^2）及变异函数联系起来，使异常值的识别及处理同时考虑了观测值和样品的空间环境。

该法的应用步骤如下。

1）计算变程内信息值的变异函数 $\gamma(h)$，并据下式计算变程内信息值的平均方

差 σ^2。

$$\sigma^2 = \frac{1}{n^2} \sum_{i=1}^{n} \sum_{j=1}^{n} \gamma_{ij}(h) \qquad (2\text{-}25)$$

式中，n 为变程内的样品总数。

2) 识别异常值统计量（I）的计算。该统计量服从自由度为 1 和 ∝ 的 F 分布，当 I 大于 3.84 时，可疑值 G 被确定为异常值，即表示在 95% 的置信区间上确定 G 为异常值。各点的 I 值计算式如下：

$$I = \frac{(n-1)(G-m)^2}{n \sigma^2} \qquad (2\text{-}26)$$

式中，m 为不包含 G 的邻域内其他样品信息值的均值。I 值超过 I 的上限值 3.84 的点 G 值为异常值。

（7）影响系数法

影响系数法是在研究区域化变量变异程度的基础上，对可能出现的异常值的影响系数（k）人为赋值，以适当地抑制其影响程度的一种异常值识别和处理的方法。该法具体步骤如下：①针对 n 个观测值，分别计算其均值（M）和去掉可疑值的 $n-1$ 个观测值的均值（m）；②根据观测值的变异性，对影响系数（k）人为赋值，当 $M/m \leqslant k+1$ 时，可疑值不为异常值，否则该值被确定为特异值。研究中通常取 $k=0.05-0.2$，表明可疑的异常值对全部样品值的影响超过了 5% ~ 20%。

在一组测定值中有一个以上异常值的场合，方差 $S_{(n-1)}^2$ 中包括了另一个异常值在内，使之变大，而比值 $S_n^2/S_{(n-1)}^2$ 不一定大，使得格鲁布斯检验法对一些异常值检验不出来，犯"判多为少"或"判有为无"错误的可能性增大（王文周，2000b），狄克逊检验法检出异常值的功效要优于格鲁布斯检验法，可重复使用狄克逊检验法检验多个异常值，虽然在重复使用狄克逊检验法检验异常值时，也仍然存在"判多为少"的可能，但比格鲁布斯检验法要好。数学上证明，在一组测定值中只有一个异常值时，格鲁布斯检验法检出异常值的功效最优，要稍优于狄克逊检验法，但狄克逊检验法仍具有良好的检验功效（邓勃，1995）。王文周（2000b）通过相对统计量的计算，分析了 5 种检验方法的优劣。他认为 5 种检验的检验功效从高到低，依次是 t 检验法>格鲁布斯检验法>峰度检验法>狄克逊检验法>偏度检验法。上述检验方法仅仅适用于剔除正态样本的异常值，若属于对数正态分布，则要取对数后才能使用上述检验方法（陶澍，1994）。邓勃和秦建侯（1987）认为对于小样本的异常值检验，没有必要同时使用多种检验方法，只要使用格鲁布斯检验法进行检验就可以了。

2.1.3.2　非参数异常值检验方法

事实上，并非所有分布形式都可经变换化为正态分布，当不能进行正态化或虽可正态化，但正态化效果不好，变换后变量的实际意义不明确时，可采用非参数方法检验异常值，如五数概括法。

"五数"指中位数 M，上四分位数 Q_U、下四分位数 Q_L 和上、下极值。识别数据中的异常值需要有对于异常值不敏感的展布度，而且它要强调数据中心部分的行为而不是强调极端值，所以选择四分展布（记为 $H=Q_U-Q_L$），而不能选极差与标准差。通常人们认为在区间（$Q_L-1.5H$，$Q_U+1.5H$）之外的数据可看作异常值（赵慧等，2003）。这种方法简单易操作，对大样本检验功效较高，但对小样本则略显粗糙。在实际问题中，我们只能对这些数据分隔出来加以特别注意，根据实际情况仔细检查它们是否确为异常值。

2.1.3.3 异常值处理

异常值对总体估计精度的影响程度很大，在原始数据审议阶段必须识别和剔除异常值以减少干扰、提高精度。对于异常值的处理，必须持慎重态度，不能贸然行事。人们往往对异常数据采取冷漠和摒弃的态度，将有意义的异常数据也一起删除，从而丧失了发现新知识的机会。有些样品随时间与空间的变动性很大，异常值的出现常常暗示了可能存在新的变化规律，循此深入进行研究，很可能发现新的变化趋势和规律。如果一味追求总体估计误差最小，从数学上看好像精度提高了，但局部差异的消失则会导致结果失真。

（1）直接剔除显著异常值

对于任何异常值，都必须仔细分析其产生的原因。从原始记录到操作方法和条件都要全面考虑，如果能找到引起误差的确切原因，这个异常值无疑可以舍弃。若是取样等人为因素造成的异常值则一律剔除。在统计上仍处在合理的误差限内的明显偏大或偏小值，不能将其判为异常值。计算的统计量明显地大于 $\alpha=0.01$ 的临界值，此可疑值为异常值，应予剔除（费业泰，1987）。也就是说，对于能找到原因以及高度异常的显著异常值要给予剔除。

（2）用中位值来代替稍有异常数据的平均值

对计算的统计量与 $\alpha=0.01$ 的临界值相接近的稍有异常的异常值，为了慎重起见，最好补充测定一两次，再进行处理，这样更有把握（费业泰，1987）。对于稍有异常的异常值如果给予保留，这时，可用原来数据的中位值来代替平均值作为分析结果，会更合理些。这样，在不能很有把握确定是否存在过失误差的情况下，以中位值作为测定结果是合理的。计算的统计量大于 $\alpha=0.05$ 的临界值但又不大于 $\alpha=0.01$ 的临界值，此可疑数据为偏离数据，应该保留。

在统计数据中，有时发现个别测定数据离群，统计检验判为异常值，但若它与其他测定值的差异仍在仪器的精度范围之内，这种数据不应舍弃，可以保留这些异常的测定值，并在数据处理结果中加以必要的说明，这可能更合理。

（3）替代显著异常值

对于无法找到原因的统计上显著的异常值的处理方法很多，如将异常值去掉不参加统计计算、用正常值最大值代替异常值、用正常值最小值代替异常值或用总体平均值代替异常值（张征，1999；刘瑞民等，2003）。现介绍两种异常值下限值公式来代替异常值以"平滑"掉极端差异性信息的方法。

$$GL = M \times \left| \frac{nk + 1}{k + 1} \right| \tag{2-27}$$

式中，k 为人为赋值的影响系数，通常取 $k=0.1$ 或 $k=0.05$；M 为包括可疑值在内的均值；GL 为替代值。

$$GL = \sqrt{\frac{I \sigma^2 n}{n - 1}} + m \tag{2-28}$$

式中，I 为 F 分布的临界值 3.84；m 为不包含可疑值的邻域内其他样品信息值的均值；σ^2 为计算变程内信息值的平均方差；GL 为替代值。

式（2-27）是针对影响系数法提出的异常值替代方法，与影响系数法一样，只能对极大值为异常值的数据进行替代，对极小值为异常值的情况却不适用，这是因为式（2-27）中的替代值均大于等于平均值 [（$nk+1$）／（$k+1$）的值永远大于等于 1]。同样，式（2-28）也只能对极大值为异常值的数据进行替代，对极小值为异常值的情况不适用。

由于异常值既有最大值也有最小值，为了更好地反映客观实际，对于最大异常值宜采取正常值最大值来代替，对于最小异常值宜采取正常值最小值来代替。

2.2　可移动式风蚀风洞设计的动力学相似准数

2.2.1　大气边界层湍流运动方程与相似准数

空气动力学中常见的相似准则有雷诺数 Re、马赫数 Ma、普兰特数 Pr、弗劳德数 Fr、比热比 ψ 等。

马赫数 Ma 的物理意义在于表征气流中物体所受的惯性力与弹性力之比。弹性力反映的是空气的可压缩性。由于包括大气环境风洞在内的工业空气动力学风洞均属于低速风洞，$Ma<0.4$。《风洞设计原理》给出了 Ma 对物体气动特性影响的一般规律，当 Ma 小于 0.4，气流几乎不可压缩，Ma 数的影响可以忽略不计。

比热比是温度的函数，反映了流体焓变与内能的变化关系。当流体是空气时，常温常压下的比热比 ψ 值为 1.4。在环境空气温度和压力变化不大的情况下，空气可以看作是理想气体，此时 ψ 值保持不变。

雷诺数 Re、罗斯贝数 Ro、普兰特数 Pr 等相似准则，均由大气边界层流场的控制方程推导而得出。

对于整个大气边界层流动的分析以布辛尼斯克（Boussinesq）方程为基础。Boussinesq 大气运动方程适用于非静力平衡态的、中小尺度的、考虑地球自转影响的层结流体的运动，其特点是：①在连续性方程中忽略密度的变化影响，近似看作不可压缩流体；②在运动方程中，考虑竖直方向上由密度差异产生的浮力与重力的差值（净浮力）的影响；③在状态方程和热力学方程中考虑密度变化的影响，并视密度变化仅为位温变化的结果，而不考虑压力的影响；④空气分子的黏性系数和导热系数都视为常数；⑤受地球自转产生的科里奥利力（Coriolis 力）的作用；⑥非静力平衡体系。

大气边界层中气流的主要运动形式为湍流，但不同于一般流体力学的湍流，除需考虑大气层结引起的热力湍流，还需考虑由于地球转动引起的科里奥利力，即控制方程组中需加入热量方程、状态方程、科里奥利力和重力，见式（2-29）～式（2-32）。

连续性方程：

$$\frac{\partial u_i}{\partial x_i} + \frac{\partial u_j}{\partial x_j} = 0 \tag{2-29}$$

动量方程：

$$\frac{\partial u_i}{\partial t} + u_j \frac{\partial u_i}{\partial x_j} = -\frac{1}{\rho}\frac{\partial P}{\partial x_i} + \nu \frac{\partial^2 u_i}{\partial x_j^2} - 2\Omega\varepsilon_{ijk}\eta_j u_k + g\frac{\theta}{T}\delta_{ij} \tag{2-30}$$

式中，ρ 为空气的密度（kg/m³）；P 为气流的压强（Pa）；ν 为空气的运动黏滞系数（m²/s），其物理意义可理解为，单位速度梯度作用下的切应力对单位体积质量作用产生的阻力加速度；Ω 为地球自转角速度（rad/s），$\Omega = 7.292 \times 10^{-5}$ rad/s；ε_{ijk} 为爱因斯坦参数，也称为交错张量，当 i，j，k 顺排时 $\varepsilon_{ijk} = 1$，逆排时 $\varepsilon_{ijk} = -1$，当有两个下标相同时 $\varepsilon_{ijk} = 0$。即：当 $(i, j, k) = (1, 2, 3)$，$(2, 3, 1)$，$(3, 1, 2)$ 时，$\varepsilon_{ijk} = 1$；当 $(i, j, k) = (3, 2, 1)$，$(2, 1, 3)$，$(1, 3, 2)$ 时，$\varepsilon_{ijk} = -1$；当 i，j，k 不完全相同时，$\varepsilon_{ijk} = 0$；η_j 为地球旋转轴方向的单位矢量在第 j 坐标轴上的分量，$\eta = (\cos\varphi\sin\alpha, \cos\varphi\cos\alpha, \sin\varphi)$，其中，$\varphi$ 为纬度，α 为 x_j 轴与南北线方向的夹角；g 为重力加速度（m/s²）；T 为绝对温度（K）；θ 为某状态时的温度（K）；δ_{ij} 为克罗内克符号，当 $i = j$ 时，$\delta_{ij} = 1$，否则，$\delta_{ij} = 0$。

动量方程式（2-30）中，从左至右的各项分别表征动量存储项、平流传输项、气压梯度力项、黏性力项、科里奥利力项、重力项。

热量方程：

$$\frac{\partial \theta}{\partial t} + u_j \frac{\partial \theta}{\partial x_j} = K_T \frac{\partial^2 \theta}{\partial x_j^2} - \frac{1}{C_p \rho}\frac{\partial \Phi_j}{\partial x_j} \tag{2-31}$$

式中，θ 为位温（K），物理意义为气体从原有的压强与温度位置，经绝热膨胀或压缩到标准压强时（通常是1000hPa）的温度，一般用来比较不同气压下的气体热状态；K_T 为空气分子的热扩散系数（m²/s），$K_T = \lambda/\rho C_p$，数值为 2.06×10^{-5} m²/s；Φ_j 为耗散系数。

热量方程式（2-31）中等号左边两项分别表征热存储项和平流传输项，右边两项分别表征热扩散项和辐射加热项。

状态方程：

$$P = \rho RT \text{ 或} \frac{\rho'}{\rho} = -\frac{T'}{T} \tag{2-32}$$

式中，R 为普适气体常数，$R = 8.314$ J/（mol·K）。

状态方程式（2-32）中，考虑到大气密度沿水平方向变化很小，可以认为 ρ 为常数，从而使气压梯度力项线性化。

《大气边界层物理学》（莱赫特曼，1982）对风沙现象物理过程的描述是，风沙现象的物理过程仅发生在大气表面层中，可认为该层中动量和热量不随高度变化，则科里奥利力没有直接影响；当风力增大到一定程度时，脉动风速增大，实际大气各层在垂直方向上产生剧烈掺混，大气边界层的温度层结被破坏，$\theta = 0$。这样，动量方程式（2-30）中的科里奥利力作用项 $2\Omega\varepsilon_{ijk}\eta_j u_k$ 和重力作用项 g$\frac{\theta}{T}\delta_{ij}$ 均可以被忽略，而且热力学方程和状态方程都可以不考虑。可见，式（2-30）简化为式（2-33）。

$$\frac{\partial u_i}{\partial t} + u_j \frac{\partial u_i}{\partial x_j} = -\frac{1}{\rho} \frac{\partial P}{\partial x_i} + \nu \frac{\partial^2 u_i}{\partial x_j^2} \tag{2-33}$$

引入特征向量（或定性向量）L_0、u_0、ρ_0、T_0、$\overline{\omega}_0$，以上标"*"代表无量纲量，有 $x = x^* \cdot L_0$，$\overline{u} = u^* \cdot u_0$，$\rho = \rho^* \cdot \rho_0$，$\Omega = \Omega^* \cdot \overline{\omega}_0$，$P = P^* \cdot \rho_0 u_0^2$，$\theta = \theta^* \cdot \Delta T_0$。将这些特征向量代入式（2-28）和式（2-33），并引入雷诺约定，得到如下无量纲控制方程。

连续方程：

$$\frac{\partial u_i^*}{\partial x_i^*} = 0 \tag{2-34}$$

动量方程：

$$\frac{\partial u_i^*}{\partial t^*} + u_j^* \frac{\partial u_i^*}{\partial x_j^*} = -\frac{1}{\rho^*} \frac{\partial P^*}{\partial x_i^*} + \frac{1}{Re} \frac{\partial^2 u_i^*}{\partial x_j^* x_j^*} - \frac{2}{Ro} \Omega^* \varepsilon_{ijk} \eta_j u_k^* + \frac{1}{Fr^2} \theta^* \delta_{ij} \tag{2-35}$$

式中，Re 为雷诺数；Ro 为罗斯贝数；Fr 为弗劳德数。

热量方程：

$$\frac{\partial \theta^*}{\partial t^*} + u_j^* \frac{\partial \theta^*}{\partial x_j^*} = \frac{1}{Pe} \frac{\partial^2 \theta^*}{\partial x_i^* x_j^*} \tag{2-36}$$

式中，Pe 为皮克莱数。

基于真实沙粒不能被缩尺（拜格诺，1959），当以真实地表进行风洞实验时大气运动的控制方程只能采用零级近似。王元和张鸿雁（1994）、金文（2002）采用渐近尺度分析（无量纲分析）方法，对方程中各项的数量级进行了估算，认为大气表面层中由于流速横向脉动产生的湍流惯性应力项 $\frac{\partial}{\partial x_j}$（$-\overline{u'_i u'_j}$）比黏性应力项 $\nu \frac{\partial u_j^2}{\partial x_j^2}$ 高出 5～13 个数量级，流动雷诺数可以不加考虑，方程按数量级（只保留数量级在 10^{-3} 以上的项）简化，可将式（2-35）继续简化为

$$\frac{1}{\rho} \frac{\partial \rho}{\partial x_j} = \frac{\partial}{\partial x_j}(-\overline{u'_i u'_j}) \tag{2-37}$$

应用混合长度理论，引进重要的 Boussinesq 湍流黏性假设，即切应力不变假设，$-\overline{u_i^* u_j^*} = \kappa \frac{\partial u_j}{\partial x_j}$（其中，$\kappa$ 为 Karman 常数，不依赖于壁面性质），结合伯努利方程和地表粗糙度条件，最终可得到普适的地面风速对数分布律，见式（2-38）。

$$u_z = \frac{u^*}{\kappa} \ln z + C \tag{2-38}$$

式中，C 为依赖于壁表面性质的常数，实验值为 0.4，对于光滑壁面，$C = 5.0～5.2$。式（2-38）表明，接近壁面区内的风速随垂直距离的增加而呈对数律增长。

依据上述零级近似的动力学相似参数分析，可以认为以真实地表进行的风洞模拟实验应满足的主要相似参数为平均风速廓线和地表粗糙度，此时土壤颗粒的流动 Re 和土壤颗粒 Fr 将自动得到满足。因此，在风洞内保证风洞断面速度分布满足对数律，就能保证相似。

当两个流动的无量纲控制方程组相同，边界条件相同，则方程组同解，这两个流动就是相似的。因此，由式（2-35）和式（2-36）可以认为两个流动相似的充分必要条件是：相似准则 Re、Fr、Ro、Pe 以及无量纲化的边界条件相同。塞马克曾指出，在风洞中精确模拟大气边界层，除了要求风洞边界层的雷诺数 Re、罗斯贝数 Ro、普兰特数 Pr、弗劳德数 Fr 等相似参数与大气边界层一致外，还应满足地表面粗糙度分布、地表面温度分布、边界层流动结构、水平压力梯度分布等边界条件的相似，以及要有足够的迎风距离来建立与外部条件一致的均衡大气边界层。李永福（1987）认为，这些相似参数在风洞中一般不能够同时匹配，在一定的条件下，某些相似参数可以不考虑或放宽要求，下面逐一讨论。

2.2.2　流动雷诺数（Reynolds number）

流动雷诺数 Re 表示流体的惯性力与黏性力之比，是大气边界层对湍流特征起控制作用的重要无量纲特征参数。

$$Re = \frac{\rho_0 u_0 L_0}{\mu} \tag{2-39}$$

式中，ρ_0 为空气密度的特征向量（kg/m³）；u_0 为对象的平均速度（m/s）；L_0 为对象的特征长度（m）；μ 为空气的黏性系数（Pa·s）。

朱震达和吴正（1980）提出，由于土壤颗粒的运动都发生在距地面 30cm 高的范围内，利用风洞模拟风速廓线及地表粗糙度时可以只模拟大气表面层 0～30cm 高的情况，但应设法消除风洞实验段压力梯度的影响。流动雷诺数无关性原理认为，流动由层流向湍流转捩过程中，随着流动雷诺数的增大存在一转换的临界雷诺数 Re_c。当模拟流动的雷诺数 $Re > Re_c$ 时，能模拟较大尺度的湍流涡旋，此时平均风速剖面、湍流度、表面摩擦阻力等边界层流动特征参数与流动雷诺数 Re 大小无关。在以几何相似所确定的粗糙度范围内，大气环境风洞的临界雷诺数 Re_c 一般为 $3 \times 10^5 \sim 1 \times 10^7$。而对于大多数湍流，$Re$ 一般都足够大，可以实现湍流结构相似。

总之，虽然风洞设计中流动雷诺数 Re 是极为重要的相似准则，但对于风蚀现象的风洞模拟，当下垫面条件与待模拟实际地表的粗糙条件相同时，只要风洞实验段风速与自然风蚀风速相同，流动雷诺数与雷诺数无关性相似条件通常能自动得到满足。

2.2.3　罗斯贝数（Rossby number）

罗斯贝数 Ro 的物理意义为水平加速度与科里奥利力加速度的比值，表达式如下：

$$Ro = \frac{u_0}{L_0 \omega_0} \tag{2-40}$$

式中，$\overline{\omega}_0$ 为表征地球自转角速度的特征向量（rad/s）；u_0 为表征气流速度的特征向量（m/s）；L_0 为表征长度的特征量（m）。

由式（2-40）可知，若 Ro 足够大，则科里奥利力极小，可以忽略不计。而对于发生在大气边界层中的土壤风蚀现象，动量和热量随高度不变，科里奥利力的影响可忽略。也可以认为，对于地表面土壤的风蚀现象，土壤颗粒所受科里奥利力极小，Ro 足够大，相似条件得以满足。所以，对于风蚀现象模拟的风洞设计不必考虑罗斯贝数的相似性要求。

2.2.4 弗劳德数（Froude number）

弗劳德数 Fr 是表示流体惯性力与重力之比的相似准则，表达式如下：

$$Fr = \frac{u_0^2}{gH}$$

（2-41）

式中，g 为流体运动的重力加速度（m/s^2）；u_0 为表征气流速度的特征向量（m/s）；H 为风洞实验段截面高度（m）。

基于中性大气边界层的湍流结构相似性，弗劳德数 Fr 相似准则可以通过保持风洞中气流的等温来实现。

风洞实验段的高度和长度影响大气边界层在风洞中的自由发展，进而影响颗粒获得平衡稳定的跃移条件。Owen 和 Gillette（1985）的研究表明，如果 Fr 太大，跃移粒子将剧烈撞碰风洞顶部，造成风洞实验段内的气流扰动，他们建议 Fr 的限值可设定为 20。White 和 Mounla（1991）的实验研究证实了这个结论的可行性，并强调，风洞实验段流场的 Fr 越大，摩擦速度越趋近于恒定值以及可蚀性颗粒跃移至稳定值的进程越慢。在满足 $Fr \leqslant 20$ 的条件下，使摩擦速度 u^* 达到平衡值所需的下风向距离，至少需 5 倍于实验段高度的距离（$5H$）。据此，White 等给出了更为保守的 Fr 限值（$Fr \leqslant 10$），以使实验段采样区刚好位于颗粒跃移运动达到稳定平衡的区域内，从而保证测得值能表征真实的风蚀现象。

2.2.5 普兰特数（Prandtl number）

普兰特数 Pr 是反映气流黏性和热传导之间关系的相似准则，是衡量气体黏性作用和热传导相对大小程度的无量纲数，表达式为

$$Pr = \frac{\nu}{a} = \frac{\mu C_p}{\lambda}$$

（2-42）

式中，ν 为空气的运动黏滞系数（m^2/s），表征分子传递过程中动量传递的特性；a 为空气的热扩散系数（m^2/s），表征分子传递过程中热量传递的特性；μ 为空气的动力黏滞系数（$Pa \cdot s$）或 $[kg/(m \cdot s)]$；C_p 为空气的定压比热 $[J/(kg \cdot K)]$；λ 为空气的导热系数 $[W/(m \cdot K)]$，物理意义是，稳定传热条件下，单位时间内沿导热方向通过单位长度的介质，温度降低 1℃ 时每平方米面积所传递的热量，空气在标准状态下的导热系数是 $0.0244W/(m \cdot K)$。

由于气流的黏性作用，在物体表面流动时气流会形成黏性底层或边界层，该层内气体分子或微团之间存在动量交换。若物体表面是隔热的，则底层温度最高且等于物体的表面温度，向外形成温度梯度，气体分子或微团之间也存在热交换。反映上述动量交换与热交换关系的相似准则，就是普兰特数，它是温度的函数，与孔径、长度或特征长度等参数均无关，并不反映流体的流动性质。大气边界层风洞中的工作介质是空气，空气的普兰特数

Pr 约为 0.72，与压强、温度几乎无关。因此，Pr 相似准则可以认为是自动得到满足的。所以，在风蚀风洞设计中可以不考虑普兰特数的相似性准则要求。

2.2.6　皮克莱数（Peclet number）

皮克莱数 Pe 是用来研究返混影响的准数，可以分解为

$$Pe = \frac{u_0 L_0}{K_T} = \frac{u_0 L_0}{v} \frac{v}{K_T} = \frac{u_0 L_0}{v} \frac{\mu/\rho_0}{\lambda/\rho_0 C_p} = Re \cdot \frac{\mu C_p}{\lambda} = Re \cdot Pr \tag{2-43}$$

式中，Pe 数为流动雷诺数 Re 与普兰特数 Pr 的乘积，其物理意义表示受到外力作用运动时对流换热量与导热量之比。当 Re 数和 Pr 数相似准则得以满足时，Pe 数相似准则自动满足。

综上所述，对于研究风蚀现象的中性大气边界层风洞模拟所遵循的相似准则：Re、Ro、Pr、Fr、Pe，均可以得到满足，通过风洞模拟可获得与实际大气边界层基本相似的流场。对于边界条件的相似，如地表面粗糙度分布相似，进行室内风洞模拟实验时，可以在风洞实验段底板表面布置粗糙元来实现，若在野外真实地表进行模拟实验，地表面粗糙度分布自动满足。对于水平压力梯度分布的相似，可通过调节实验段侧壁的方法获得。边界层流动结构的相似，可在实验段进口加装湍流发生器和设计一个足够长的实验段等措施，在实验区获得与外部自然条件一致的均衡边界层。

2.3　含沙气流流场

2.3.1　颗粒起动与受力分析

戚隆溪和王柏懿（1996）认为，风蚀过程实际上是风与地表的相互作用，控制风蚀过程的主要因素是大气边界层内的流动状态，估算土壤颗粒的作用力所依据的是大气边界层风速剖面，它影响着风蚀速率与规模。因此，针对土壤风蚀现象的研究不仅要求了解气相流体的动力学行为，还需了解固相颗粒的起动行为，以及气固两相间的相互作用。风蚀问题应属于气固两相流的动力学范畴。

（1）颗粒起动与受力机制

Bagnold（1941）将风沙流运动解析为蠕移、跃移和悬移 3 种基本形式，提出沙粒起动主要存在流体起动和冲击起动两种方式。Hudson 等（1971），Iwanicki 和 Schwab（1981）的研究也认为，土壤可蚀性颗粒在风力作用下的运动形式主要有 3 种：蠕移、跃移和悬移。"蠕移"是指较大颗粒（粒径一般为 1~2mm）在气流或其他颗粒碰撞推动下，发生沿地表滚动或滑动运动的现象。"跃移"是由风压和沙粒间冲击作用引起的沙粒脱离地表面而进入气流中的现象，是沙粒传输的主要运动形式。"悬移"是指细小颗粒（粒径小于 0.1mm）呈悬浮状随气流运动。郑晓静等认为，风蚀现象发生时 3 种运动形式往往同时发生，其中土壤颗粒的跃移形式最为重要，因为不仅这种运动形式输运的土壤颗粒占全

部风蚀量的75%以上，而且跃移还是导致沙粒蠕移和悬移的重要原因。

基于 Bagnold 的沙粒起动的观点，国外研究者 Chepil、比萨尔（Bisal）、Hiest 和 Nielsen 等对颗粒起动的受力机制开展了大量的研究，提出了各种沙粒的起跳机制和假设，可归为8种起动学说：振动起动说、冲击起动说、斜面飞升说、升力起动说、湍流起动说、压差起动说、涡旋起动说和负压起动说。国内学者吴正（2003）、刘贤万（1995）、贺大良和刘大有（1989）、刘大有等（1996）、董治宝（2005）等对沙粒受风力的起动学说进行了详细的讨论、分析和评价，认为有关沙粒起跳机制大致有两大类共8种学说，即以接触力为主的起跳学说，包括斜面飞升说、冲击起动说、振动起动说和以非接触力为主的起跳学说，包括 Magnus 力起动说、压差起动说、湍流起动说、负压起动说和涡旋起动说。朱朝云等（1992）将其归纳为3种学说。

1）湍流扩散与振动学说。沙粒起动是气流湍流扩散作用的结果，当风速接近起动风速时，某些颗粒将产生振动，且随风速的增大而增大，直至离开地表。代表人物有埃克斯纳（Exner F.）、冯·卡门（Von Karman）、比萨尔（Bisal）、莱尔斯（Lyles）等。

2）压差升力学说。根据绕流机翼理论和 Bernulli 能量守恒定律，当气流流过处于地表面的沙粒时，导致颗粒顶部和底部形成压力差，进而产生垂直向上的升力而离开地面，这就是马格纳斯（Magnus）效应。代表人物有普兰特（Prandtl）、费里斯（Felice）、杨（Yang）、兹纳门斯基等。

3）冲击碰撞学说。沙粒脱离地表进入气流的主要抬升作用是冲击力，即高速运动的沙粒在跃移中通过冲击方式进入搬运层。代表人物有拜格诺、兹纳门斯基、伊万诺夫等。

（2）气固两相流中颗粒的受力

颗粒起动的3种学说中，冲击碰撞学说比较正确地论证了沙粒脱离地表面进入气流运动的主导作用。

气固两相流间的作用力包括重力、浮力、气动阻力（或拖拽力）、巴塞特力（Basset 力）、表观质量力（或视质量力、虚拟质量力）、马格纳斯力（Magnus 力）、萨夫曼力（Saffman 力）、科里奥利力和压力梯度力等。在以上所有的两相间的相互作用力中，拖曳力相对而言是最重要的力，它在两相间的相对流动、传热和传质等过程中起着十分重要的作用，不能忽略。下面分析单个粒子在无界流场中所受的力。

1）气动阻力。气动阻力指颗粒在均匀流场中作匀速运动时气流做用于颗粒上的力，由摩擦阻力和压差阻力构成。在气固两相流中，颗粒所受流体阻力 F_D 的大小表示为

$$F_D = C_D \frac{\pi d_p^2 \rho_c}{8} (u_c - u_s)^2 \tag{2-44}$$

式中，C_D 为阻力系数，与颗粒的表观形状有关；ρ_c 为连续相密度；u_c 为连续相的速度；u_s 为颗粒速度；d_p 为颗粒粒径。

2）Basset 力。为气固两相流中颗粒与流体存在相对加速度时所产生的一种非恒定气动力，是颗粒作变速运动时流体作用于颗粒上的附加力之一。当颗粒在黏性流体中作变速运动时，由于颗粒附面层的影响将带着一部分流体运动，由于流体的惯性作用使其滞后于颗粒的运动，如颗粒加速时流体的加速将滞后，而颗粒减速时，气流也不能与其同步。因

此，颗粒会受到一个随时间变化的流体作用力，这个力就是 Basset 力，Basset 力的方向与颗粒加速度方向相反。表达式为

$$F_B = \frac{3}{2} \sqrt{\pi\mu\rho_c} \, d_p^2 \int_{t_{P_0}}^{t_p} \frac{1}{\sqrt{t_p - \tau}} \frac{d(u_c - u_s)}{dt} d\tau \tag{2-45}$$

式中，t_{P_0} 为颗粒开始加速的时刻；t_p 为颗粒加速运动的终了时刻；τ 为颗粒加速运动过程中的任一时刻；μ 为气体动力黏度。

3）表观质量力（或视质量力）。是颗粒作变速运动时流体作用于颗粒上的附加力之一。两相流场中，颗粒所受表观质量力可表示为

$$F_m = \frac{1}{12} \pi d_p^3 \rho_c \frac{d(u_c - u_s)}{dt} \tag{2-46}$$

该力的方向与 $\frac{d(u_c - u_s)}{dt}$ 的正负有关，对于 $\rho_c \ll \rho_p$ 的两相流流动，表观质量力可以忽略不计，但对于 $\rho_c \approx \rho_p$ 的两相流流动，表观质量力的影响很大。

4）Magnus 力。由于流体不均匀性而产生的，作用在旋转颗粒上的横向力。在旋流场中，由于附面层影响的存在，颗粒旋转将带动流体运动，使颗粒相对速度较高一侧的流体速度增加、压强减小，另一侧反之。这种现象称为马格纳斯效应。会使旋转颗粒在径向受到向压强减小一侧的力作用，表达式为

$$F_M = k d_p^3 \rho_c \omega u_c \tag{2-47}$$

式中，k 为常数，大颗粒取 0.09，一般小颗粒取 $\pi/8$；ω 为颗粒的旋转角速度；u_c 为颗粒相对于连续相的速度。

5）Saffman 力。也称速度梯度力，是气流作用于颗粒上的横向剪切力，对于粒径较大的颗粒，须考虑其受垂直风向作用力切变的影响。颗粒在有速度梯度的流场中，即使不旋转也将承受横向力的作用，表达式为

$$F_s = 6.46 \left(\rho_p u_c\right)^{\frac{1}{2}} d_p^2 \left|\frac{\partial u}{\partial y}\right|^{\frac{1}{2}} |u_p - u_c| \tag{2-48}$$

式中，F_s 的方向与速度梯度 $\partial u/\partial y$ 方向一致；y 为与运动方向垂直的坐标。

6）科里奥利力（简称科氏力）是指由于地球自转运动而作用于地球上运动质点的偏向力，也称地转偏向力。

7）压力梯度力，由于流场中存在压力梯度而产生，压力梯度是颗粒在黏性流体中呈变速运动以及在无黏性流体中运动时，其表层附近的气体随其运动而产生的，表达式为

$$F_p = \frac{\pi}{6} d_p^3 \rho_c \frac{dp}{dy} \tag{2-49}$$

式中，p 为流场压力。一般情况下，颗粒密度远大于气体密度，因此在固相运动中压力梯度力、表观质量力与气动升力和气动阻力相比往往可以忽略不计。

吴正（2003）、贺大良和刘大有（1989）、刘大有等（1996）、董治宝（2005）等通过估算沙粒受到的重力、Magnus 力、Saffman 力、压力梯度力等大小，发现后 3 种力比重力至少小一个数量级，不可能是造成沙粒起跳的主要原因。此外，贺大良和高有广（1988）从高速摄影实验中发现，沙粒起跳后的垂向加速度总是负值，即沙粒受到的所有非接触力

的垂向分量之和小于重力，不足以使沙粒向上运动，由此认为沙粒起跳的主要原因是接触力的作用。在 3 种接触力学说中，他们认为沙粒起跳的驱动力主要是斜面飞升力和碰撞冲击力协同作用的结果，而其他非接触力（如 Magnus 力、Saffman 力等）的作用只是辅助性因素，影响土壤颗粒运动的作用力还有颗粒自身的重力、颗粒间黏附的内聚力和颗粒表面间或与其他表面间产生的黏附力等阻力，这些阻力作用属于抵抗风蚀形成的机制。显然，颗粒起动的条件取决于驱动力与阻力的相对大小。黄社华等（2000）总结认为，对于土壤颗粒的跃移运动有较大影响的力有气动阻力、Magnus 力、Saffman 力和有效重力。

2.3.2　运动方程

正常气象条件下，含尘大气为稀相的气固两相体系。气相为空气，是连续态的；固相由较多颗粒组成，是离散态的。戚隆溪等（2002）、王柏懿等（2004）研究认为，大气中固体颗粒所占体积分数极低，即使是沙尘暴类天气状况下也远小于 1，可以忽略沙粒间相互碰撞的影响。此时可以认为固相是一种零应力流体，相间动量交换满足黏性流中单球阻力规律，即气相对固相的作用力和传热等于气体对单球作用的线性叠加，只需考虑两相间的动量和能量交换。地表大气边界层的湍流运动一般需要考虑地球转动产生的影响，故气相运动的动量方程中要加入科里奥利力的作用。若假定以下内容：

1）颗粒为粒径 d_p 和质量 m_p 的刚性球体；

2）大气中尘粒体积分数可忽略，颗粒的布朗运动和颗粒间相互碰撞忽略不计；

3）空气视为不可压缩流体，并满足理想气体的状态方程。

则正常气象条件下的含尘大气为稀相的气固两相体系，用随地球旋转的局地直角坐标系所描述的含尘大气运动的基本方程为（下标"s"为与固相相关的参数）式（2-50）~式（2-54）。

连续性方程：

$$\frac{\partial \rho}{\partial t} + \nabla \cdot (\rho \vec{u}) = 0 \tag{2-50}$$

动量方程：

$$\frac{\partial \vec{u}}{\partial t} + (\vec{u} \cdot \nabla) \vec{u} = -\frac{1}{\rho} \vec{\nabla p} + g \frac{\theta}{T} \delta_{3i} - 2\vec{\Omega} \times \vec{u} + \nu \nabla^2 \vec{u} - \frac{\rho_s}{m_p} \vec{f_s} \tag{2-51}$$

或

$$\frac{\partial \vec{u}}{\partial t} + (\vec{u} \cdot \nabla) \vec{u} = -\frac{1}{\rho} \vec{\nabla p} + \frac{g}{T} \theta \delta_{3i} - 2\Omega \varepsilon_{ijk} \eta_j u_k + \nu \nabla^2 \vec{u} - \frac{\rho_s}{m_p} \vec{f_s} \tag{2-52}$$

式中，$\vec{f_s}$ 为某个球形颗粒所受的空气阻力，则颗粒受到的空气总阻力 $F_s = n_p f_s$ [n_p 为单位体积内含尘大气中颗粒的数密度，$n_p = \rho_p / m_p$，ρ_p 为沙粒的材料密度（kg/m³）]；q_s 为某个球形颗粒所接受的空气传热；其他符号说明同前。

热力学方程：

$$\frac{\partial E}{\partial t} + (\vec{u} \cdot \nabla) E = -\frac{1}{\rho} \nabla \cdot (\vec{p} \cdot \vec{u}) + \vec{u} \cdot \nu \nabla^2 \vec{u} - \frac{\rho_s}{m_p} (\vec{u_s} \cdot \vec{f_s} + q_s) \tag{2-53}$$

状态方程：

$$P = \rho RT \tag{2-54}$$

上述为含尘大气运动控制方程，其中动量方程中右端第一项为气压梯度力，第二项为重力，第三项为科里奥利力，第四项为气流的黏性切应力，第五项为含尘大气中球形沙粒所受到的空气作用力。

考虑到稀相两相流中沙粒的作用力 f_s，即

$$f_s = 3\pi d_p \mu (\vec{u} - \vec{u}_s) D + 1.615 \left(\rho u \left| \frac{\partial \vec{u}_1}{\partial z} \right| \right)^{1/2} (\vec{u}_1 - \vec{u}_{1s}) Hk - \frac{1}{8} \pi d_p \rho \vec{\omega}_p (\vec{u} - \vec{u}_s) \tag{2-55}$$

式中，$\vec{u}_1$ 为水平速度矢量（$\vec{u}_1 = u_x i + u_y j$）（m/s）；$k$ 为垂直方向单位向量；μ 为空气的黏性系数（Pa·s）；$\overline{\omega}_p$ 为沙粒旋转角速度（rad/s）；d_p 为球形沙粒粒径（m）；$\vec{u}$ 为气固两相间气相的速度矢量（m/s）；$\vec{u}_s$ 为气固两相间固相的速度矢量（m/s）；ρ 为空气密度（kg/m³）；ρ_p 为颗粒材料密度（kg/m³）；D、H 均为修正因子，$D = 1 + \frac{1}{6} Re_s^{2/3}$。

关于 D、H 的取值与计算参照如下经验计算式：

$$\begin{cases} H = 0.468\,67 [1 - \exp(-0.1 Re_s)] \left(\frac{Re_p}{Re_s} \right)^{1/2} + \exp(-0.1 Re_s) Re_s \leqslant 40 \\ H = 0.0741 Re_s^{1/2} Re_s \geqslant 40 \end{cases} \tag{2-56}$$

式中，Re_s 为颗粒滑移雷诺数，$Re_s = |\vec{u} - \vec{u}_s| Re_p$；$Re_p$ 为颗粒流动雷诺数，$Re_p = \frac{\rho d_p u_0}{\mu}$。

式（2-55）中右端第一项为气动阻力；第二项为气流对土壤颗粒的剪切升力，考虑了地表上方大气瞬间作水平方向运动时，贴近壁面区 Stokes 阻力作用下颗粒滑移（$Re \leqslant 1$）的影响；第三项为 Magnus 力。

引入特征速度 u_0、特征长度 L_0、含尘相或弥散相气流密度 ρ_{s0}，对基本参数进行无量纲化（上标" $*$ "表示无量纲物理量），即 $(x, y, z) = (x^*, y^*, z^*) \cdot L_0$，$t = L_0 t^* / u_0$，$(u, v, w) = (u^*, v^*, w^*) \cdot u_0$，$\rho_s = \rho_s^* \cdot \rho_{s0}$

将上述无量纲表达式分别代入式（2-51）和式（2-52），则含尘大气的层流边界层无量纲动量方程变为式（2-57）。

$$\frac{\partial \vec{u}_s^*}{\partial t^*} + (\vec{u}_s^* \cdot \nabla) \vec{u}_s^* = -\frac{1}{Fr} k - \frac{1}{Ro} \Omega^* \times \vec{u}_s^* = \frac{1}{\beta} (\vec{u}^* - \vec{u}_s^*) +$$

$$\frac{1}{k} \left(\frac{\partial \vec{u}_1^*}{\partial z^*} \right)^{1/2} (\vec{u}_1^* - \vec{u}_{1s}^*) Hk - \frac{1}{x} \omega^* \times (\vec{u}^* - \vec{u}_s^*) \tag{2-57}$$

式中，Ω 为地球自转角速度（m²/s），$\Omega = 7.29 \times 10^{-5}$；$\omega$ 为颗粒旋转角速度（m²/s）。

2.3.3 含沙流场动力学相似准则

根据控制方程（2-57）可以认为，含尘大气的动力学相似准则包含以下七方面。

1）Ro 为罗斯贝数，$Ro = \dfrac{u_0}{f_c L_0}$，$f_c$ 为科氏参数，$f_c = 2\Omega\sin\phi$。

2）Fr 弗劳德数，$Fr = \dfrac{u_0^2}{g L_0}$。当 $Fr \gg 1$ 时，重力作用可以忽略不计，或者说，对于土壤可蚀性颗粒的运动而言，弗劳德数不是必须满足的相似准则。

3）颗粒流动雷诺数（Re_p），$Re_p = \dfrac{\rho d_p u_0}{\mu}$。用来表征颗粒实际承受的气动阻力和气流的剪切横向力对 Stokes 阻力（$Re \leqslant 1$）和 Saffman 力的最大偏离。

4）颗粒惯性参数 β，$\beta = \dfrac{1}{18}\left(\dfrac{\rho_p}{\rho_{s0}}\right)\left(\dfrac{d_p}{L_0}\right) Re_p$。用以表征颗粒的惯性力与所受的气动阻力之比。

5）颗粒剪切横向参数 k，$k = \dfrac{\pi}{9.69}\left(\dfrac{\rho_p}{\rho_{s0}}\right)\left(\dfrac{d_p}{L_0}\right)^{1/2} Re_p^{1/2}$。表征颗粒惯性力与 Saffman 力之比，当 $k \gg 1$ 时，Saffman 力可以忽略不计。

6）颗粒旋转横移参数 ι，$\iota = \dfrac{3}{4}\left(\dfrac{\rho_p}{\rho_{s0}}\right)\left(\dfrac{u_0}{\omega L_0}\right)$。它表征颗粒的惯性力与 Magnus 力之比。当 $\iota \gg 1$ 时，Magnus 力可以忽略不计。

在上述相似准则中，弗劳德数 Fr 和罗斯贝数 Ro 与地球引力和地球自转效应相关，与无尘大气运动的 Fr、Ro 相似准则相同，而无量纲参数 Re_p、β、k、ι 是含尘大气运动所特有的，反映了气固两相间的相互作用关系。

Skidmore 等按粒度组成将土壤颗粒分为非可蚀性颗粒（NEP）和可蚀性颗粒（EP）两大类，前者为粒径 >0.84 mm 的不易蚀性土壤颗粒，后者为粒径 ≤0.84 mm 的易蚀性土壤颗粒，其中粒径为 0.05 ~ 0.50 mm 的土壤颗粒是最易蚀性颗粒（MEP）。刘连友等（1998）对半干旱区 3 种典型土壤（沙质壤土、壤质沙土、固定风沙土）的风洞模拟研究指出，土壤 EP 的粒径范围随风速的增大而增大。董治宝和李振山（1998）发现，土壤颗粒的粒径相当时，混合粒径较均匀粒径更易发生风蚀。可见，实际的风蚀过程中，起尘颗粒的粒径范围是变化的，且范围较宽，尘粒被风吹起的作用力不能分解为若干单因素作用的叠加。而颗粒蠕动、跃移受重力所控制，风洞实验不可能在同样缩尺比下模拟弗劳德数 Fr，也不可能在真实地表测定摩擦速度 u_*（$u_* = \sqrt{\tau_s/\rho}$）。针对这些实际问题，宣捷和叶文虎（1993）基于保证风洞模拟实验中地表粗糙、湍流等空气动力学效应和颗粒、空气两相流动的相似性，提出了如下扩展相似准则体系，其中模拟平坦地面沙粒的风沙两相流运动所遵循的相似性准则包含以下内容：

1）密度比 $(\rho_p/\rho)_m = (\rho_p/\rho)_n$。其中，$\rho_p$、$\rho$ 分别为颗粒和空气的密度；m、n 分别为模型量和原型量。

2）颗粒阈值摩擦速度或起动摩阻风速比 $(u_*/u_{*t})_m = (u_*/u_{*t})_n$。其中，$u_{*t}$ 为阈值摩擦速度或起动摩阻风速。

3）终末速度比 $(u_t/u_*)_m = (u_t/u_*)_n$。其中，$u_t$ 为固体颗粒在空气中沉降的终末速度，$u_t = \left(\dfrac{4\rho_p g d_p}{3\rho C_D}\right)^{1/2}$。

4）颗粒的摩阻雷诺数 $Re_{p*} = u_*^3/2g\upsilon$，要求 $(Re_{p*})_m > 30$。由于实际地表是粗糙的，因此可以忽略层流底层，风速剖面与气体黏性无关，但与地表粗糙度密切相关。空气动力学光滑或粗糙条件则依据颗粒摩阻雷诺数 $Re_{p*} = \rho u_* D_p/\mu$（$D_p$ 为空气动力学粗糙颗粒的当量直径），若某粒子上升速度为 u_*，颗粒运动中可以忽略空气阻力，粒子跃移轨迹的最大高度理论值为 $u_*^2/2g$，则该粒子的摩阻雷诺数 $Re_{p*} = \dfrac{u_*^2 u_*}{2g\upsilon} = \dfrac{u_*^3}{2g\upsilon}$。

当平坦地面中有大的凸起物时，还应满足以下内容。

1）参考速度比 $(u_0/u_*)_m = (u_0/u_*)_n$，其中，$u_0$ 为平均风速。

2）弗劳德数 $(Fr)_m = (Fr)_n$。

3）无量纲时间 $(u_* T/L)_m = (u_* T/L)_n$。其中，$T$ 为时间尺度。

4）凸起物高宽比 $(h/W)_m = (h/W)_n$。

戚隆溪等（2002）研究认为，土壤可风蚀性颗粒的跃移运动基本发生在地表 $0 \sim 1$m 的高度范围，悬移粒子可能超过这个高度。王元和张鸿雁（1994）、董飞等（1995）观测发现，占输沙量 90% 的风蚀颗粒跃移高度在 300 mm 以下，Asmerom 等（1999）发现 50 mm 以下的高度内输沙量占总数的 60% ~ 80%。因此，对于发生在大气表面层中风蚀现象的风洞模拟而言，无尘时大气运动的 Re、Ro、Pr、Fr、Pe 相似准则能够得到满足。对于以真实地表为实验对象的大气边界层风洞模拟，其含尘大气运动所特有的风沙两相流运动相似性准则密度比 ρ_p/ρ、颗粒阈值摩擦速度比 u_*/u_{*t}、终末速度比 u_t/u_*、颗粒的 Re_{p*} 是自动得到满足的。因此，可以认为风蚀风洞模拟需首先考虑风速廓线和地表粗糙度的模拟，其次是边界层湍流雷诺数及湍流度的模拟，但需考虑消除水平压力梯度的影响。

2.4　平均风速剖面模拟

一般环境风洞模拟大气边界层的关键是平均风速剖面和湍流特性的模拟。湍流特性由湍流强度、脉动风功率谱和湍流积分尺度谱等几个方面描述。因此，大气边界层风洞风场模拟的 4 个主要特征参数分别为平均风速剖面、湍流强度剖面、脉动风速谱和湍流积分尺度等。风洞内流场的模拟即是对这 4 个特征量的模拟。

平均风速剖面是描述气流平均风速随高度变化规律的曲线，即平均风速随高度变化的剖面。研究（王元和张鸿雁，1994；金文，2002）结果表明，平均风速剖面是进行风蚀模拟研究应满足的最为关键的边界条件。一般情况下，平均风速剖面可以用对数律或指数律来描述。

2.4.1　对数律表示法

对于中性大气边界层流场情况，最重要的参数是对数风速廓线和地表粗糙度，其次为湍流强度。大气表面层中的风受到地面摩擦阻力的影响而降速。一般情况下，摩擦力随高度增加而减小，所以风速随高度升高而增大，服从对数律分布。

对数律表示法的表达式如下：

$$\frac{u}{u_*} = \frac{1}{\kappa}\ln\left(\frac{z}{z_0}\right) \tag{2-58}$$

式中，u 为高度 z 处的平均风速（m/s）；u_* 为摩擦速度（m/s）；κ 为卡门（Karman）常数，一般取 0.4；z 为测量点距地面的高度（m）；z_0 为空气动力学粗糙度（m）。

近年来的微气象研究表明，假设在离地高度 z_t 内，式（2-58）可以近似成立，则此高度可以由式（2-59）确定：

$$Zt = b\frac{u^*}{f} \qquad (2\text{-}59)$$

式中，b 为常数，其数量级为 $0.015 \sim 0.03$（Kaimal et al.，1972；Tennekes，1973）；f 为科里奥利参数。

对数律一般用来描述近地面大气边界层的风速分布规律。实验（Cadwell et al.，1972；Helliwell，1972；Kaimal et al.，1972）研究表明，在大气边界层厚度的 10% 范围内（高度约为 100m），用对数律来描述风速剖面是比较理想的。而有研究（孙悦超，2008）表明，保护性耕作农田风蚀物在水平方向经过 5.5m，基本达到平衡稳定状态。输沙量垂向分布曲线呈现出与戈壁地表风沙流相似的"象鼻"效应。风蚀物主要活动在近地表 40cm 高度范围内，约占风蚀物总质量的 90%，因此本书可移动式风蚀风洞气动设计和后续模拟大气边界层的实例研究中也采用对数律来描述风速剖面。

考虑到粗糙元的高度有限，需要对式（2-58）作如下经验修正（Sutton，1960）。高度 Z 定义为

$$Z = Z_D - Z_d \qquad (2\text{-}60)$$

式中，Z 为有效高度，不是实际离地的高；Z_D 为离地高度；Z_d 为零平面位移（Jackson，1981）。

流动参数 Z_D 和 Z_d 是由经验给定的，它是粗糙元的性质、高度及分布的函数（Chamberlain，1983）。文献（Grigoriadis et al.，2004）认为城市中零平面位移值用式（2-61）计算是合理的。

$$Z_d = \overline{H} - \frac{Z_D}{k} \qquad (2\text{-}61)$$

式中，$\overline{H}$ 为城市屋顶的一般高度；k 为相应地面阻力系数。

迄今为止，描述湍流边界层垂向平均速度分布最基本、使用最普遍的数学模型就是对数律，描述形式参见式（2-58）。表征对数律的空气动力学参数分别为空气动力学粗糙度、零平面位移和摩擦速度。

2.4.1.1 空气动力学粗糙度

空气动力学粗糙度是环境风洞模拟实验的一个重要输入参数，它对平均风速剖面的影响显著，在气象、风工程和农业等许多方面具有重要作用。例如，污染物扩散时的最大地表浓度随着粗糙度的增加而减低（Roberts et al.，1994）；在研究环境风影响和建筑物受力时，Jensen 数（h/z_0）是衡量不同类型地形的尺度。因此，为了描述地面和大气间的动量传输，绝大多数陆地表面模型都需要预先知道空气动力学粗糙度（Borak et al.，2005）。

空气动力学粗糙度定义为地表上平均风速减小到零的某一高度，也称地表粗糙度。它是一个非常重要的空气动力学参数，反映地表对风速减弱的作用以及对土壤颗粒行为的影

响，地面粗糙对流体的影响包括两个方面：一是改变流速梯度；二是决定各流速梯度的范围。地表粗糙度也反映地表的抗风蚀能力，提高地表粗糙度可以有效防止风蚀的发生。因此，地表粗糙度参数在土壤风蚀防治研究以及城市环境空气颗粒物污染防治工作中具有重要作用。粗糙度主要通过拟合实验数据或从数学模型计算而得。粗糙度的数值大小强烈依赖于粗糙元的几何尺寸、形状、分布和相互距离。

地表粗糙度 z_0 的确定通常都是以平均风速剖面按对数律分布为依据，结合风洞实验数据，从其风速廓线理论推算，该方法是获得地表粗糙度的通用方法。风洞模拟若以野外实际地表进行实验，地表粗糙条件是自然满足的。在室内开展风洞模拟研究时，风洞内地表粗糙条件则要与待测下垫面粗糙条件保持一致。当平坦地面上有大的凸起物，如沙丘、防护林等时，必须考虑参考速度比 u_0/u_*、弗劳德数 Fr、无量纲时间 $u_* T/L$、凸起物高宽比 h/W 的相似性，以保证实验对象表面的压力分布与原型相似。对于植被粗糙度，则可采用对数律风速剖面公式计算粗糙度。

由风速廓线随高度呈对数分布的式（2-58）可知，z_0 是风速等于零的某一几何高度。对一个固定地点来说，除非地面性质有所改变，否则 z_0 通常可以假定为是一个常数。z_0 可以直接通过式（2-58）进行计算，即已知两个高度的风速时，可以推导出 z_0 的计算公式：

$$\lg z_0 = \frac{\lg z_2 - \dfrac{u_2}{u_1}\lg z_1}{1 - \dfrac{u_2}{u_1}} \tag{2-62}$$

式中，u_1 为高度 z_1 处的风速；u_2 为高度 z_2 处的风速。

所以，测得某下垫面的两个高度处的风速后，可按照式（2-62）得到粗糙度。在实际工作中，z_0 也可通过野外实际观测确定，即根据风速梯度观测资料绘制风速廓线图，然后将风速廓线外延，直至它与风速为零的代表高程的坐标轴相交，这个高度就是粗糙度 z_0 的值。

2.4.1.2　零平面位移

零平面位移是一个假想参数，起初是为了使测量风速剖面符合对数律而预设的一个数值，由 Raupach 等（1980）进一步扩展概念为一个风速是零的有效表面。Theurer（1993）对实测数据和风洞实验数据分析的结果表明，对于规则排列的粗糙元，用粗糙元高度无量纲化之后的零平面位移是粗糙元排列面密度的 1.67 倍。Spanton 等（1996）在调查了英国一些典型城市带空气动力学参数之后，发现商业中心区的面密度可达 50% ~60%，而工业区的面密度通常只有 20% ~40%，如此一来，Lettau 模型将会高估粗糙度。因此，对于面密度较大或较高的建筑物群，应该在传统的对数律中加入零平面位移进行修正。

Bottem 等（1998）对风洞实验数据采用拟合风速剖面的方法得到森林上方边界层的粗糙度。在使用零平面位移之前，粗糙度在大范围内变动，导致了很高的不确定性，如果采用一个固定的零平面位移代替拟合出来的零平面位移则可减小数据的分散。Dong 等（2001）在风洞中测量了植被层上的风速分布，用质量守恒方法预估零平面位移，用拟合方法推导出阻力系数和粗糙度，发现零平面位移对于较高或较密的植被边界层是一个非常重要的参数。不同的零平面位移值能够显著影响粗糙度和阻力系数，但其精确值却很难获得。由此可见，零平面位移在拟合测量数据过程中的作用以及对表面粗糙度的影响是不可忽视的。对于农田土壤风蚀研究而言，需要具体情况具体分析，冬春季节的农田平坦而裸露，此时零平面位移与地表粗糙度重合，夏秋两季可能需要考虑零平面位移，以获得准确的风速剖面模拟参数。

2.4.1.3 摩擦速度

摩擦速度 u_* 是表征大气边界层的另一个重要参数，并且摩擦速度是控制湍流特性的最关键参数。摩擦速度可以通过四种渠道获取：一是壁剪切应力的直接测量；二是边界层中雷诺应力剖面的测量；三是利用对数律拟合测量的平均速度剖面；四是应用积分动量方程。Raupach 等（1980）曾指出，积分动量方程所得到的摩擦速度与直接测量所得值存在很大的不同，加之积分动量方程方法能够引起显著的不确定性（Iyengar and Farell，2001），因此现在已经很少用第四种渠道来获得摩擦速度。2003 年，Cook（2003）认为，Iyengar 和 Farell（2001）用直接测量方块粗糙元上的边界层和阻力测量两种方法所得到的雷诺应力之所以相差超过 15%，是因为粗糙元上的阻力不能全部转化为边界层中的雷诺应力，因此力平衡测量夸大了壁面的切应力，应该使用直接测量所得到的雷诺应力值来估算摩擦速度。所以，目前普遍使用的方法是从边界层的雷诺应力直接测量剖面或利用对数律拟合测量的平均速度剖面来获取摩擦速度。

近年来，研究人员相继提出一些新的方法来估算摩擦速度。2003 年，Liu 等（2003）用一种非传统方法来处理风洞模拟大气边界层实验中得到的测量数据以获得摩擦速度。该方法不使用风速剖面而是使用近壁区的湍流度来计算粗糙度，湍流度由一维热线风速仪测量得到，然后将粗糙度代入雷诺应力为常数的风速剖面中确定摩擦速度。

然而，在应用风洞模拟大气边界层时，直接测量对数律中的参数 u_*、z_0 难度很大，一般利用最小二乘法对 u 与 $\ln z$ 进行线性拟合而得。假设有 n 个采样点，即有 n 对（z_i，u_i），其中，$i=1,2,3,\cdots,n$。则

$$u_* = \frac{0.4\sum_{i=1}^{n}u_i\sum_{i=1}^{n}\ln z_i - n\sum_{i=1}^{n}u_i\ln z_i}{\left|\sum_{i=1}^{n}\ln z_i\right|^2 - n\sum_{i=1}^{n}(\ln z_i)^2} \tag{2-63}$$

式中，$i=1,2,3,\cdots,n$，u_i 为 z_i 高度处的风速（m/s）。

$$\ln z_0 = \frac{\sum_{i=1}^{n}u_i\sum_{i=1}^{n}(\ln z_i)^2 - \sum_{i=1}^{n}\ln z_i\sum_{i=1}^{n}u_i\ln z_i}{\sum_{i=1}^{n}u_i\sum_{i=1}^{n}\ln z_i - n\sum_{i=1}^{n}u_i\ln z_i} \tag{2-64}$$

2.4.2 指数律表示法

早在 1885 年，Archibald 便提出了指数律的风廓线，后来 Davenport 根据多次观测的资料整理出了不同场地下的风剖面，并给出了各种场地适用的剖面指数和相应的梯度风高

度。指数律表示法的表达式如下：

$$\frac{u}{u_r} = \left(\frac{z}{z_r}\right)^{\alpha} \tag{2-65}$$

式中，z_r 为标准参考高度（m）；u_r 为 z_r 处的平均风速（m/s）；α 为地表粗糙度指数，随地形的不同而变化。

指数律是描述大尺度边界层的另一种有效形式。大气边界层风洞模拟研究中，使用指数律经验公式表征整个大气边界层的风速剖面源于大气边界层实测风速剖面的经验公式。指数律的重要性起初在于利用风洞研究污染物扩散和建筑物绕流时必须首先保证来流风速剖面与大气边界层实测风速剖面的相似，以满足污染物扩散和建筑物绕流时的风洞研究，后来逐渐成为风洞模拟大气边界层的设计基础并一直沿用至今。

经典边界层理论采用对数律描述湍流边界层；而指数律比对数律的应用范围更广，对于高雷诺数和低雷诺数的情况均适用。同时，指数律也适用于存在逆压梯度的湍流边界层以及具有自由表面的湍流边界层。指数律相比对数律而言，能够更有效地在更宽阔的范围内描述速度剖面（Afzal，2001，2002；Bergstrom et al.，2001；Kotey et al.，2003）。

理论上说，只要风洞实验段风速和底面铺设粗糙地表能够与野外风速、地表条件相似，那么在经过一定距离的发展之后，一定能够形成符合对数律的近地表大气边界层风速剖面。然而实际上，想要得到发育成熟的风速剖面，在风洞中所需的风距是相当长的，这就意味着风洞实验段入口距采样区的长度也是相当长的，而这显然是不理想的。就如 Cermak（1976）的研究所说，至少需要 15 m 远的长度才能自然发育成 0.5m 厚的边界层。无论从造价还是便捷性考虑，具有如此长实验段的可移动式风蚀风洞都是不能被接受的。因此，在设计可移动式风蚀风洞时，便需要考虑如何加入人工干扰装置来增厚边界层，从而能在风洞中较短的实验段内正确模拟出目标大气边界层的风速剖面。这是可移动式风蚀风洞设计需注意的关键一环。

针对不同的地表下垫面，表述大气边界层风速剖面的特征参数——摩擦速度 u_*（对数律）和地面粗糙度指数 α（指数律）的值均是不同的。对于农田下垫面来说，主要有 5 种典型地表：有少量植被覆盖的翻耕地、留茬地、裸露农田、沙质地和植被覆盖沙质地，这 5 种下垫面也将是今后实验的主要研究目标。

根据朱朝云等（1992）、Petersen 等（1998）、王洪涛等（2003）、范贵生（2005）等对不同风蚀下垫面的研究以及对北京、天津周边大气边界层风速剖面的研究（刘学军等，1991；赵鸣等，1996；佟华和桑建国，2002；王洪涛等，2003；郭凤霞等，2010），上述 5 种下垫面不同风况下的摩擦速度 u_*、空气动力学粗糙度 z_0 和地面粗糙度指数 α 的参考值分别列于表 2-1 中。

表 2-1　5 种下垫面的摩擦速度 u_*、空气动力学粗糙度 z_0 和地面粗糙度指数 α 的参考值

地貌类型	翻耕地	留茬地	裸露农田	沙质地	植被覆盖沙质地
摩擦速度 u_*/（m/s）	0.552	0.499	0.528	0.225 7	0.510
空气动力学粗糙度 z_0/m	0.019 5	0.023 1	0.014 8	0.000 8	0.033
地面粗糙度指数 α	0.331	0.352	0.301	0.162	0.400

资料来源：范贵生，2005

指数律常用于表示大尺度大气边界层的风速分布，而对数律常用于表示近地表层的大气边界层风速分布。对数律因来源于大气边界层理论的严格推导，相对而言具有更为重要的地位。范贵生（2005）的相关研究表明，风蚀风洞欲产生与真实大气边界层相同或相似的对数律风速剖面，使气流对可蚀性土壤颗粒的空气动力学行为更趋于实际，可通过人工增厚大气边界层的办法来实现。

2.5 大气边界层湍流特性模拟

湍流是由无数不规则的、不同尺度的涡旋相互掺混地分布在流动空间，流动中任一点的速度、压力等物理量随时间而变化，且在不同空间点上有不同的随时间变化的规律。在经典湍流理论中，把湍流中的各个物理量看成是随时间和空间变化的随机变量。由于下垫面的作用，大气边界层中的大气运动始终受到湍流摩擦力的控制，所以，湍流是大气的主要运动形式。大气边界层中的湍流运动主要有两种形式：一种是由地表零风速与边界层某个高度的某个风速之间的巨大风切变所形成的机械湍流；另一种是由地表辐射的温度层结形成的热力湍流。除风速之外，下垫面对大气边界层的影响也非常大。不同的下垫面，如沙漠、绿洲、城市等都有不同的物理性质，如辐射、热容量、含水量、粗糙程度等，从而形成不同的层结状态，进而产生不同的湍流边界层状态，即对流边界层和中性边界层。

由于地表的干扰，大气边界层内近地气流在流动过程中会产生体积大小不同的涡旋，从而形成速度的随机脉动特征。由湍流脉动频谱理论可知，在平均风输运的过程中会产生一些涡旋，这些涡旋相互叠加便引起湍流脉动，边界层湍流的总动能可以认为是所有不同大小的涡旋的总贡献值。湍流能量主要由大涡旋携带，后者的能量从平均风速中得到，具有较低的脉动频率；而脉动频率较高的小涡旋则具有各向同性的特点，会引起一定的能量耗散。因此，可以将湍流流动看作是一个能量由低频脉动过渡到高频脉动，并伴随着能量耗散的过程。

风洞模拟大气边界层的另一个重要参数是湍流特性，它是理解大气边界层结构和运动的关键。湍流是流体的一种流动状态，目前描述大气边界层湍流特性通常采用概率统计的方法，主要有以下 3 种：湍流强度、脉动风功率谱和湍流积分尺度。

2.5.1 湍流强度模拟

湍流强度也称湍流度，是对湍流波动程度的度量，湍流强度是描述风速随时间和空间变化的程度，反映脉动风速的相对强度，用来度量大气湍流脉动能量的参数，是描述大气湍流运动特性的最重要的特征量。湍流度可用来预测地表粗糙度。湍流度随高度变化的剖面称为湍流强度剖面。湍流度影响流体对颗粒的剪切应力，从而影响气固两相间的相互作用，它是可蚀性颗粒垂向输送的关键影响因素。有研究者通过实测等方法建立了湍流度剖面与风速剖面间的关系模型，但不能作为湍流度剖面的通用表达式。基于自然大气边界层的复杂性，湍流度剖面与风速剖面并不是一一对应关系，即使在同一风洞内模拟大气边界层，调整模拟装置，则相同的风速剖面下湍流度剖面会不同。如果用 u 来代表沿主流平均风速方向的脉动速度，则高度 z 某一点处顺风向湍流强度 I 可定义为

$$I = \frac{\sigma(u)}{\bar{u}} \tag{2-66}$$

式中，u 为湍流脉动速度；$\bar{u}$ 为平均风速（m/s）；$\sigma(u)$ 为 u 的正均方根值，即 $\sigma(u) = \sqrt{\overline{u^2}}$（m/s）。

湍流强度 I 与离地高度和地表粗糙度有关，随着离地高度的不断增加而逐渐减小。由于目前国内外还缺乏关于大气边界层湍流强度测定的实测资料，因此 I 的大小主要是通过经验公式确定。其中，u 的方差可近似表示为

$$\sigma^2(u) = \beta u_*^2 \tag{2-67}$$

而摩擦速度 u_* 可由式（2-58）变形求得

$$u_* = k\bar{u}_{10}\ln\left(\frac{10}{z_0}\right) \tag{2-68}$$

式中，z_0 为空气动力学粗糙度（m）；$\bar{u}_{10}$ 为 $z = 10$m 时的平均风速（m/s）；k 取 0.40；β 为常数，并且不同地形条件的 β 值不同，见表 2-2。

表 2-2　不同地形的 z_0 和 β 取值

地形	开阔地带	城郊	市区	大城市中心
z_0/m	0.07	0.30	1.00	2.50
β	6.0	5.25	4.85	4.00

资料来源：Simiu and Scanlan, 1995

湍流度随离地高度的增加而减弱，近地面一般可达 20% ~ 30%。Petersen 等（1998）研究认为，较平坦地表下垫面上的大气边界层内湍流强度一般在 13% 左右。湍流强度受地表粗糙度、粗糙元分布和来流风速的影响，是风洞模拟大气边界层需考虑的重要特征参量之一。在风蚀风洞设计时，应设法在较短的实验段内得到与模拟原型相似的湍流强度。

2.5.2　脉动风功率谱模拟

功率谱是描述脉动风中能量频率分布的参数，它对应于各谐波分量。常用的典型风谱有 Von Karman，Kaimal，Harris，Hino，Davenport 和 Simiu 风谱等，较早被人们认可的是 Davenport 风功率谱（Krishna et al.，1989），它是一种水平阵风脉动功率谱，是 Davenport 在假定湍流积分尺度沿高度不变（取常数值 1200m）的条件下，根据世界上不同地点得到的 90 多次强风记录，将不同离地高度的风速取平均导出的。

湍流速度脉动可以认为是有许多涡旋叠加所引起的，每一涡旋的特点是以圆频率 $\omega = 2n\pi$ 作周期运动。函数 $E(K)$ 定义为涡流运动的能量谱，它表示这些能量贡献与波长的关系。

$$\begin{cases} \dfrac{\partial u}{\partial t} + \dfrac{\partial(uu)}{\partial x}\dfrac{\partial(uv)}{\partial y} + \dfrac{\partial(uw)}{\partial z} = -\dfrac{1}{\rho}\dfrac{\partial P}{\partial x} + \mu\nabla^2 u \\[2mm] \dfrac{\partial v}{\partial t} + \dfrac{\partial(vu)}{\partial x} + \dfrac{\partial(vv)}{\partial y} + \dfrac{\partial(vw)}{\partial z} = -\dfrac{1}{\rho}\dfrac{\partial P}{\partial y} + \mu\nabla^2 v \\[2mm] \dfrac{\partial w}{\partial t} + \dfrac{\partial(wu)}{\partial x} + \dfrac{\partial(wv)}{\partial y} + \dfrac{\partial(ww)}{\partial z} = -\dfrac{1}{\rho}\dfrac{\partial P}{\partial z} + \mu\nabla^2 w \end{cases} \tag{2-69}$$

式中，ρ 为密度；t 为时间；P 为压强；μ 为黏性系数；∇ 为拉普拉斯算子；u, v, w 分别为笛卡儿坐标系中 x 轴方向上的速度。

如果对湍流运动方程组作适当的变换，可以看出方程中的惯性项与能量从大涡向小涡的传递有关，而黏性项 $\mu\nabla^2 u$ 表示能量耗散。影响能量耗散的主要是最小的那些涡，其剪切变形及黏性应力比较大。当没有能量来源时，湍流运动的动能将减小，即湍流将衰减。黏性作用越强，衰减越快；黏性作用越弱，衰减越慢。

对于黏性作用较弱的情况，可以更精确地说：在大波数区间，衰减时间比涡旋的周期长，因此可以近似认为大波数区涡的能量是定常的。出现这种情况只能说明：大涡通过惯性传递输给这些涡的能量，被黏性作用耗散的能量抵消了。因此，小涡的运动只取决于气流内部参数，也就是说它与外界等外部条件无关，因此它是局部各向同性。

2.5.3 湍流积分尺度模拟

湍流积分尺度是气流中湍流涡旋平均尺寸的量度，是用来描述湍流中涡旋大小的参数。通过某一点的气流中的速度脉动，可以认为是由平均风所输运的一些理想的涡旋叠加引起的。对应于与纵向、横向和垂直方向脉动速度分量 u, v 与 w 有关的涡旋 3 个方向，一共有 9 个湍流积分尺度。例如，$L_u{}^x$，$L_u{}^y$ 和 $L_u{}^z$ 分别度量了与纵向脉动速度有关的涡旋纵向、横向与垂直方向的平均尺寸。湍流积分尺度通常容易被忽略，x 方向上表达式如下（Kijiewski and Kareem，1998；Tamura et al.，1999）：

$$L_u = \frac{1}{\sigma^2(u)}\int_0^1 R_{u_1 u_2}(x)\,\mathrm{d}x \tag{2-70}$$

式中，$R_{u_1 u_2}(x)$ 为两个顺风向速度分量 $u_1 = u(x_1, t)$ 和 $u_2 = u(x_1+x, t)$ 的互协方差函数。同样的定义也适用于其他湍流积分尺度。

由式（2-70）看出，如果互协方差函数是距离的急减函数，那么积分尺度就会很小；反之，如果衰减得很慢，那么积分尺度就很大。相隔距离远远超过积分尺度，两点间的脉动速度是不相关的。因此，当结构上两点距离远远超过湍流积分尺度，即 $x \to \infty$ 时，$R(\infty)=0$，即 u_1、u_2 不相关，它们对结构的作用相互抵消，此时，脉动风对湍流积分尺度总响应的影响很小；当涡旋范围包围整个结构、湍流积分尺度相对很大，如 $x = 0$ 时，$R(0) = \sigma^2(u)$，脉动风则会对结构总响应具有十分明显的影响。

在环境风洞中，大气边界层主要通过人工模拟被动形成，即在风洞中采用特定装置沿垂直高度形成对气流不同程度的阻塞截面，以产生速度剪切层，增大气流对颗粒的湍流惯性切应力，该法可模拟大气边界层的风速剖面和湍流强度剖面等。风洞模拟大气边界层的通常做法是被动的试凑，逐渐逼近大气边界层的真实结构，使平均风速剖面、湍流特性等特征参数与自然大气边界层相似或相近。但实际上，风洞模拟实验中平均风速剖面、湍流强度剖面、风谱和湍流积分尺度的相关性难以确定，因此通常仅保证平均风速剖面相似和湍流强度剖面的近似，风谱可直接测量给出，再与经验风谱相比较，评估其相似性即可。

在可移动式风蚀风洞设计中，设置收缩段和阻尼网能有效降低和控制湍流度和湍流涡旋尺度。同理，要在长实验段获得与自然大气边界层相同或相近的湍流强度，可以采用人工大气边界层形成装置，形成实验段长度范围内湍流边界层的人工快速增厚，从而获得与待测地表相似的湍流度与湍流尺度分布规律。

2.5.4 静压梯度模拟

普兰德（Prandtl）边界层理论的基本前提之一是流动方向的压力梯度等于零。实际大气边界层的流动具有自由的上边界，但气流在风洞中的流动将受到管道壁面的限制，由于黏性作用而形成流动附面层。随着壁面附面层厚度的发展，位流截面逐渐减小，在保证质量平衡的条件下，较低流速的上游截面静压大，较高流速的下游截面静压小，从而造成了沿流动方向的压力梯度，它的存在会影响流场的流速分布，使可蚀性土壤颗粒受到附加力的作用而改变其运动控制方程，风洞设计所依据的相似准数可能得不到满足，相应的参数相似性也不能得到满足，如风速廓线。为消除这种影响，一般的做法是采取可调节上顶面和侧壁扩散等技术措施，解决沿流向附面层增厚而造成的气流阻塞问题，满足轴向压力梯度为零的相似条件。

参 考 文 献

安维朴.1988. 大气边界层湍流扩散的实验室模拟问题. 力学学报, 20（1）：10-18.

拜格诺 R A. 1959. 风沙和荒漠沙丘物理学. 北京：科学出版社.

陈漠.1981. "局部几何相似"在风洞实验中的应用. 空气动力学学报,（2）：100-110.

陈谟.1997. 论相似准则、风洞尺寸与数据精、准度与关系. 宇航学报, 18（1）：40-46.

邓勃, 秦建侯.1987. 关于土壤元素环境背景值数据统计处理中的一些问题. 环境科学, 8（3）：89-93.

邓勃.1995. 分析测试数据的统计处理方法. 北京：清华大学出版社.

董飞, 刘大有, 贺大良.1995. 风沙运动的研究进展和发展趋势. 力学进展, 25（3）：368-391.

董治宝.2005. 风沙起动形式与起动假说. 干旱气象, 23（2）：64-69.

董治宝, 李振山.1998. 风成沙粒度特征对其风蚀可蚀性的影响. 水土保持学报, 4（4）：1-12.

范贵生.2005. 可移动式风蚀风洞设计及其空气动力学性能研究. 内蒙古：内蒙古农业大学博士学位论文.

费业泰.1987. 误差理论与数据处理（修订本）. 北京：机械工业出版社.

郭凤霞, 朱文越, 饶瑞中.2010. 非均一地形近地层风速廓线特点及粗糙度的研究. 气象, 36（6）：90-94.

贺大良, 高有广.1988. 沙粒跃移运动的高速摄影研究. 中国沙漠, 8（1）：18-29.

贺大良, 刘大有.1989. 跃移砂粒起跳的受力机制. 中国沙漠, 9（2）：14-22.

黄宁, 郑晓静.2001. 风沙跃移运动中的 Magnus 效应. 兰州大学学报（自然科学版）, 37（3）：19-25.

黄社华, 李炜, 程良骏.2000. 任意流场中稀疏颗粒运动方程及其性质. 应用数学和力学, 21（3）：265-276.

金文.2002. 风洞中模拟大气边界层的相似参数分析. 西安航空高等专科学校学报, 20（3）：50-51.

莱赫特曼.1982. 大气边界层物理学. 濮培民译. 北京：科学出版社.

李会知, 关罳, 郑冰.2002. 风洞模拟大气边界层的数据处理, 23（4）：64-67.

李建强, 张平, 王义庆.2000. 风洞数据不确定度分析方法. 空气动力学学报, 18（3）：300-306.

李永富.1987. 用于大气污染研究的风洞设计. 四川环境, 6（1）：1-8.

刘大有，董飞，贺大良.1996.风沙二相流运动特点的分析.地理学报，51（5）：433-444.

刘连友，王建华，李小雁.1998.土壤可蚀性颗粒的风洞模拟测定.科学通报，43（15）：1663-1666.

刘瑞民，王学军，郑一.2003.湖泊水质参数空间分析中异常值的识别与处理.环境科学与技术，26（5）：17-18，65.

刘树红，吴玉林.2006.应用流体力学.北京：清华大学出版社.

刘贤万.1995.实验风沙物理与风沙工程学.北京：科学出版社.

刘修鑫，王芹，田月洁.1998.医药实验中异常数据的计算机识别和剔除.数理医药学杂志，11（1）：73-75.

刘学军，吴丹朱，马富春.1991.天津市250m低层大气风廓线模式的实验研究.大气科学，15（5）：33-39.

明国华.1999.测量过程中异常值的产生及其处理方法.铁道技术监督，(3)：40-41.

戚隆溪，王柏懿.1996.土壤侵蚀的流体力学机制——风蚀.力学进展，26（1）：41-55.

戚隆溪，陈强，王柏懿.2002.含尘大气近地层流底层流动特性及其摩阻系数.中国沙漠，22（3）：237-241.

孙悦超.2008.内蒙古后山地区不同地表覆盖条件下土壤抗风蚀效应测试研究.内蒙古：内蒙古农业大学博士学位论文.

陶澍.1994.应用数理统计方法.北京：中国环境科学出版社.

佟华，桑建国.2002.北京海淀地区大气边界层的数值模拟研究.应用气象学报，13（特刊）：51-60.

王柏懿，陈强，戚隆溪.2004.可侵蚀地表上方含尘大气运动的数值模型.力学学报，36（3）：265-271.

王刚，唐志共，吕治国，等.2013.激波风洞气动力实验不确定度影响因素分析.实验流体力学，27（2）：87-90.

王洪涛，董治宝，钱广强，等.2003.关于风沙流中风速廓线的进一步实验研究.中国沙漠，23（6）：721-724.

王蓉华，费鹤良，徐晓岭.1998.异常数据检验的均值比方法.数理统计与应用概率，13（1）：63-70.

王文周.2000a.t检验法优于格拉布斯检验法.信阳师范学院学报（自然科学版），13（4）：397-399.

王文周.2000b.未知δ，t检验法剔除异常值最好.四川工业学院学报，19（3）：84-86.

王元，张鸿雁.1994.大气表层与风蚀现象相似参数的研究.中国沙漠，14（1）：10-16.

巫晓琳.2006.风洞模型全机测力实验数据误差修正算法研究及软件实现.成都：西南交通大学硕士学位论文.

吴正.1987.风沙地貌学.北京：科学出版社.

吴正.2003.风沙地貌与治沙工程学.北京：科学出版社.

伍荣林，王振羽.1985.风洞设计原理.北京：北京航空航天学院出版社.

宣捷，叶文虎.1993.大气边界层中起尘、降尘过程的模拟实验的相似性原则.环境科学研究，6（6）：1-4.

宣捷.1998.底层大气中固体粒子运动及其物理模拟.环境科学学报，18（4）：350-354.

杨茂兴.2005.小样本容量测量数据中粗差的剔除.计量与测试技术，32（1）：27-28.

叶文虎，张霭探.1984.大气污染扩散的风洞实验及其相似准则环境工程，(1)：27-32.

余常昭.1992.环境流体力学导论.北京：清华大学出版社.

恽起麟.1993.风洞实验数据的误差及其计算方法.气动实验与测量控制，7（4）：67-77.

张征.1999.岩溶水区域化变量特异值识别与处理方法研究.中国岩溶，18（1）：11-18.

赵慧，甘仲惟，肖明.2003.多变量统计数据中异常值检验方法的探讨.华中师范大学学报（自然科学版），37（2）：133-137.

赵鸣，唐有华，刘学军. 1996. 天津塔层风切变的研究. 气象，22（1）：7-12.

中国人民解放军总装备部军事训练教材编辑工作委员会. 2003. 高低速风洞气动与结构设计. 北京：国防工业出版社.

中国土木工程学会. 2010. 我国已建成的边界层风洞（2010）. 上海：中国结构风工程研究 30 周年纪念大会论文集.

中华人民共和国国家标准，GB17378. 2 1998，海洋监测规范第 2 部分. 数据处理与分析质量控制.

朱朝云，丁国栋，杨明远. 1992. 风沙物理学. 北京：中国林业出版社.

朱韶峰，黄吉. 1989. 风洞模拟相似参数的实用探讨. 科技通报，5（6）：35-38.

朱震达，吴正. 1980. 中国沙漠概论. 北京：科学出版社.

Afzal N. 2001. Power law and log law velocity profiles in turbulent boundary-layer flow: equivalent relations at large Reynolds numbers. ACTA Mechanica, 151: 195-216.

Anderson R S, Haff P K. 1991. Wind modification and bed response during saltation of sand in air. Acta Mech, 1: 21-52.

Anderson R S, Sorensen M, Willetts B B. 1991. A review of recent progress in our understanding of aeolian sediment transport. Ac-ta Mech, 1: 1-19.

Asmerom Y, Jacobsen S B, Knoll A H, et al. 1999. Strontium isotopic variations of Neoproterozoic seawater: Implications for crustal evolution. Geochimica et Cosmochimica Acta, 55 (10): 2883-2894.

Bagnold R A. 1941. The physics of blown sand and desert dunes. London: Methuen and Co.

Balaehandar R, Hagel K, Blakely D. 2002. Velocity distribution in decelerating flow over rough surfaces. Canadian J. Civil Engineering, 29: 211-221.

Bergstrom D J, Tachie M F, Balachandar R. 2001. Application of power laws to low Reynolds number boundary layers on smooth and rough surfaces. Physics of Fluids, 13: 3277-3284.

Borak J S, Jasinski M F, Crago R D. 2005. Time series vegetation aerodynamic roughness fields estimated from modis observations. Agricultural and forest meteorology, 135: 252-268.

Bottema M, Klaassen W, Hopwood W P. 1998. Landscape roughness parameters for Sherwood Forest-Experimental results. Boundary-Layer Meteorology, 89: 285-316.

Butterfield G R. 1999. Near-bed mass flux profiles in Aeolian sand transport: high resolution measurements in a wind tunnel. Earth Surface Processes and Landform, 24 (5): 393-412.

Cadwell D R, Van Atta C W, Helland K N. 1972. "A Laboratory study of the Turbulent Ekman Layer," Geophys. Fluid Dyn. , 3: 125-160.

Cao S Y, Nishi A, Kukugawa H, et al. 2002. Reproduction of wind velocity history in a multiple fan wind tunnel. Journal of Wind Engineering and Industrial Aerodynamics, 90 (12-15): 1719-1729.

Cermark J E. 1976. Aerodynamics of Building. Annual Review of Fluid Mechanics, 8: 75-106.

Chamberlain A C. 1983. "Roughness Length of Sea, Sand, and Snow" Bound. Layer Meteorol, 25: 405-409.

Cook N J. 2003. Discussion on "Experimental issues in atmospheric boundary layer simulations: roughness length and integral length scale determination" by A. K. S. Iyengar, C. Farell, Wind Eng. Ind. Aerodyn. 91: 443-445.

Dong Z B, Gao S Y, Fryrear D W. 2001. Drag coefficients, roughness length and displacement height as disturbed by artificial standing vegetation. Environments, 49: 485-505.

Grigoriadis D G E, Bartzis J G, Goulas A. 2004. Efficient treatment of complex geometries for Large eddy simulation of turbulent flows. Computers and Fluids, 33 (2): 201-202.

Helliwell N C. 1972. Wind Over London. Tokyo: Proceedings of the Third International Conference on Wind Effects on Buildings and Structures.

Iwanicki E F, Schwab R L. 1981. A cross validation study of the maslach burnout inventory. Educational and Psychological Measurement, 41 (4): 1167-1174.

Iyengar A K S, Farell C. 2001. Experimental issues in atmospheric boundary layer simulations: roughness length and integral length scale determination. J. Wind Eng. Ind. Aerodyn. , 9: 1059-1080.

Jackson P S. 1981. On the displacement height in the logarithmic velocity profile. J. Fluid Mech, 111: 15-25.

Jenkins J T, Richman M W. 1985. Kinetic thory for plane flows of a dense gas of identical, rough, inelastic, circular disks. Phys Flu-ids, 28: 3485-3494.

Kaimal J C, Wyngaard J C, Izumi Y, et al. 1972. Spectral characteristics of surface-layer turbulence. Quarterly Journal of the Royal Meteorological Society, 98 (417): 563 – 589.

Kijiewski T, Kareem A. 1998. Dynamic wind effects: a comparative study of provisions in codes and standards with wind tunnel data. Wind and Structures, 1 (1): 77-109.

Kotey N A, Berstrom D J, Tachie M F. 2003. Power laws for rough wall turbulent boundary layers. Physics of Fluids, 15: 1396-1404.

Krishna P. 1989. Wind Loads on Curved Roofs. Beijing: Proceedings of the Second Asia-Pacific Symposium on Wind Engineering.

Liu G, Xuan J, Park S U. 2003. A new method to calculate wind profile parameters of the wing tunnel boundary layer. J. Wind Eng. Ind. Aerodn, 91: 1155-1162.

McEwan I K, Willetts B B. 1991. Numlerical model of the saltation cloud. Acta Mech, 1: 53-66.

Owen P R, Gillette D. 1985. Wind tunnel constraint on saltation// Barndorff-Nielsen O, Møller J T, Rasmussen K R, et al. Proceedings of the International Workshop on the Physics of Blown Sand, May 28 – 31. Memoir 8, Department of Theoretical Statistics, Institute of Mathematics, University of Aarhus: 253-270.

Petersen E L, Mortensen N G, Lars L, et al. 1998. Wind Power Meteorology. Part II: Siting and Models. Wind Energy, 1: 55-72.

Raupach M R, Thom A S, Edwards I. 1980. A wind-tunnel study of turbulent flow close to regularly arrayed rough surfaces. Boundary-Layer Meteorology, 18: 373-397.

Raymond R L, Jamison V M, Hudson J O. 1971. Hydrocarbon cooxidation in microbial systems. Lipids, 6 (7): 453-457.

Roberts P T, Fryer R E J, Hall D J. 1994. Wind-tunnel studies of roughness effects in gas dispersion. Atmospheric Environment, 28: 1861-1870.

Rudinger G. 1986. 气体—颗粒流基础. 张远君译. 北京: 国防工业出版社.

Shao Y, Raupach M R. 1993. Effect of saltation bombardment on the entrainment of dust by wind. Journal of Geophysical Research, 98 (D7): 12719-12726.

Sherlock R H, Stalker E A. 1940. The control of gases in the wake of smoke stacks. Mechanical Engineering, 52: 455-458.

Simiu E, Scanlan R H. 1995. Wind Effects on Structures: An Introduction to Wind Engeering (The 3rd Edition). New York: John Wiley & Sons.

Skidmore E L, Powers D H. 1982. Dry soil-aggregate stability: energy-based index. Soil Science Society of America Journal, 46 (6): 1274-1279.

Spanton A M, Hall D J, Walker S. 1996. A Survey of the aerodynamic Characteristics of Some UK Areas. BRE Report CR, Garston: Building Research Establishment.

Sutton O G. 1960. Atmospheric Turbulence, Methuen, London and Wiley, New York.

Tamura Y, Ohkuma T, Okada H, et al. 1999. Wind loading standards and design criteria in Japan. Journal of

Wind Engineering and Industrial Aerodynamics, 83 (1-3): 555-566.

Ted M Z, Geert S, Roger F, et al. 2003. Measurement and data analysis methods for field-scale wind erosion studies and model validation. Earth Surface Processes and Landforms, 28: 1163-1188.

Tennekes H. 1973. The logarithmic wind profile. J. Atmos. Sci., 30: 234-238.

Theurer W. 1993. Dispersion of ground-level emissions in complex built-up areas. Karlsruhe: University of Karlsruhe Doctoral Thesis.

Tokumaru P T, Dimotakis P E. 1993. The lift a cylinder executing rotary motions in a uniform flow. Journal of Fluid Mechanics, 255: 1-10.

Utterfield G R. 1999. Near-bed mass flux profiles in Aeolian sand transport: high resolution measurements in a wind tunnel. Earth Surface Processes and Landform, 24 (5): 393-412.

White B R, Mounla H. 1991. An experimental study of Froude number effect on wind-tunnel saltation. Acta Mechanica, 1 (Suppl.): 145-157.

White B R. 1996. Laboratory simlation of eolian sand transport and physical modeling of flow around Dounes. Annals of Arid zone, 35 (3): 187-213.

Wyngaard J. 1972. Notes on Surface Layer Turbulence. Boston: Proceedings of the American Meteorological Society Workshop on Micrometeorology.

第3章　可移动式风蚀风洞气动结构设计

本章就 NK-1 可移动式风蚀风洞（简称 NK-1 风蚀风洞）气动结构的设计依据、结构尺寸进行详细介绍，主要介绍风洞实验段、尾部扩散段、收缩段、转角段、过渡段、进气段、动力段的结构尺寸设计、能量比估算，以及配套风机的设计、选型和效率校核。

3.1　可移动式风蚀风洞洞体设计

3.1.1　风蚀风洞洞体气动方案与结构设计

3.1.1.1　洞体结构组成

依据《风洞设计原理》（伍荣林和王振羽，1985），典型直流式低速风洞的组成一般包括实验段、扩压段、稳定段、转角段、收缩段、动力段。对于外场使用的风蚀风洞，为保护轴流式风扇，风洞轴线要有较大弯折，因而还要有转角导流片。

1）实验段。实验段是风洞中用来开展相关实验的核心部件，其流场满足实验模拟条件。

2）扩压段。扩压段又称扩散段，通过过流截面的均匀增大使气流的动能转变为压力能，风洞的损失减小。

3）稳定段。稳定段是一段大尺寸等直径管道。稳定段内一般需要安装蜂窝器、纱网等整流元件，以使气流通过整流元件后达到流线平直稳定，改善气流的湍动性能，大幅降低来流湍流度。其流速是整个风洞流速最低的一段。

4）转角段。转角导流段是引导气流转弯的管道，管道内设置有导流片，是为了保证气流经过转弯时仅改变流动方向而不出现分离。

5）收缩段。通过沿流向过流截面按一定规律均匀缩小，而使气流均匀加速的收缩管道。

6）动力段。动力段主体部件为电动机及其整流罩、风扇、预扭和反扭导流片。电动机一般安装在整流罩内，整流罩为流线型旋成体，可减小钝头体在流场中的流动分离。导流片有预扭导流片和反扭导流片两种形式，气流经预扭导流片后预先产生与风扇相反方向的旋转，但经过风扇后仍会带有旋转，反扭导流片的作用就是消除这种旋转，保持气流作单一的轴向流动。预扭导流片和反扭导流片可依据设计需要进行安装，某些状态下仅需反扭导流片，某些状态下都可以不安装。

3.1.1.2 可移动式风蚀风洞气动方案与结构设计要求

1951 年，Zingg 首次提出了野外便携式风洞的 7 项设计标准（荣姣凤，2004）；①能够产生自由的旋涡气流和稳定流动的气流场；②能够产生可比拟于自然气候的各种风力；③经久耐用；④安全可靠；⑤实验段有足够的采样空间；⑥转移地块方便；⑦拆装容易。

上述第①、②项准则是对风洞实验段流场的空气动力学要求，反映风洞内产生的气流应能够代表自然风，并且洞体对气流的流动不产生约束，为此风洞必须满足一定的空气动力学设计参数要求；第③~⑦项通过风洞结构的合理设计和制作材料的合理选择能够得到满足。

美国学者 White 和 Mounla（1991）将 Zingg 的第①、②项设计准则与空气动力学理论相结合，提出便携式风洞的空气动力学设计要求如下。

1）风速随地面高度呈对数函数变化，接近自然大气的风速廓线特征，以保证真实的空气动力作用于跃移颗粒。

2）由于跃移颗粒运动依靠紊流风的支持，因此，风洞实验段流场应具有自然大气边界层近地面层风的涡流尺度，以支持跃移颗粒的运动。

3）在相同的空间高度上气流速度应保持一致。

4）在特定的风力条件下，自然风蚀过程导致的跃移颗粒在某一定距离处获得平衡，为保持这种平衡，风洞实验段内的风速应能够在最短的距离内稳定。

5）为减小风洞洞壁对气流的约束，保持实验段气流的自由流动，风洞内的弗劳德数（Fr）应小于 20，并且这项要求应尽可能在靠近实验段的入口处获得满足。当满足这一标准要求时，风洞实验段内的风速能够稳定，稳定的最短距离为 $5H$。

6）应在风洞实验段的入口处导入土壤颗粒，并且导入的速度与自然真实情况相符。

NK-1 可移动式风蚀风洞的设计主要依据《风洞设计原理》（伍荣林和王振羽，1985），同时参考 OFDY-1.2 风洞的设计，结合 Zingg 提出的可移动式风蚀风洞的 7 项设计准则及 White 和 Mounla 的 6 项设计要求，以保证能够在可控实验条件下开展土壤风蚀的定量化研究，从而初步提出可移动风蚀风洞的设计要求。

1）风蚀风洞气动轮廓采用对称式设计，降低能耗，采用向上仰角满足进气段离地高度的要求。

2）为协调动力段和稳定段尺寸，可以在稳定段前设计大角度扩散段进行过渡，并在出口端或稳定段内设置适当的整流网以减小经过过渡段后气流的分离，以进一步改进稳定段流场的均匀度。

3）风洞实验段同一空间高度上各截面气流速度应保持一致。

4）实验段风速应满足土壤颗粒的起动风速、可蚀性风速发生的频率范围，稳定且连续可调，基本满足轴向静压梯度为零的相似性条件。

5）风洞洞体容易安装与拆卸，便于运输和在野外地块间移动。

6）动力源供给系统多样化，满足室内外实验的需要。

7）实现风速、风压等参数的自动测量与采集，实验段风速能实现自动控制。

8）满足风速范围的宽泛性。大多数风洞风蚀实验风速在 20m/s 以下，野外风蚀实验风速多在 5~16m/s，同时环境类风洞的实验风速要求也很低。

9）高流场品质的要求。与航空风洞相比，包括风蚀风洞在内的大气边界层风洞对流场要求相对较低，但考虑一些基础性研究对流场均匀性和稳定性的需求，风洞背景湍流度、速度场、方向场等需要相对较高的指标，特别是实验段实验区流场轴向静压梯度要求甚至高于航空风洞。

10）风洞内产生的风场风速沿垂直高度符合对数律分布。

11）易于使用（可达性好）。洞体多次搬运、安装后，结构变形小。

3.1.2　风蚀风洞洞体气动结构介绍

NK-1 可移动式风蚀风洞为全钢开口式低速风洞。顺气流方向，洞体包括进气段、动力段、过渡段、转角段、稳定段、收缩段、实验段和尾部扩散段 8 个部分，风洞总高 2.456m，全长 15.9m。进气段喇叭口直径 1536mm，进气唇口型线为双扭线，以保证良好的流动状态和较小的进气损失。动力段为直径 900mm 圆筒形，由风扇、电动机、整流罩、预扭导流片、反扭导流片组成，长 2063mm，如图 3-1 所示。

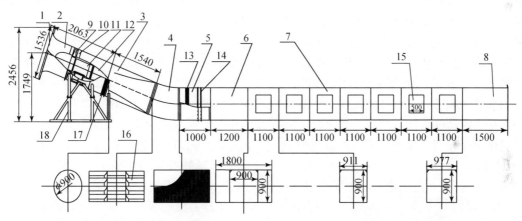

1. 进气段；2. 动力段；3. 过渡段；4. 转角段；5. 稳定段；6. 收缩段；7. 实验段；8. 尾部扩散段；9. 风扇叶片；10. 反扭导流片；11. 电动机；12. 整流罩；13. 蜂窝器；14. 阻尼网；15. 观察窗；16. 转角导流片；17. 柔性连接；18. 动力段支架

图 3-1　NK-1 可移动式风蚀风洞结构图

图中数字单位均为 mm

3.1.3　实验段（working section）设计

可移动式风蚀风洞的实验目的是提供准确、可靠的野外土壤风蚀特性的测量数据，为开发国内风蚀方程、评估土壤风蚀控制技术措施的效果提供理论依据和数据支撑。实验段是风洞洞体的中心，风洞实验段形状和尺寸的设计决定着风洞的整体轮廓、能耗和流场特征，并直接影响边界层流场模拟的相似程度和测试数据的可信度。衡量风洞空气动力学设计与质量主要有两个方面的标准：实验段气流流场品质和效率。实验段的气流流场品质是风洞各部件工作协调性的集中体现，是衡量风洞气体动力学性能的重要标准。实验效率由多种因素决定，而实验段性能（包括安装实验仪器、测试设备及模型的方便和准确性、模拟的流场参数更改的快速稳定性等）又是完成一次实验的效率的重要因素，是体现风洞经济性能的指标。

实验段尺寸和气流速度的设计，首先要满足模拟原型流场 Re 的要求。其次，要求实验段气流稳定，流速空间分布均匀，湍流度可控、噪声低、静压梯度低。

（1）实验段截面形状、尺寸

Raupach 和 Leys（1990）等研究了可移动式风蚀风洞的截面形状对气流速度廓线和湍流度的影响，提出矩形截面形状工作段的气流品质优于同等条件下梯形截面形状的结论，而且国内外大部分可移动式风蚀风洞都采用矩形截面，如内蒙古农业大学的可移动式风蚀风洞。故本书所设计的可移动式风蚀风洞拟采用矩形截面形式。

实验段截面尺寸的设计应考虑风蚀现象所发生的高度范围，并设法消除风洞宽度、高度和长度以及边壁对此范围内的风速剖面、气流的均匀性和摩擦速度的平衡稳定性的影响。王元等（1994）的研究表明，风蚀沙粒运动97%以上都发生在距地面30cm的高度范围内；戚隆溪和王柏懿（1996）认为，风蚀现象是发生在1m以下高度范围内的风沙输运现象。刘晓静（2007）对北京周边地区不同地表10cm、30cm、50cm高度处的风蚀物方差分析表明，在0.01水平下，不同地表、不同风速下的风蚀物差异显著，70cm高度处在0.05水平下显著，而80cm高度处风蚀物则不显著。李晓丽和申向东（2006）研究裸露耕地土壤风蚀颗粒分布特征时发现，土壤风蚀输沙主要集中在床面上50cm高度之内，气流中含沙量随高度增加呈指数函数递减。陈智等（2007）在农牧交错区对地表土壤风蚀物分布规律研究表明，保护性耕作农田在低风速（6m/s）时，风蚀物收集量全部集中在距地表0~20cm高度；在高风速（>9m/s）下，其土壤风蚀物收集量主要集中在距地表18~40cm高度；无退化草地、退化草地和传统耕作农田3种典型地表在不同风速下，距地表0~70cm高度时土壤风蚀物收集量与高度的关系同样遵循指数规律。基于上述研究，并考虑到工作人员在实验段内操作的可行性，风洞实验段截面高度设计为0.9 m。

流速横向分布的均匀性受实验段截面宽高比的影响显著。李振山等（2001）的研究表明，若风洞实验段截面宽高比大于0.5时，风速廓线和摩擦速度受边壁的影响不明显。内蒙古农业大学范贵生（2005）对OFDY-1.2可移动风蚀风洞实验段的设计也参照了这个标准，满足式（3-1）条件。

$$\frac{W}{H} > 0.5 \tag{3-1}$$

式中，W 为风蚀风洞实验段截面宽度（m）；H 为风蚀风洞实验段截面高度（m）。

据此，NK-1可移动风蚀风洞实验段截面设计为0.9m×0.9m的矩形，以较全面地模拟实验段高度范围内的风速廓线和地表粗糙条件。

（2）实验段长度

可移动式风蚀风洞的设计，必须考虑在实验段入口处设置湍流发生器、粗糙元等设施，人为增厚边界层，使其能在实验段设计长度内模拟出待测下垫面近地表层的大气边界层风速廓线。White 和 Mounla（1991）认为满足条件（$Fr<20$ 时）的风洞实验段内风速稳定的最短距离为 5 H；Pietersma 等（1996）认为还需要考虑采样区的空间要求，并提出采样区长度可以为 0.75～1.25 倍实验段当量直径的长度，以避免出口气流的扰动。

依据上述要求，风洞实验段的设计长度应为

$$l_0 \geqslant 5H + (0.75 \sim 1.25)d_0 \tag{3-2}$$

式中，l_0 为风蚀风洞实验段长度（m）；d_0 为风蚀风洞实验段截面的当量直径（m），这里 $d_0 = \sqrt{\dfrac{4F_0}{\pi}}$［$F_0$ 为实验段截面面积（m^2）］。

经计算得，$l_0 \geqslant 5.175$m 或 $l_0 \geqslant 5.625$m，故 NK-1 风蚀风洞本实验段设计长度定为 7.7 m。

气流在长的实验段中流动时，会受到上、下、左、右壁面粗糙度的影响。沿流向附面层厚度逐渐增厚，使气流流通截面面积逐渐减小而造成流速的逐渐增大，静压沿轴向逐渐升高，从而产生由于壁面影响增加的静压力梯度，造成风洞实验段流场中的沙尘颗粒受到在自然环境中没有的轴向作用力。这种模拟流场的失真，会影响实验结果的准度。为减小或消除洞壁附面层发展的影响，减小由于壁面附面层沿轴向增厚而产生的负静压梯度的绝对值，实验段设计了两种消除办法：①如图 3-2 所示，沿轴向逐渐减小各截面的切角部分（图中阴影部分），使几何横截面积沿轴向逐渐增大；②在高度不变的情况下，实验段侧壁为渐阔设计，即沿流速方向实验段截面宽度逐渐增大以消除壁面附面层造成的静压梯度。当然，实验段几何截面扩大过度，将产生沿轴向流场的正压力梯度，同样是不好的，也应避免。最好使壁面开阔角在风洞调试中设计为可调式，也可以凭设计者经验设定。

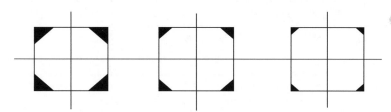

图 3-2　沿流向实验段截面切角逐渐减小示意图

（3）实验段风速

实验段设计时所依据的风速，是风洞设计的重要初始参数。设计风速的确定是由风洞所需完成实验任务的要求决定的。对于小型可移动式风蚀型风洞来说，需综合考虑风洞实验区当地多年平均风速、多年最大风速、土壤颗粒的起动风速、可蚀性风速发生的频率范围、地表覆盖状况以及风机功率、风洞造价等因素。依据天津地区多年平均风速、最大风速（图 3-3）的数据可知，其平均风速小于 4 m/s，最大风速可达 20 m/s。1995 年底至 1996 年底天津市气象塔的观测结果显示平均风速在 3～14m/s，观测资料统计值见表 3-1。另外，根据蒲福风力等级表，陆上可能发生 8 级大风，而 9 级烈风一般较少见。表 3-2 是国际上普遍使用的蒲福风力等级表（英国人蒲福 1805 年把风划成了 13 个风力等级，后经修改完善）。

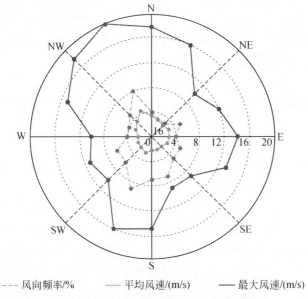

—-- 风向频率/%　　—— 平均风速/(m/s)　　—— 最大风速/(m/s)

图 3-3　天津市多年平均风速风向玫瑰图
资料来源：中国气象科学数据共享服务网 http：//cdc. cma. gov. cn/home. do

表 3-1　天津市各气象站点 2009 年各等级风速发生的累积时数

风速/ (m/s)	北辰				西青				津南				东丽			
	春	夏	秋	冬	春	夏	秋	冬	春	夏	秋	冬	春	夏	秋	冬
0~1	390	744	794	781	187	310	517	488	103	247	258	265	407	580	704	733
1~2	676	821	734	617	551	843	792	719	483	733	812	721	649	821	741	630
2~3	553	433	387	417	554	545	439	386	559	639	526	463	512	490	379	351
3~4	343	162	185	209	357	286	190	233	405	358	241	276	333	223	190	185
4~5	136	36	59	72	256	137	113	152	310	152	160	142	159	62	98	123
5~6	67	8	19	36	141	54	74	76	168	54	87	92	63	20	43	64
6~7	30	2	3	18	78	19	30	38	90	16	40	78	34	5	19	36
7~8	12	1	2	6	36	7	30	31	37	6	35	47	20	2	7	27
8~9	1	1	1	3	26	5	3	13	27	0	8	35	12	1	0	5
9~10	0	0	0	1	10	1	4	11	16	3	14	11	7	0	2	2
10~11	0	0	0	0	8	0	2	10	5	0	2	10	0	0	0	3
11~12	0	0	0	0	4	0	0	5	3	0	0	7	0	0	0	1

风速/	北辰				西青				津南				东丽			
(m/s)	春	夏	秋	冬	春	夏	秋	冬	春	夏	秋	冬	春	夏	秋	冬
12~13	0	0	0	0	0	0	0	2	2	0	1	7	0	0	0	0
13~14	0	0	0	0	0	1	0	1	0	0	0	1	0	0	0	0
14~15	0	0	0	0	0	0	0	0	0	0	0	5	0	0	0	0

资料来源：天津气象局各气象站点监测统计资料

表 3-2　蒲福风力等级表（经修正）

风力等级	名称	海面和渔船征象	陆地地物征象	海面波高/m		相当于平地 10m 高处的风速/（m/s）	
				一般	最高	范围	中数
0	静风	海面平静	静烟直上	—	—	0.0~0.2	0
1	软风	微波鱼鳞状，无浪花。一般渔船正好能使舵	烟能表示风向，树叶略有摇动	0.1	0.1	0.3~1.5	1
2	轻风	小波，波长短，波形显著，波峰光亮但不破裂；渔船张帆，可随风移行 2~3km/h	人面感觉有风，树叶微响，旗子开始飘动	0.2	0.3	1.6~3.3	2
3	微风	小波加大，波峰开始破裂；浪沫光亮，有时有散见的白浪花；渔船可随风移行 5~6 km/h	树叶及小枝摇动不息，旗子展开，高的草摇动不息	0.6	1.0	3.4~5.4	4
4	和风	小浪，波长变长；白浪成群出现；渔船满帆可使船身倾于一方	能吹起地面灰尘和纸张，树枝摇动，高的草呈波浪起伏	1.0	1.5	5.5~7.9	7
5	劲风	中浪，具有较显著的长波形状；许多白浪形成；渔船缩帆	有叶的小树摇摆，内陆的水面有小波，高的草波浪起伏明显	2.0	2.5	8.0~10.7	9
6	强风	轻度大浪开始形成，到处都有更大的白沫峰，有时有飞沫；渔船加倍收帆，注意安全	大树枝摇动，电线呼呼有声，高的草不时倾伏于地	3.0	4.0	10.8~13.8	12
7	疾风	轻度大浪，碎浪而成白浪沫沿风向呈条状；渔船停泊港中，近海渔船下锚	全树摇动，大树枝弯下来，迎风步行感觉不便	4.0	5.5	13.9~17.1	16
8	大风	有中度的大浪，波长较长，波峰边缘开始破碎成飞沫片；近港渔船不出海	可折毁小树枝，人迎风前行感觉阻力甚大	5.5	7.5	17.2~20.7	19

风力等级	名称	海面和渔船征象	陆地地物征象	海面波高/m		相当于平地10m高处的风速/（m/s）	
				一般	最高	范围	中数
9	烈风	狂浪，沿风向白沫呈浓密的条带状，波峰开始翻滚；汽船航行困难	草房被破坏，屋瓦被掀起，大树枝可折断	7.0	10.0	20.8～24.4	23
10	狂风	狂涛，波峰长而翻卷；白沫成片出现，整个海面呈白色；汽船航行很危险	树木可被吹倒，一般建筑物遭破坏	9.0	12.5	24.5～28.4	26
11	暴风	异常狂涛，海面完全被白沫片所掩盖，波浪到处破成泡沫；汽船航行极危险	大树可被吹倒，一般建筑物遭严重破坏	11.5	16.0	28.5～32.6	31
12	飓风	空中充满了白色的浪花和飞沫，海面完全变白	陆上极少，摧毁力极大	14.0	—	32.7～36.9	33
13				—	—	37.0～41.4	39
14				—	—	41.5～46.1	44
15		注：13～17级是1946年增加的，陆上极少见		—	—	46.2～50.9	48
16				—	—	51.0～56.0	54
17				—	—	56.1～61.2	59

资料来源：姬亚芹，2008

邹学勇等（1994）的研究表明，粒径小于0.3mm的沙粒在8～14m/s风速的起动概率最高，大部分达到100%。王元等（1994）对塔克拉玛干沙漠流沙起动风速的风洞实验研究发现，若以混合沙样中沙粒滚动作为起动判别标准，零压梯度下距地面0.3 m高度处沙粒的起动风速为4.4 m/s，按对数率公式可推导出，沙粒在2 m高处的起动风速为5.4 m/s。宣捷（1998）的风洞模拟实验发现，0.1～0.3 mm粒径土壤颗粒的起动风速一般为4.5 m/s左右。荣姣凤等（2004）研究显示，农田土壤风蚀量随风速呈指数函数变化。赵宏亮等（2006）研究结果表明，风速在5.5m/s以上时农田土壤风蚀量与风速呈指数函数的变化规律。美国农业部开发的土壤风蚀起尘预报系统WEPS中使用的起尘风速为8 m/s（USDA，1996）。王升堂等（2005）对北京郊区不同利用类型土地的土壤颗粒起尘特征研究结果显示，京郊地区裸露地表的起沙风速为6 m/s左右。可见，不同土地利用类型和地表植被覆盖状况对可蚀性土壤颗粒起沙特性有很大影响。

《高低速风洞气动与结构设计》提出，对于大气环境风洞的设计，若从实用性考虑，一般大气环境风洞的上限风速为10 m/s，基本能满足大气污染扩散室内实验的需要；而从实验要求考虑，下限风速要求至少低至0.3 m/s，以能复现大气流动中的浮力效应。可移动式风蚀风洞的最大特点是对真实地表条件的土壤开展风蚀实验，因此，基于天津地区四季风速状况，同时考虑到风蚀风洞还应具有研究大气中悬浮态细粒子 PM_{10}、$PM_{2.5}$ 等在大气中的扩散、迁移、沉降性能的用途，为满足较宽的实验风速范围要求和风蚀研究中对风速可调的需要，实验段设计风速确定为 0.3~20 m/s（相当于蒲福风力等级表中 8 级风的等级），且连续可调。

3.1.4 尾部扩散段 （diffusing section） 设计

风洞损失与气流流速的 3 次方成正比，扩散段的作用就是尽量降低经过实验段的气流流速，把气流的动能变为压力能。依据《风洞设计原理》（伍荣林和王振羽，1985），对于开口直流式风洞来说，如果把实验段的动能直接排到大气，能量损失可以达到风洞总损失的 50%~100%。因此，有必要设置扩散段以减小风洞中气流能量的损失，降低风洞的需用功率。

气流经扩散段的能量损失主要为摩擦损失和扩压局部损失。扩散段中随着截面的增大，气流速度减小，使流动处于逆压状态，附面层很快增厚，逆压作用下，造成附面层分离，能量损失增加。一般在给定扩散比的情况下，扩散角越大则扩压损失越严重。伍荣林和王振羽（1985）给出了最小损失的最佳扩散角为 4°~5°。

可见，扩散角是影响扩压效率的主要因素。《高低速风洞气动与结构设计》指出，对于三维扩散段扩散角的设计，扩散角 $\theta \leqslant 5°$，进、出口截面面积比约为 2 时是比较理想的设计。因此二维扩散段通常采用 5°~12° 的扩散角设计。另外，当扩散角 $\theta > 40°$ 时，扩散段的损失甚至超过突然扩散（或突然扩大）造成的的损失。例如，设计一个全扩散角 $\theta \leqslant 45°$，当面积比为 2、4 时，扩散段内整流网的总损失系数分别为 1、3，此时气流通过大角度的扩散段时，不会发生明显的分离。内蒙古农业大学可移动式风蚀风洞和中国农业大学可移动式风蚀风洞，均在整流段采用了大角度扩散设计，扩散角 $\theta = 30°~50°$。

NK-1 可移动式风蚀风洞尾部扩散段为二维扩散段设计，若扩散角以 5° 计算，保证风蚀风洞实验段压力与环境压力相等所需长度约 10 m，超过了实验段长度（7.7 m），这是不实际的。因此，设计了轴对称梯形管道作为尾部扩散段，该管道进口截面为 977mm×900mm 的矩形，出口截面为 1425mm×900mm 的矩形，设计长度为 1.5 m。按照进、出口截面水力直径计算得到的全扩散角为 6.52°，按照两侧边扩散角计算得到全扩散角为 16.63°，基本满足理想的扩散角设计要求。

3.1.5 收缩段 （contraction section） 设计

收缩段是风洞整流的最重要部件，它的功能是使来自稳定段的气流均匀加速，并改善实验段的流场品质。收缩段的设计应达到如下要求：①气流沿收缩段流动时洞壁上不出现分离；②收缩段出口气流要求均匀、平直和稳定；③收缩段的长度适中，既要符合结构要求，又要使收缩壁的过渡不至过分剧烈而造成流动的分离和扰动。基于此，收缩段性能主要取决于收缩比、收缩段长度和收缩曲线形状。

3.1.5.1 收缩比确定

风洞收缩比为收缩段入口截面面积与出口截面面积的比值，其大小主要依据实验段气流均匀性和湍流度流度的要求、风洞能量比、风洞造价等设定，提高收缩比有利于降低湍流度和提高风洞能量比，但是风洞尺寸和造价会大幅增加，并降低其可移动性。考虑到真实环境湍流度较高，达到 10% ~ 20%。因此，空风洞背景气流湍流度可以到 1% ~ 3%，则风洞收缩段收缩比可以比航空风洞［后者是模拟高空大气湍流度（0.1% 以下）］高很多。最后，参考内蒙古农业大学可移动式风蚀风洞收缩比（为 1.7），并综合考虑风洞造价、风蚀实验对湍流度的要求及可移动性，NK-1 可移动式风蚀风洞收缩段的收缩比设计为 2。

3.1.5.2　收缩段长度确定

收缩段长度越长，收缩壁面曲率变化越平缓，越有利于避免流动分离。但收缩段长度太长，会增大风洞尺寸并增大摩擦阻力，进而增加成本和影响风洞的可移动性。因此，收缩段长度的设计，既要考虑避免流动分离，又要考虑符合结构条件的要求。依据伍荣林和王振羽（1985）建议，当收缩比小于 5 时，收缩段长度可取进口直径的 0.5 ~ 1.0 倍，故设计收缩段长度为 1.2m。

3.1.5.3　收缩曲线形状确定

收缩段的收缩曲线形状对实验段气流速度分布的均匀程度影响较大。曲线的形状应该使流速沿壁面单调增加，不产生附面层的离体现象，并使管壁在收缩段入口处及出口处平行于流向。《高低速风洞气动与结构设计》指出，在设计收缩段时需注意以下两个问题：收缩段入口和出口处存在逆压梯度及矩形收缩段直角处可能产生气流分离的问题。可以通过设计合理的收缩曲线消除逆压梯度；可以用切角的方法解决直角处气流分离问题，即将矩形收缩段及与之相对接的稳定段和实验段各截面的 4 个直角改造成 45°切角。

目前，收缩段收缩曲线设计理论和方法主要包括三维收缩段设计理论、二维收缩段的设计理论、半经验或经验方法三大类。其中，第一类三维收缩段设计理论是基于理想不可压缩无旋流，假定气流进入收缩段时流场均匀，则依据理想流基本方程，可模拟出给定轴向速度分布的整个流场，由该流场可选出一条满足收缩比要求的流线作为收缩段的壁面曲线。需要满足的条件是速度沿这条流线连续单调增加，即使有减速的情况，减速的程度也必须限于不发生分离。第二类二维收缩段的设计理论是采用复变函数的保角映射得到的。第三类方法是根据经验或半经验的一维流动方程推出的，在收缩比较小、长度较长的情况下这些方法是合理的。收缩段曲线形状的设计方法有多种，常用的方法有 Batchelor-Shaw 曲线、维托辛斯基曲线、双三次曲线、五次曲线等。

（1）Batchelor-Shaw 曲线（简称 B-S 法）

Batchelor-Shaw 根据理想不可压流的一维流动方程（$u_1 F_1 = u_2 F_2$）而设计的，属于半经验或经验方程（3-3），作为收缩段壁面曲线形状，这种管壁曲线在入口处收缩率比较大，在出口处比较小，有利于实验段气流的均匀性。

$$F = F_1 \sqrt{\cfrac{1}{\left[\left(\cfrac{F_1}{F_2} \right)^2 - 1 \right] \left(\cfrac{x}{L} - \cfrac{1}{2\pi} \sin \cfrac{2\pi x}{L} \right) + 1}} \tag{3-3}$$

式中，x 为距离收缩段入口处的距离（mm）；F_1、F_2、F 分别为收缩段进口、出口和任意 x 处的截面积（m²）；L 为收缩段长度（mm）。

王喜魁（1996）对风洞收缩段壁型的研究表明，Batchelor-Shaw 曲线的局部曲率较大，出口处曲线较长，在收缩段出口处气流的均匀度较高。

（2）维托辛斯基（Witozinsky）曲线

20 世纪 60 年代，我国多采用维托辛斯基（简称维氏）公式设计低速风洞收缩段壁面曲线，维氏曲线公式如下：

$$\left(\frac{D_2}{D} \right)^2 = 1 - \frac{27(1 - c^{-2}) \left[1 - (x/L)^2 \right]^2}{\left[3 + (x/L)^2 \right]^3} \tag{3-4}$$

式中，D_2 为收缩段出口截面半径（宽或高）（mm）；c 为收缩比，$c = (D_1/D_2)^2$，其中 D_1 为收缩段进口截面半径（宽或高）（mm）；x 为与收缩段入口端距离处截面的半径（宽或高）（mm）。

维氏曲线的特点是进口附近收缩快、后部收缩缓慢，具有出口速度较均匀的优点，但由于进口收缩太快，会出现明显的逆压梯度；如果收缩比过大，则曲线前部分收缩很陡，而后部近似平直，不利于得到均匀气流。水力学研究表明，只有当收缩段的收缩角（全角）大于 10°，收缩比小于 3 时，流动曲线收缩后才不会出现明显的分离。原苏联风洞通常采用维氏曲线设计收缩段，并提出：①具体设计时，若取 $D_1 = 2D_2$ 和 $L = 2D_1/3$ 时，收缩曲线能获得较好的气流品质，在收缩段出口处气流的均匀度较高。②维氏曲线不仅适用于轴对称收缩，也适用于矩形或二维收缩，此时，式（3-4）中 c 为单边收缩。③当收缩比 $c > 4$ 时，通过移轴的方式设计收缩曲线也能获得较好的气流品质。

吴宗成等（1998）针对进口截面 600mm×600mm，出口截面 400mm×400mm，长 1.0m，收缩比为 2.25 的风洞收缩段，采用五次曲线、双三次曲线和维氏曲线设计收缩段壁面形状，结果表明维氏曲线出口速度均匀性最好。李敏霞等（2010）对进口为 4000mm 长、2000mm 宽，出口为 2600mm 长、2000mm 宽，收缩比为 1.5 的风洞，应用维氏曲线设计收缩段曲面形状，最后通过三维 CAD 软件进行绘制、模拟，取得了较理想的收缩曲面。林超强等（1991）以西北工业大学 1988 年进行制造的环境风洞为对象，该低速风洞的收缩段出口截面为 2500mm×3500mm 矩形，长 10m，单边收缩比为 3.4，选用维氏曲线、五次曲线和双三次曲线，利用差分方法进行了数值计算，结果表明，维氏曲线的出口速度均匀性最好，双三次曲线次之，再次是五次曲线。依据上述研究结果，当收缩比 $c < 4$ 时，运用维氏曲线公式能够设计出理想的收缩壁型。故 NK-1 可移动式风蚀风洞收缩段采用了维氏曲线壁型设计。

（3）双三次曲线

双三次曲线可用式（3-5）表示，该类曲线进口附近收缩较平滑，速度较均匀，但出口速度过冲方面较维氏曲线严重。

$$\frac{D-D_1}{D_1-D_2}=\begin{cases}1-\dfrac{1}{l^2}\left(x/L\right)^3 & x/L\le l\\[2mm]\dfrac{\left[1-\left(x/L\right)\right]^3}{\left(1-l\right)^2} & x/L>l\end{cases} \tag{3-5}$$

式中，D 为距收缩段入口端距离为 x 处的截面半径（宽或高）（mm）；l 为前后两部分曲线的连接点。

双三次曲线进口附近收缩较平滑，速度较均匀，收缩段出口速度过冲方面，双三次曲线优于五次曲线，但略次于维氏曲线。西北工业大学 F-3 风洞的收缩段选用了双三次曲线壁型，流场校测结果表明，80% 截面范围内，风洞三元实验段的动压不均匀度<0.005。沈阳航空航天大学 SHDF 低速回流式风洞的设计风速为 50m/s，其收缩段入口截面为 Φ3570mm，出口截面为 1200mm×1000mm×2500mm（宽×高×长），收缩比为 8.34；采用基于参数化的 UG［交互式 CAD/CAM（计算机辅助设计与制造）系统］法建模，加以 CFD（计算流体动力学）流场计算设计，与双三次曲线和维氏曲线形状进行比较，结果显示，维氏曲线进口收缩快，后部收缩缓慢而流速均匀，双三次曲线则进口平滑，出口速度平缓度较差。

（4）五次曲线

五次曲线可用式（3-6）表示，双三次曲线和五次曲线进口附近收缩较平滑；此外，出口速度过冲方面，双三次曲线较五次曲线好，速度也较均匀。

$$\frac{D-D_1}{D_1-D_2}=1-10\left(\frac{x}{L}\right)^3+15\left(\frac{x}{L}\right)^4-6\left(\frac{x}{L}\right)^5 \tag{3-6}$$

王喜魁（1996）的风洞收缩段壁型研究结果认为，五次曲线曲率变化较平缓，出口处曲线较短，沿收缩段出口附面层厚度较 B-S 法薄。五次曲线收缩壁型在运行中获得了较满意的流速均匀性和稳定性。

3.1.6 转角段（turning section）设计

NK-1 可移动式风蚀风洞主要应用于野外裸露地表风蚀物的定量测量，要求风洞入口安装位置距离地面有一定高度，以免吸入土壤颗粒或秸秆、杂草等物，对设备及实验结果造成影响，另外还要保证操作者对进气段的正常观察。

在回流风洞中，拐角是风洞的一个重要部件，如单回流风洞一般设有 4 个 90°拐角，气流经过这 4 个拐角的全部能量损失可以占到风洞总损失的 40%~60%。经过拐角时，由于离心力的作用，从内壁向外壁，压力将逐渐增大而流速减小，产生沿外壁的附面层，气流容易发生分离，而内壁由于离心力的作用，压力较低，可促使流速增加，但气流转弯之后，随着速度的减小，附面层将处在逆压梯度之下，造成与壁面的分离。分离作用尤以内壁分离的影响较大，将破坏下游流动的均匀性。拐角的流动损失受到雷诺数、流速均匀度、壁面粗糙度及拐角几何形状、转弯半径（或曲率半径）等因素的影响。

风蚀风洞实验段底板一般为地面,使实验段轴线水平偏离动力段轴线水平。国内外可移动式风蚀风洞均采用大角度扩散段经一级或二级非对称扩散后,在实验段入口处轴线重合。例如,中国农业大学和内蒙古农业大学设计的可移动式风蚀风洞,均采用了动力段水平向上偏置的设计方案,由下部宽角扩散的不对称扩散段设计使气流过渡至稳定段,并在该段中通过设置纱网或多孔板等措施以消除流动漩涡。这样的措施势必产生较大的流动能量损失,造成风洞能量比偏小。例如,内蒙古农业大学范贵生(2005)设计的可移动式风蚀风洞 OFDY-1.2 的能量比计算值为 0.18。一般典型低速航空风洞的能量比较高,如原苏联的 Φ1.5m 单回流开口风洞能量比为 3.05,罗马尼亚的 2.5m×2.0m 单回流闭口风洞能量比为 5.8。基于上述问题的考虑,NK-1 可移动式风蚀风洞设计了转角段。这一设计主要有两方面特点:其一,风洞各段均为对称型设计,结构简单,流动能量损失降低;其二,转角段后气流轴线与实验段轴线重合,因此进入实验段的气流稳定性较好。

为减少动能损失,又为满足风洞入口的安装高度要求,NK-1 可移动式风蚀风洞动力段和过渡段采用了向上仰角设计。20°拐角的弯管与90°弯管相比,流动过程中能量损失减小很多。但气流发生转弯后会造成管道上部的流速高于下部的现象,使气流经过转角时出现很多漩涡,容易发生与壁面的分离,而使后续流动不均匀或发生脉动。为消除流速不均匀性所产生的不利影响,安装导流片是减小损失的有效措施。

航空回流风洞中常用的转角导流片有翼剖面型、圆弧型和圆弧带直线型 3 种,其中翼剖面型的损失系数最小,约 0.11。该转角段为高 900mm、宽 1800mm 的矩形弯管,如图 3-4 所示。转角段进气端与上游的过渡段连接,实现过渡段、动力段向上20°仰角的设计,出气端与下游稳定段连接。考虑到加工成本和工期等因素,选择了大弦长、均匀分隔空间的弧形板设计弦长分别为 828mm、750mm、672mm,导流片间距为 225mm。一般情况下,管道截面越狭长,则损失越低,但与航空风洞不同的是,该转角段导流片均为大弦长导流片,考虑到导流片的结构稳定性,设置了横隔板,沿气流方向倾斜 6°设置,采用了 CFD 方法计算优化,使每一个气流通道的体积流量相等。通过上述设计来防止分离和改善流动,以保证流场的均匀,虽然损失有所增加,但流动均匀性将提高。国外风洞运行表明,位于收缩段前的导流装置若设计成大型格状蜂窝器形式,对调整实验段中的上偏气流和横向气流分布都是一个有效手段。

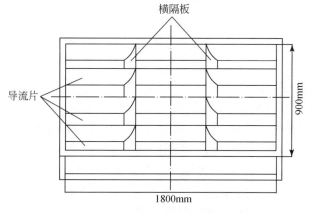

图 3-4　转角段气流入口截面视图

综上所述，转角段为等截面的20°矩形弯管，截面尺寸与下游稳定段出口截面尺寸一致，结构尺寸为转弯半径 R 为2610mm，截面为1800mm×900mm（宽×高）矩形，投影长度为0.911m。

3.1.7　稳定段（stability section）设计

可移动式风蚀风洞稳定段由1800mm×900mm（宽×高）的等截面矩形管道与内置的蜂窝器和整流网所组成。其作用是导直气流和降低湍流度，破碎来自上游的大小漩涡直到消失；减小流速波动，保证实验段入口气流速度的均匀稳定。气流经过转角段后，主流中存在较大旋涡，气流不均匀，湍流度较高。此外，气流在收缩段中的调节以均匀来流为前提。如果来流不均匀，则收缩段出口提供给实验段的气流将是不均匀的。因此，当气流进入收缩段以前，必须经过稳定段的整流过程。

（1）稳定段管道长度设计

由于风蚀风洞实验段底面为实际地面，存在结构上的非对称性，风洞稳定段的设计除上述作用外，还应设法解决由于其结构的非对称性所造成的气流不均匀性和分离等问题。如果在稳定段中不设置整流装置，它就必须有足够的长度使气流在运动过程中有足够的时间调整其运动方向和速度分布并衰减其湍流度。通常，气流靠自然调节所需的长度是相当长的，在多数情况下不能满足结构距离的限制条件。因此，大多数风洞的设计，其稳定段内均设有阻尼网和蜂窝器等整流装置。在本书中，在满足性能要求的前提下获得更经济的部件长度也是主要的设计考虑。所以，确定稳定段长度时，首先要确保安装蜂窝器和阻尼网等整流元件所需长度，其次还要有一定的长度使气流经过整流装置后逐渐变得均匀稳定。《风洞设计理论》（伍荣林和王振羽，1985）将收缩比定义为稳定段截面与实验段截面面积之比，建议当收缩比小于5时，稳定段长度应为实验段截面直径的1.0~1.5倍，NK-1可移动式风蚀风洞实验段当量直径为900mm，故稳定段长度可定为1.0 m。

（2）蜂窝器设计

常见的蜂窝器由许多具有方形、圆形或六角形的等截面的小管道并列组成（图3-5），每一个小管道称为蜂窝元件。气流经过不同形状的蜂窝器时能量损失不同。方形蜂窝元件因加工方便，最为常见，但在直角处易形成附面层而产生大量旋涡。圆形蜂窝元件的流动条件好，但流通面积较小，对流动均匀性的影响大，能量损失大。正六角形是较理想的蜂窝元件，但加工和造价略高。

Scheiman和Brooks（1981）分别对单一整流网/蜂窝器以及整流网与蜂窝器组合配置的使用情况进行了实验和理论研究，认为整流网与蜂窝器组合使用是最佳选择。实践表明，在蜂窝器下游布置一层整流网时，其后的湍流水准为4%~5%，若在其下游布置多层整流网时，在总长为 $1~1.8D_e$（D_e 为稳定段当量直径）的稳定段末端，湍流水准可减至 $[1/(1+k)^{n/2}]\cdot(4\%-5\%)$。内蒙古农业大学可移动式风蚀风洞稳定段的设计也采用了蜂窝器和整流网组合技术，取得了较好的涡旋破碎和气流导直作用。

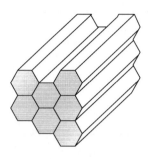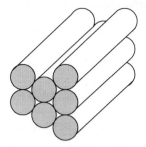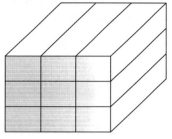

图 3-5　常见蜂窝器

影响蜂窝器性能的主要参数是蜂窝器的长度 l 和口径 M 或长径比 l/M。长度越大，整流效果越好，但损失增加。口径越小，蜂窝器对降低湍流度效果越显著。《风洞设计原理》推荐了常规的长径比参数范围为 $l/M = 5 \sim 10$（$M = 5 \sim 30\text{mm}$）。

在开路风洞中，蜂窝器是必不可少的部件。本书设计中稳定段内蜂窝元件选用正六边形，材料为 0.2 mm 厚不锈钢片。蜂窝元件长度为 100 mm，正六边形对边宽度为 10mm，长径比为 10，符合伍荣林和王振羽（1985）推荐的获得最佳整流效果的整流元件的长度与直径之比 $5 \sim 10$ 的要求。安装位置在距离稳定段入口处 200mm 处。

（3）整流网设计

整流网（或紊流网、阻尼网）的网丝及网孔很细，远小于蜂窝器的口径尺寸，其安装位置一般在蜂窝器之后，对气流没有导直作用。伍荣林和王振羽（1985）认为整流网的重要作用是将流经蜂窝器后的小旋涡继续分割成更小的涡旋，有利于湍流能量的衰减，有助于气流速度的均匀分布。整流网网丝粗细均匀，网孔分布均匀，对降低纵向湍流度和横向湍流度的程度大致相同。

整流网不能改变湍流尺度。气流流经整流网所产生的压力降或湍流能量的衰减程度取决于气流速度的横向分量，横向分量越大，压力降也越大。可以用气流经过阻尼网的脉动速度变化来描述（伍荣林和王振羽，1985）：

$$\frac{u'_2}{u'_1} = \frac{1}{(1 + k_{网})^{n/2}} \tag{3-7}$$

式中，u'_1、u'_2 分别为网前、网后的脉动速度均方根（m/s）；$k_{网}$ 为单层网的压力损失系数；n 为网的层数。

由式（3-7）可知，整流网的整流效果取决于压力损失系数。而压力损失系数则与网眼大小（常称之为目数）、网丝直径、网丝材料等有关，网眼越小或网目数越大，网的层数越多，则整流效果越好，但压力损失系数也越大。Schubauer 等（1950）的研究则认为，仅使用压力损失系数很高或网眼很细的单一整流网对湍流衰减的作用程度有限。因此，在设计稳定段整流网时，网的层数和网丝粗细、网眼大小需考虑实验段对湍流度的要求。现有风洞最常用的网层数是 $2 \sim 3$ 层，网目数为 $24 \sim 30$ 目，网丝直径尽量细小，网眼尺寸尽量均匀，相邻两层网的间距宜 $200 \sim 300\text{mm}$。

鉴于上述研究成果和应用经验，考虑到稳定段出口前需要安装总压探测装置（皮托管等），NK-1 可移动式风蚀风洞稳定段内设置 2 层 24 目不锈钢整流网，与稳定段管壁采用螺栓连接。整流网网丝直径 0.000 31mm，方形网孔长度约 0.001 1mm，两层整流网间距 100mm，与蜂窝器出口的距离为 300mm。

3.1.8 过渡段（transition section）设计

风洞的风扇段为 Φ900mm 的圆形截面，稳定段为 1800mm×900mm 的矩形截面，之间由过渡段实现截面由圆形到矩形的转变和减速扩压，因此过渡段是一段扩压管道。影响扩压效率的主要因素是扩散角。NK-1 可移动式风蚀风洞过渡段采用了二维扩散设计，全扩散角 θ=16.7°≤45°（以进、出口水力直径计算），出口与进口截面面积之比为 2.54，此时气流通过大角度扩散段时，将不会产生明显的分离。按常规设计，这个扩散角会有两侧壁分离涡，需要使用防分离网（1~3 层）。考虑到风蚀风洞是地面环境模拟，对实验段地面湍流度的要求并不高。因此扩散段采用了大扩散角设计，长度为 1.54m。

3.2 风洞能量比估算

3.2.1 能量比定义

风洞能量比定义为实验段气流的动能流量（单位时间通过的动能）与通过动力系统输入风洞的功率之比（伍荣林和王振羽，1985），即风洞实验段的动能与风洞所消耗的能量（功率）之比，一般用式（3-8）表示。风洞能量比是衡量低速风洞经济性的一个重要指标，能量比高则风洞损失小，经济性好。

$$\chi_0 = \frac{\frac{1}{2}\rho u_0^3 F_0}{N_{\text{tunnel}}} \tag{3-8}$$

式中，χ_0 为风洞的能量比（无量纲数）；N_{tunnel} 为风洞的输入功率（W）；ρ 为气体的密度（kg/m³）；u_0 为实验段入口气流流速（m/s）；F_0 为实验段的入口截面面积（m²）。

以电机输给风扇的功率作为动力系统输入功率 $N_{\text{电机}}$，则风洞的输入功率 N_{tunnel} 即为风扇输出给气流的功率，见式（3-9）：

$$N_{\text{tunnel}} = N_{\text{电机}} \cdot \eta_{\text{电机}} \cdot \eta_{\text{fan}} = \Delta p \cdot Q_0 = \sum \Delta p_j \cdot Q_0 \tag{3-9}$$

式中，N_{tunnel} 为电机给风洞输入的功率或电机的输出功率（W）；$N_{\text{电机}}$ 为电机的额定功率（W）；Δp 为风扇前后的压力增量（Pa）；Q_0 为实验段气体流量（m³/s），$Q_0 = u_0 \cdot F_0$；η_{fan} 为风扇效率（%）；$\eta_{\text{电机}}$ 为电机效率（%）；Δp_j 为风洞第 j 管段的压力损失（Pa），$\Delta p_j = k_j \cdot q_j$。

风洞稳定运行时，风扇系统前后的压力增量就是整个风洞管路中气流的全部压力损失，等于气流通过各部件的损失总和，即

$$\Delta p = \sum \Delta p_j = \sum (k_j \cdot q_j) \tag{3-10}$$

式中，k_j 为气流经过风洞第 j 管段的能量损失系数；q_j 为第 j 管段的动压（Pa），$q_j = \dfrac{1}{2}\rho u_j^2$。

引入当量损失系数 k_{0-j}，定义为风洞第 j 管段的静压损失 Δp_j 与实验段的动压 q_0 之比，表达式为

$$k_{0-j} = \frac{\Delta p_j}{q_0} \tag{3-11}$$

依据式（3-10），式（3-11）可变化为

$$k_{0-j} = \frac{\Delta p_j}{q_0} = \frac{k_j \cdot q_j}{q_0} = k_j \cdot \frac{\frac{1}{2}\rho u_j^2}{\frac{1}{2}\rho u_0^2} = k_j \cdot \frac{u_j^2}{u_0^2} = k_j \cdot \left(\frac{F_0}{F_j}\right)^2 \tag{3-12}$$

式中，F_j 为第 j 管段的入口截面面积（m^2）。

由式（3-9）和式（3-11）有

$$N_{\text{tunnel}} = \sum \Delta p_j \cdot Q_0 = \sum k_{j0} \cdot q_0 \cdot Q_0 = K_0 \cdot q_0 \cdot Q_0 \tag{3-13}$$

式中，K_0 为总当量损失系数，$K_0 = \sum k_{j-0}$。

将式（3-13）代入式（3-8）得到风洞能量比与总当量损失系数关系式（3-14）。

$$\chi_0 = \frac{1}{K_0} \tag{3-14}$$

3.2.2 实验段能量损失估算

实验段为矩形截面管道，长 7700 mm，考虑到加工、拆卸、运输等的便利性，分为 7 个 1100mm 的子段，如图 3-6 所示。1、2、3、5、6 等子段同一侧壁壁面上均开有一个可开闭观察窗，便于安装仪器并进行相关参数的测定。前 1～3 段为大气边界层模拟区（简称模拟区），棒栅、粗糙元等大气边界层模拟元件放置于此区；第 4、5 子段为风蚀物采样区（简称采样区），集沙仪等设备放置在此区；第 6、7 子段作为测试区，考虑到第 7 子段可能受到开口处气流的影响，相关研究的测试工作主要在第 6 子段进行。各子段的上壁面和左、右壁面为一体制造，下壁面即底板为可拆卸式，与两侧壁面通过螺栓连接。实验段进口截面为 900mm×900mm（宽×高）的正方形，出口截面为 977mm×900mm（宽×高）的矩形，实验段二维扩散角为 0.6°。

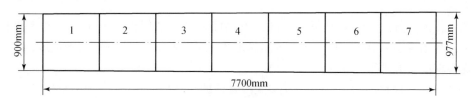

图 3-6　实验段上壁面渐阔设计示意图

通过实验段的气流能量损失主要表现为摩擦损失，包括实验段上、左、右三段材质为钢板的光滑壁面产生的摩擦损失和粗糙下垫面（实际地面）产生的摩擦损失。则实验段的

气流能量损失可表示为

$$\Delta p_0 = \lambda_0 \cdot \frac{l_0}{d_0} \cdot \frac{1}{2}\rho u_0^2 = k_0 \cdot \frac{1}{2}\rho u_0^2 \tag{3-15}$$

式中，λ_0 为实验段管道的沿程阻力系数，由该段的流动雷诺数和壁面粗糙度决定；l_0 为实验段管道的长度（m）；u_0 为实验段管道的平均流速（m/s）；d_0 为实验段管道的水力直径（m）；k_0 为实验段管道的当量损失系数。

对于非圆管道某截面的水力直径计算公式见式（3-16）：

$$d = \frac{4F}{C} \tag{3-16}$$

式中，d 为圆管的水力直径（m）；F 为非圆管道的截面积（m²）；C 为非圆管道的湿周（m）。

因实验段壁面材料不同，壁面对流动能量损失的贡献有别，故设 r_0 为实验段壁面管道沿程阻力分配系数，则实验段管道的沿程阻力系数可用式（3-17）表示：

$$\lambda_0 = (r_{01}\lambda_{01} + r_{02}\lambda_{02}) \tag{3-17}$$

式中，r_{01} 为光滑壁面的沿程阻力分配系数，r_{01} = 光滑壁面面积/4 个壁面总面积；r_{02} 为光滑壁面的沿程阻力分配系数，r_{02} = 下垫面面积/4 个壁面总面积；λ_{01} 为实验段管道光滑壁面的沿程阻力系数；λ_{02} 为实验段下垫面的沿程阻力系数。

实验段管道的沿程阻力系数 λ_0 采用阿里特苏里公式（Альтщуль），即式（3-18）进行计算，该公式是柯列勃洛克（Colebrook）公式的近似公式，适用于紊流光滑区、过渡区和粗糙区 3 个区的综合公式，且形式简单，便于计算。

$$\lambda = 0.11 \times \left(\frac{\delta}{d} + \frac{68}{Re}\right)^{0.25} \tag{3-18}$$

式中，δ 为不同材料管道的粗糙度（mm）。

由全国通用管道计算表查得，钢板制风管的粗糙度 δ 为 0.15mm。申向东等（2007）采用 DEM6 型便携式三杯风速仪和 LV50 型便携式风速仪，对不同时段，不同高度处风速进行了测量，应用风速对数法得到了阴山北麓冬春两季，耕地地表空气动力学粗糙度平均值分别为 332.69mm、239.69mm。范贵生（2005）利用 QDF-3 型热球式风速仪，对五种不同下垫面进行了测试，采用李会知等（2002）给出的空气动力学粗糙度最小二乘法拟合公式（2-63）计算得到，有少量植被覆盖的翻耕农田、留茬农田、未翻耕农田、裸露沙质地和植被覆盖沙质地的空气动力学粗糙度 δ 分别为 19.5 mm、23.1 mm、14.8 mm、0.8 mm 和 33 mm，且与朱朝云等（1992）、王洪涛等（2003）等研究者给出的对应类型下垫面粗糙度数值相近。

测量仪器、方法、时间等条件不同，下垫面粗糙度数值差异性极大。对于农作物地区，地面粗糙度多为 100～300 mm，这里选取中间值 160mm 作为农作物地区或城市远郊区下垫面粗糙度，并进行计算。

依据式（3-15）~式（3-18），本实验段管道的当量损失系数 $k_0 = 0.0928$。计算中所依据的参数及计算的参数值均列于表 3-3 中。

表 3-3　实验段基础参数与计算结果一览表

基础参数	数值	计算参数	数值
空气密度 ρ /（kg/m³）	1.225	流动雷诺数	1 206 214.01
空气动力黏度 μ /（Pa·s）	1.789×10^{-5}	光滑壁面阻力分配系数 r_{01}	0.854
进口水力直径 d_{01} /mm	900	下垫面阻力分配系数 r_{02}	0.146
出口水力直径 d_{02} /mm	937	l_0/d_0	8.388
全长 l_0 /mm	7 700	光滑壁面沿程阻力系数 λ_{01}	0.013 4
平均水力直径 d_0 /mm	918	下垫面沿程阻力系数 λ_{02}	0.071
平均流速 u_0 /（m/s）	19.18	摩擦系数 λ_0	0.0218
体积流量 Q_0 /（m³/s）	16.2	动压 $\dfrac{1}{2}\rho u_0{}^2$ /Pa	225.322
—	—	当量损失系数 k_0	0.183

3.2.3　尾部扩散段能量损失估算

尾部扩散段为与地面平行的轴对称管道，长 1.5 m。进气端和出气端均为矩形截面，进气端截面为 977mm×900mm，出气端为 1425mm×900mm。尾部扩散段的上、下面为梯形平面，折算为当量圆的全扩散角为 6.52°，二维扩散角为 17.5°。该管段的作用是防止或推迟流体与壁面的分离，避免漩涡区的产生或减小涡流的尺度和强度，从而避免实验段末端因涡流的产生而削弱流场的稳定性，同时也减小湍流的局部损失。

参考伍荣林和王振羽给出的扩压段总压力损失系数计算公式，

$$k_{0-\text{dif}} = \left[\frac{\lambda_{\text{dif}}}{8\tan(\alpha/2)} + 0.6\tan(\alpha/2)\right]\left[1 - \left(\frac{d_{\text{dif1}}}{d_{\text{dif2}}}\right)^4\right] \cdot \left(\frac{F_0}{F_{\text{dif1}}}\right)^2 \qquad (3-19)$$

式中，$k_{0-\text{dif}}$ 为尾部扩散段管道的当量损失系数；d_{dif1} 为尾部扩散段管道的进口水力直径（mm）；d_{dif2} 为尾部扩散段管道的出口水力直径（mm）；λ_{dif} 为尾部扩散段管道的沿程阻力系统；α 为尾部扩散段管道的当量圆扩散角（°）；F_0 为实验段管道的入口截面面积（m²）；F_{dif1} 为收缩段管道的入口截面面积（m²）。

尾部扩散段相关的基础参数及计算结果列于表 3-4。

表 3-4　尾部扩散段基础参数与计算结果一览表

基础参数	数值	计算参数	数值
进口截面面积/m²	0.869（考虑附面层）	流动雷诺数	1 049 048.571
出口截面面积/m²	1.283	λ_{dif}	0.013 2
进口水力直径 d_{dif1} /mm	932	—	—

基础参数	数值	计算参数	数值
出口水力直径 $d_{dif\,2}$/mm	1103	$\frac{1}{2}\rho u_{dif}^2$	126.333
空气密度 ρ（kg/m³）	1.225	F_0/F_{dif}	0.932
—	—	扩散角（$\alpha/2$）/（°）	3.268
—	—	能量损失系数 k_{dif}	0.031
平均水力直径 d_{dif}/mm	1 018	当量损失系数 $k_{dif\,0}$	0.026 9
平均流速 u_{dif}/（m/s）	15.056	—	—

3.2.4 收缩段能量损失估算

收缩段为轴向对称的二维收缩曲面筒体，进气端和出气端均为矩形截面。进气端截面为 900mm×1800mm，出气端为 900mm×900mm，长度为 1.2m。

流经收缩段管道的压力损失包括气流与管壁的摩擦损失和气流进入流线型管口的收缩损失，故当量损失系数计算公式为

$$k_{0-con} = (k_{con1} + k_{con2}) \cdot \left(\frac{F_0}{F_{con1}}\right)^2 \qquad (3-20)$$

式中，k_{0-con} 为收缩段管段的当量损失系数；k_{con1} 为收缩段管段的摩擦损失系数；$k_{con1} = \lambda_{con} \cdot \frac{l_{con}}{d_{con}}$；$k_{con2}$ 为收缩段管段的局部损失系数，参考《流体力学泵与风机》给出的气流进入流线型收缩管口的压力损失系数范围 0.06 ~ 0.005，本设计取 0.02；l_{con} 为收缩段管道全长（mm）；d_{con1} 为收缩段管道进口水力直径（mm）；d_{con2} 为收缩段管道出口水力直径（mm）；F_0 为实验段管道的入口截面面积（m²）；F_{con1} 为收缩段管道的入口截面面积（m²）。

在空气密度 ρ 和空气动力粘度 μ 不变的情况下，收缩段的相关基础参数及损失系数计算结果见表 3-5。

表 3-5　收缩段基础参数与计算结果一览表

基础数据	数值	计算参数	数值
全长 l_{con}/mm	1 200	流动雷诺数	958 636.11
进口水力直径 d_{con1}/mm	1 200	λ_{con}	0.013 3
出口水力直径 d_{con2}/mm	900	l_{con}/d_{con}	1.143
平均水力直径 d_{con}/mm	1 050	$\frac{1}{2}\rho u_{con}^2$	108.834

基础数据	数值	计算参数	数值
管道截面积 F_{con}/m^2	1.62	F_0/F_{con}	0.5
平均流速 $u_{con}/$ (m/s)	13.33	摩擦损失系数 k_{con1}	0.015 2
—	—	局部损失系数 k_{con2}	0.02
—	—	当量损失系数 k_{con0}	0.008 8

3.2.5 稳定段能量损失估算

稳定段为高 900mm、宽 1800mm、长 1000mm 的等截面矩形管道。管道内固定有蜂窝器和整流网，以导直气流、降低湍流度、减小流速波动，保证实验段入口气流速度的均匀稳定。因此，稳定段管道的气流当量损失系数估算分为以下三个部分。

（1）稳定段管道

与实验段管道计算方法相同。气流通过稳定段管道时，气流能量损失主要表现为摩擦损失，当量损失计算公式为

$$k_{0-st} = \lambda_{sta} \cdot \frac{l_{sta}}{d_{sta}} \cdot \left(\frac{F_0}{F_{sta}}\right)^2 \tag{3-21}$$

式中，k_{0-st} 为稳定段管道的当量损失系数；λ_{sta} 为稳定段管道壁面的摩擦损失系数；l_{sta} 为稳定段管道的长度（m）；d_{sta} 为稳定段管道的水力直径（m）；F_{sta} 为稳定段管道的入口截面面积（m^2）。

（2）蜂窝器

稳定段采用的蜂窝器为六角形小孔薄壁蜂窝器，蜂窝元件口径为 10mm，壁厚 0.2mm，长 100mm，长径比为 10:1。

当蜂窝器长径比 l/M 为 6 时，圆形蜂窝元件的损失系数约 0.3，方形蜂窝元件的损失系数约 0.22，正六边形蜂窝元件的损失系数约 0.2。根据近年来国外风洞蜂窝器的设计发展和使用，对先进的航空低速风洞而言，蜂窝器采用的是长径比为 15 的六角形小孔薄壁蜂窝器。因此，参考《高低速风洞气动与结构设计》（中国人民解放军总装备部军事训练教材编辑工作委员会，2003），参照长径比为 15 的蜂窝器总能量损失估算方法计算当量损失系数。蜂窝器的能量损失系数计算公式为

$$k_{wo} = k_{in} + k_f + k_{out} \tag{3-22}$$

式中，k_{wo} 为蜂窝器的总能量损失系数；k_{in} 为蜂窝器的进口能量损失系数，$k_{in}=1-\theta$，（θ 为蜂窝器的流通系数）；k_f 为蜂窝元件管道的摩擦损失系数，$k_f = (\lambda_f \cdot l_{wo}/d_{wo})$ [其中，λ_{wo} 为蜂窝元件薄壁的沿程阻力系数；l_{wo} 为蜂窝元件的长度（m）；d_{wo} 为蜂窝元件口径（m）]；k_{out} 为蜂窝器的出口能量损失系数，$k_{out}=(1-\theta)^2$。

图 3-7 为蜂窝器在稳定段管道某截面空间的填充状况。蜂窝器的流通系数 θ 可通过式

（3-23）进行计算：

$$\theta = 1 - \beta$$

$$\beta = 1 - \left(\frac{b}{d'}\right)^2 = 1 - \left(\frac{b}{b + b'}\right)^2 \qquad (3\text{-}23)$$

式中，β 为蜂窝器的阻塞系数，表示蜂窝器过流截面的阻塞状况；b 为蜂窝元件的对边宽度（mm）；b' 为蜂窝元件的壁厚（mm）；d' 为蜂窝元件的外径（mm）。

蜂窝器的当量损失系数计算公式为

$$k_{0\text{-}wo} = k_{wo} \cdot \left(\frac{F_0}{F_{sta}}\right)^2 \qquad (3\text{-}24)$$

式中，$k_{0\text{-}wo}$ 为蜂窝器的当量损失系数。

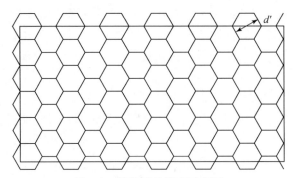

图 3-7　蜂窝器的填充示意图

（3）整流网

NK-1 可移动式风蚀风洞的的稳定段内设置了 2 层 24 目不锈钢整流网，整流网网丝直径 0.000 31mm，方形网孔长度约 0.0011mm，两层整流网间距 100mm，与蜂窝器出口的距离为 300mm。

依据《风洞设计原理》中有关风洞能量比的研究内容，当稳定段气流速度 $u > 9$m/s 时，气流经过整流网的能量损失系数可以按照式（3-25）和式（3-26）进行计算：

$$k_s = \frac{1 - \varepsilon}{\varepsilon^2} \qquad (3\text{-}25)$$

$$\varepsilon = \left(1 - \frac{d_s}{l_s}\right)^2 \qquad (3\text{-}26)$$

式中，k_s 为整流网的过流能量损失系数；ε 为网孔透气系数；l_s 为方形网孔的宽度（mm）；d_s 为网丝直径（mm）。

考虑到 $60 < Re < 600$ 时，流动雷诺数的影响（本设计中整流网的过流雷诺数为 212.3），按式（3-27）计算气流流经整流网的能量损失系数：

$$k_s = 6 \cdot (1 - \varepsilon) \varepsilon^{-\frac{5}{3}} Re_s^{-\frac{1}{3}} \qquad (3\text{-}27)$$

式中，Re_s 为经整流网的气流雷诺数。

气流经整流网的当量损失系数计算采用式（3-28）：

$$k_{0-s} = k_s \cdot \left(\frac{F_0}{F_{sta}} \right)^2 \tag{3-28}$$

式中，k_{0-s} 为流经整流网的当量损失系数。

依据式（3-21）~ 式（3-28）的计算结果列于表3-6。

表3-6 稳定段基础参数与计算结果一览表

基础数据	数值	管道损失计算	
		相关参数	数值
进口截面尺寸/mm	1 800×900	管道过流雷诺数	821 688.09
出口截面尺寸/mm	1 800×900	λ_{st}	0.001
全长 l_{sta} /mm	1 000	l_{st}/d_{st}	0.833
进口水力直径 d_{sta1} /mm	1 200	$\frac{1}{2}\rho u_{st}^2$	61.25
出口水力直径 d_{sta2} /mm	1 200	$\frac{F_0}{F_{sta}}$	0.5
平均水力直径 d_{sta} /mm	1 200	能量损失系数 k_{st}	0.000 833
平均流速 u_{sta}/（m/s）	10	当量损失系数 k_{0-sta}	0.000 208
蜂窝器损失计算		整流网损失计算	
相关参数	数值	相关参数	数值
过流雷诺数	821 688.09	网丝过流雷诺数	212.269
迟滞系数 β	0.039	网丝直径 d_s /mm	0.000 31
流通系数 θ	0.961	网孔长度 l_s /mm	0.001 06
k_{in}	0.039	透气系数 ε	0.500
k_f	0.175		
k_{out}	0.001 52		
能量损失系数 k_{wo}	0.216	能量损失系数 k_s	1.597
当量损失系数 k_{0-wo}	0.054	当量损失系数 k_{0-sce}	0.399

最后，稳定段的当量损失系数为气流经管道、蜂窝器、整流网三部分的当量损失系数之和，即 $k_{0-sta} = k_{0-st} + n \cdot k_{0-wo} + m \cdot k_{0-s} = 0.852$。式中，$n$、$m$ 分别为蜂窝器、整流网层数。

3.2.6 转角段能量损失估算

气流经过转角段的当量损失系数 k_{tran} 取决于管道的转弯半径 R 和当量直径 D 之比（R/D）。若管道截面是长方形，损失系数还与截面的高宽比（h/b）有关。对于圆形和方形截面，当 $R/D > 2$ 时，损失比较小并趋于稳定；对于长方形截面管道，当 $h/b > 6$ 时，损失较小并趋于稳定。NK-1 可移动式风蚀风洞的转角段截面为 1800mm×900mm 矩形，转弯半径 $R = 2610$mm，当量直径 $D = 1436$mm，则 $R/D = 1.818 < 2$，截面的高宽比 $h/b = 0.2$。设

置导流片和横隔板后，每通道相关参数见表 3-7。

表 3-7　转角段流动损失判定依据

气流通道编号	1#	2#	3#	4#
转弯半径 R/mm	2610	2385	2160	1935
转弯半径与截面宽度之比（R/b）	8.7	7.95	7.2	6.45
截面高宽比（h/b）	3	3	3	3

由表 3-7 可知，设置导流片与横隔板后，管道的转弯半径与截面宽度的比值均大于 2，截面高宽比也相应增加。

NK-1 可移动式风蚀风洞设计了 20°矩形弯管，气流经过转角段的能量损失可分为三部分：气流转弯时导致的能量损失 k_{turn1}，气流经过拐角导流片的摩擦损失 k_{turn2} 以及气流流经管道的摩擦损失 k_{turn3}。其中，k_{turn1} 即弯管部件的局部损失，参考《实用供热空调设计手册（第二版）》（建筑工业出版社，2008）中内外弧矩形弯管局部损失系数表，当截面宽高比为 0.5 时，20°矩形弯管的局部损失系数约为 0.027；k_{turn2} 按式（3-29）进行计算；k_{turn3} 参考公式（3-21）进行计算。

$$k_{turn3} = \left(0.10 + \frac{4.55}{(\lg Re_t)^{2.58}}\right) \tag{3-29}$$

式中，Re_t 为转角段气流雷诺数。

气流经转角段产生的总能量损失系数 k_{turn} 为

$$k_{turn} = k_{turn1} + k_{turn2} + k_{turn3} \tag{3-30}$$

最后由式（3-12）计算该段的当量损失系数 k_{0-tran}。转角段当量损失系数计算涉及的基础数据和计算参数见表 3-8。

表 3-8　转角段基础参数与计算结果一览表

基础数据	数值	计算参数	数值
进口截面面/m²	1.62	流动雷诺数	821688.09
出口截面面积/m²	1.62	弯管沿程阻力系数 λ_{turn}	0.0132
全长 l_{turn} /mm	911	k_{turn1}	0.027
进口水力直径 d_{turn1} /mm	1200	k_{turn2}	0.01
出口水力直径 d_{turn2} /mm	1200	k_{turn3}	0.146
平均水力直径 d_{turn} /mm	1200	$\frac{1}{2}\rho u_{turn}^2$	61.25
平均流速 u_{turn} /（m/s）	10	F_0/F_{turn}	0.5
—	—	能量损失系数 k_{turn}	0.183
—	—	当量损失系数 k_{0-turn}	0.0457

3.2.7 过渡段能量损失估算

过渡段为长 1.54 m 的天圆地方型喇叭筒体，作用是连接风机与风洞洞体，首端与动力段 $\Phi900mm$ 的圆形管道连接，末端与转角段的 $1800mm\times900mm$ 矩形管道连接，由圆形截面向矩形截面过渡。又因风机出口气流在过渡段内可进行初步调整，也可称为风机整流段。因此，过渡段是一段扩压管道，全扩散角为 16.7°。

过渡段当量损失系数的计算参照尾部扩散段当量损失系数计算式（3-19）。在空气密度 ρ 和空气动力粘度 μ 不变的情况下，过渡段相关基础参数及计算结果见表3-9。

表 3-9 过渡段基础参数与计算结果一览表

基础参数	数值	计算参数	数值
进口截面尺寸/mm	$\Phi900$	流动雷诺数	1 032 493.84
出口截面尺寸/mm	1 800×900	管道摩擦损失系数 λ_{tran}	0.013 2
全长 l_{tran}/mm	1 540	$\frac{1}{2}\rho u_{tran}^2$	126.333
进口水力直径 d_{tran1}/mm	900	F_0/F_{tran}	1.274
出口水力直径 d_{tran2}/mm	1 200	$\alpha/2$	5.564
平均水力直径 d_{tran}/mm	1 050	能量损失系数 k_{tran}	0.062
平均流速 u_{tran}/（m/s）	14.36	当量损失系数 k_{0-tran}	0.100 3

3.2.8 进气段能量损失估算

进气段的进气口为双扭线型进气唇口，由长 363mm、直径 1536mm 的进气喇叭和 $\Phi900mm\times450mm$ 的等截面圆形管道组成，如图 3-8 所示。进气段总长813mm，管道内固定有防护网、前整流罩和预扭导流片。防护网为普通 2 目不锈钢铁丝网，置于前整流罩前端，由焊接在进气段壁面的挂钩固定。前整流罩外形为半椭球体形，预扭导流片为等宽圆弧翼型。进气段的当量损失系数估算仅针对进气段管道和防护网，预扭导流片和前整流罩与动力段中的后整流罩、反扭导流片均作为风扇整流段部件，放入动力段进行估算。

气流经过进气段的能量损失主要有三部分：气流由进气喇叭口进入管道时的局部损失 k_{in1}、气流经过进气段的摩擦损失 k_{in2}、流经防护网时的局部损失 k_{in3}。

依据《高低速风洞气动与结构设计》中给出的直流式风洞的进气口入流能量损失系数估算图，查得 $k_{in1}\approx0.2$。

气流经过进气段的摩擦损失 k_{in2} 可依据管道壁面摩擦损失系数计算式（3-18）进行估算。流经防护网时的局部损失 k_{in3} 参照整流网计算方法进行估算。当量损失系数的估算中要考虑纱网所在截面面积。基础参数及计算结果列于表 3-10。

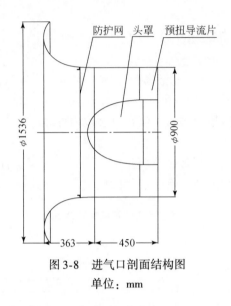

图 3-8 进气口剖面结构图

单位：mm

表 3-10 进气段基础参数与计算结果一览表

基础参数	数值	计算参数	数值
入口截面面积/m²	1.593	管道流动雷诺数	1 156 665.76
出口截面面/m²	0.636	纱网过流雷诺数	1 394.9
全长/mm	813	入流能量损失系数 k_{in1}	0.2（r/D = 0.09）
入口水力直径/mm	1424	进气段沿程阻力系数 λ_{in}	0.0129
出口水力直径/mm	900	进气段能量损失系数 k_{in2}	0.00736
管道水力直径 d_{in} /mm	900	防护网透气系数 $\varepsilon_{网}$	0.878
网目数/目	2	防护网入流能量损失系数 k_{in3}	0.158
网所在截面面积/m²	0.636	$\frac{1}{2}\rho u_{in}^2$	103.774
网丝直径 $d_{网}$/mm	0.0008	入流当量损失系数 k_{0-in1}	0.0517
网孔长度 $l_{网}$/mm	0.0127	管道当量损失系数 k_{0-in2}	0.002
管道平均流速 u_{in} /（m/s）	13.016	防护网当量损失系数 k_{0-in3}	0.215
纱网处流速 $u_{网}$/（m/s）	24.465	当量损失系数 k_{0-in}	0.269

注：F_{in} 为进气段管道的入口截面面积/m²；k_{0-in1}、k_{0-in2}、k_{0-in3} 分别为进气口、管道、防护网的当量损失系数

3.2.9 动力段能量损失估算

动力段为一直径 Φ900mm，长 1.25m 的圆形等截面管道，管道内固定有前整流罩、预扭导流片、风扇、反扭导流片和后整流罩。因此，经过动力段的气流能量损失主要包括由预扭导流片、反扭导流片及风扇桨叶、后整流罩气流分离等产生的局部损失，风机整流罩

与动力段管道间气流通道所产生的摩擦损失以及动力段管道产生的摩擦损失。其中，预扭导流片、反扭导流片及风扇桨叶等产生的局部能量损失系数 k_{dri1} 可根据风扇的流量特性曲线确定，可取为 0.156。对于风机整流罩及动力段管道能量损失系数 k_{dri2} 的计算，伍荣林和王振羽（1985）建议可以按气动流程增大一倍进行初步估算。等截面管道的能量损失主要为摩擦损失，能量损失系数可依据式（3-18）进行估算。基础参数及计算结果列于表 3-11。

表 3-11　动力段基础参数与计算结果一览表

基础参数	数值	计算参数	数值
进口截面尺寸/mm	$\Phi900$	管段平均流速 u_{dri}/（m/s）	25.465
进口截面面积/m²	0.636	流动雷诺数	1 569 304.99
出口截面尺寸/mm	$\Phi900$	λ_{dri}	0.013 3
出口截面面积/m²	0.636	局部损失系数 k_{dri1}	0.156
全长 l_{dri}/mm	1 250	整流罩、管道的损失系数 k_{dri2}	0.036 9
进口水力直径 d_{dri1}/mm	900	F_0/F_{dri}	1.274
出口水力直径 d_{dri2}/mm	900	能量损失系数 k_{dri}	0.193
平均水力直径 d_{dri}/mm	900	当量损失系数 k_{0-dri}	0.313

注：F_{dri} 为动力段管道的入口截面面积（m²）；k_{dri} 为动力段的能量损失系数；k_{0-dri} 为动力段的当量损失系数

3.2.10　风机选择

气流经实验段尾部扩散段出口后全部排入大气，动能全部损失，故排气产生的能量损失系数为 1，已知尾部扩散段出口截面为 1425mm×900mm 矩形，由式（3-11），可得排气的当量损失系数为 0.399。

由风洞总能量系数 $K_0 = \sum k_{j0}$，有

$$K_0 = k_0 + k_{0-dif} + k_{0-con} + k_{0-sta} + k_{0-turn} + k_{0-tran} + k_{0-in} + k_{0-dri} + k_{0-out} \qquad (3-31)$$

式中，k_{0-out} 为排气产生的当量损失系数。

代入相应数据，得 $K_0 = 2.197$。

考虑到风洞连接中的严密性，增加漏气损失，按总损失的 10% 计，则 $K_0 = 1.1 \times 2.197 = 2.417$，将此估算值代入式（3-14），得风洞能量比：

$$\chi_0 = \frac{1}{K_0} = 0.414$$

依据式（3-10），有

$$\Delta p = \sum \Delta p_j = \sum k_{j0} \cdot q_0 = K_0 \cdot q_0 \qquad (3-32)$$

代入相应数据，得 $\Delta p = 592.165\text{Pa}$。

依据式（3-8），有

$$N_{tunnel} = \frac{\frac{1}{2}\rho u_0^3 F_0}{\chi} \qquad (3-33)$$

以实验段入口风速和截面进行计算，代入相应数据可得风洞功率 N_{tunnel} 为 9586.957 W。

设风扇有效功率和电机的有效功率均为 80%，则电机的额定功率可由式（3-34）得到，即

$$N_{电机} = \frac{1}{\eta_{fan}} \cdot \frac{1}{\eta_{电机}} \cdot N_{tunnel} \tag{3-34}$$

代入相应数据后得 $N_{电机} = 14\,979.62$ W ≈ 15 kW

实验段风量 $Q_0 = 16.2 \text{m}^3/\text{s} = 58\,320 \text{ m}^3/\text{h}$。

由以上计算可初步确定与 NK-1 可移动式风蚀风洞配套的风机基本参数，即处理风量约 60 000m³/h，全压 600Pa，配套电机功率 15kW。选取 22kW 电机，则实验段理论风速可达到 23.2m/s（与实测一致）。

3.3　动力段设计

风洞动力段是一段直径为 Φ900mm 的等直径圆形筒体，是整个风洞的动力来源。动力段主要部件包括风扇、导流片和整流罩。风洞动力段的主要作用是协调连接风机与风洞。风机的输出气流经该段的初步调整达到近似均匀稳定的程度，以提高风机效率，也可称为整流段。NK-1 可移动式风蚀风洞的动力段由三相变频交流电动机、风扇、导流片、整流罩及气流管道组成（图3-9），是根据连接和结构要求自行设计制造的。导流片包括预扭导流片和反扭导流片。整流罩包括头罩、尾罩，其作用首先是对电机进行整流，保证风洞系统具有气动光滑的外形；同时也使风扇工作截面处的来流风速提高，由此可以提高风机效率。

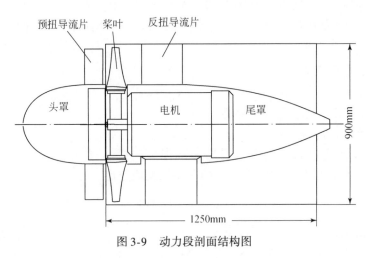

图 3-9　动力段剖面结构图

3.3.1　风扇设计

参考《风洞设计原理》中风扇设计的步骤与方法。

风扇设计的任务是确定不同半径处的桨叶剖面形状、弦长及安装角。沿半径方向，桨毂到桨尖的长度称为展长，垂直于半径方向的桨叶切面称为叶剖面，常取为机翼的翼剖面。原则是以最高的效率保证其流动所需要的总压增量，以维持风洞的正常运转。设计所需初始数据见表3-12。

表3-12 风扇设计的初始数据

参数名称	设定值	参数名称	计算式	估算值
动力段直径 d_{dri} /m	0.9	总损失系数 K_0	$K_0 = \sum k_j$	2.669 5
动力段截面面积 F_{dri} /m²	0.636	能量比 χ_0	$\chi_0 = \dfrac{1}{K_0}$	0.414
实验段面积 F_0 /m²	0.81	动力段风速 u_{dri} /(m/s)	$u_{dri} = u_0 \cdot \dfrac{F_0}{F_{dri}}$	25.465
实验段风速 u_0 / (m/s)	20	风扇效率 η	一般为 80% ~ 85%	0.8
实验段体积流量 $u_0 F_0$ / (m³/s)	16.2	桨毂风扇直径比 x_b	$x_b = \dfrac{r_b}{R}$	0.5
实验段速压 $\dfrac{1}{2}\rho u_0^2$ /Pa	245	扇前风速 u_{fan1} / (m/s)	$u_{fan1} = \dfrac{u_{dri}}{1 - x_b^2}$	31.142
桨叶直径 $d_{叶}$ /m	0.89	桨尖速度 $u_{尖}$ / (m/s)	$u_{尖} = \dfrac{u_{dri}}{\sin\varphi}$	76.46
桨盘面积 $\dfrac{1}{4}\pi d_{叶}^2$ /m²	0.622	K_{th}	$K_{th} = \dfrac{\Delta H_T}{\dfrac{1}{2}\rho u_{fan1}^2} \cdot \dfrac{1}{\eta_{fan}}$	1.245 5
电机转速 Ω/ (r/min)	1460	ΔH_T	$\Delta H_T = K_0 \cdot \dfrac{1}{2}\rho u_0^2$	591.876
桨毂直径 $d_{毂}$ /m	0.36	—	—	—

根据流体的流动情况，风机一般有离心式、轴流式、混流式和贯流式风机几种类型。内蒙古农业大学可移动式风蚀风洞就选用了轴流式风机。NK-1 可移动式风蚀风洞所配套的风扇、电机需安置于洞体内并产生轴向风源，故也选择了轴流式风机，其结构紧凑，传动系统简便，轴向动压较为平稳。一般大气环境风洞、风蚀风洞等实验段开口通向大气，故风扇位于风洞上游，动力段后部需要一个大角度扩散段和稳定段连接。

（1）风扇桨叶设计

1）风扇段管道尺寸。风扇段管道为 Φ900mm 的等截面圆管，为防止出流气流的扩散分离，风扇段管道长度应为管径的 2.5 倍或更长，故取为 1.9m 长。

2）风扇尺寸。风扇的直径即风扇段管道直径，应小于风扇段管道直径 900mm，故确定为 0.89m。

3）风扇配套电机。应选择转速较低、转速范围较宽的电机（电机转速是指电机效率最高时所对应的转速或电机的额定转速）。依据选用风机的初始参数，设计选用电机为 MDIC180L-4 型三相交流电动机，调速范围比较宽，满足设计要求。主要参数为：额定功率 22kW，额定转速 1470r/min，额定电流 46A，效率 91%，功率因数 0.88，重量 185kg。

4）风扇桨叶剖面。选择翼剖面型桨叶。因翼剖面的升阻比越大，风扇效率越高，故应选择实验雷诺数范围较宽的翼剖面桨叶，以便适应各种工作条件的需要。风扇常用的翼剖面有 Clark Y、RAF-D 和 RAF-E 等。NK-1 可移动式风蚀风洞的风扇桨叶设计选用了 RAF-E 翼型。

5）桨毂直径。桨毂用来安装桨叶片，并与风机主轴相连。桨毂直径的设计需考虑有利于提高效率。桨毂直径不宜过大，否则将因尾罩很长而增加能量损失。一般桨毂直径由桨毂和风扇直径比 x 确定，见式（3-35）。桨叶根部处半径为 r_b，x 范围一般在 0.3 ~ 0.7，桨叶尖部处 $x = 1$。

$$x = \frac{r}{R} \tag{3-35}$$

式中，r 为局部半径，是所计算的桨叶剖面相对于风扇段中心轴线的长度（m）；R 为风扇半径（m）。

NK-1 可移动式风蚀风洞风扇的桨毂直径 $d_{毂} = 0.36$m。

6）桨叶数目 N。一般桨叶数目越大，则桨叶弦长越小。但桨叶数目应适中，过多易造成运转时雷诺数的降低，效率下降。桨叶数应不小于 4 片，且为了风扇的平衡，最好为对称型，即桨叶数目最好为双数。桨叶数目 N 可按式（3-36）确定。

$$N = \frac{6x_b}{1 - x_b} \tag{3-36}$$

式中，N 为桨叶数目（片）；r_b 为桨叶根部处半径（m）。

考虑风扇桨毂直径为 0.36m，设桨叶根部处半径 $r_b = 0.19$m，则 $N = 4.47$ 片，故取为 6 片。

（2）桨叶的设计参数确定

桨叶的设计参数主要有桨叶升力系数 C_L、弦长 c 和安装角 ξ。

1）基本设计参数。风扇设计中常用的基本参数是气流的旋转系数 ε 和前进比 λ，计算公式分别为式（3-37）和式（3-38）。

$$\varepsilon = \frac{\bar{\omega} r}{u_r} \tag{3-37}$$

式中，ε 为气流的旋转系数；$\bar{\omega}$ 为半径为 r 处气流的旋转角速度（rad/s）；u_r 为轴向速度。

$$\lambda = \frac{u_r}{\Omega r} \tag{3-38}$$

式中，λ 为前进比；u_r 为给定半径 r 处气流的轴向速度（m/s）；Ω 为风扇叶片的转动速度（rad/s）。一般 $\lambda = 0.6 ~ 1.2$ 时，风扇能达到较高的效率，λ 减小则效率急剧降低，因此 $\lambda \geqslant 0.2$。

2）桨叶剖面升力系数 C_L 的确定。作用在桨叶剖面的升力和阻力可由流体静力学得到。桨叶剖面升力系数 C_L 和阻力系数 C_D 的表达式分别为式（3-39）和式（3-40）。

$$C_L = 2\frac{s}{c}(\varepsilon_s + \varepsilon_p)\sin\varphi \tag{3-39}$$

式中，C_L 为桨叶剖面升力系数，该值在叶片根部最大，叶尖处最小；c 为叶剖面弦长（m）；s 为相邻两片桨叶之间的圆周距离（m）；ε_s 为反扭导流片的气流旋转系数，是风扇后因风扇旋转而引起的气流旋转，以风扇旋转方向为正；ε_p 为预扭导流片的气流旋转系数，以风扇旋转的反方向为正。

$$C_D = \frac{s}{c}k_R\sin^3\varphi \tag{3-40}$$

式中，C_D 为桨叶剖面阻力系数；k_R 为风扇的能量损失系数；φ 为前进角，为气流合速度与桨叶旋转平面间夹角（°）。

依据风洞能量比 $\chi_0 = 0.414$，风扇系统提供的总压增量 ΔH_T 计算式由风扇流动方程获得：

$$\Delta H_T = \frac{\frac{1}{2}\rho u_0^2}{\chi_0} \tag{3-41}$$

式中，ΔH_T 为风扇系统提供的总压增量（Pa）；χ_0 为 NK-1 可移动式风蚀风洞的能量比；u_0 为风洞实验段气流流速（m/s）。

代入基础相关数据得：$\Delta H_T = 591.876$

建立 ΔH_T 的无量纲式（3-42）：

$$K_{th} = \frac{\Delta H_T}{\frac{1}{2}\rho u_r^2} \cdot \frac{1}{\eta_{fan}} = \frac{k_{th}}{\eta_{fan}} \tag{3-42}$$

式中，K_{th} 为风扇前后总压理论增量的无量纲数；k_{th} 为风扇的总压增量系数。

将式（3-42）代入相应数据得：$K_{th} = 1.2455$。

风扇自电动机吸收的能量表现为风扇的转动能，与风扇转动的扭矩 dL 和角速度 Ω 有关。假设风扇效率为 100%，则电机的输出能量将通过风扇全部传给气流，并转化为气流的总压升高，该增量即为总压升高的理论值。因此，经过风扇系统的总压增量 ΔH 应为总压理论的升高值 Δh_{th}，减去风扇损失 Δh_f、预扭导流片 Δh_p 和反扭导流片损失 Δh_s，如式（3-43）所示。

$$\Delta H = \Delta h_{th} - \Delta h_f - \Delta h_p - \Delta h_s \tag{3-43}$$

将式（3-43）两边同除以 $\rho u^2/2$（动压）转变为无量纲形式，如式（3-44）所示。

$$\frac{\Delta H}{\frac{1}{2}\rho u^2} = \frac{\Delta h_{th}}{\frac{1}{2}\rho u^2} - \frac{\Delta h_f}{\frac{1}{2}\rho u^2} - \frac{\Delta h_p}{\frac{1}{2}\rho u^2} - \frac{\Delta h_s}{\frac{1}{2}\rho u^2} = K_{th} - K_f - K_p - K_s \tag{3-44}$$

式中，u 为气流的轴向速度（m/s）；K_{th}、K_f、K_p、K_s 分别为总压理论增量系数、风扇压力损失系数、预扭导流片压力损失系数、反扭导流片压力损失系数。

风扇系统中，在环形通道半径为 r，圆环宽度为 dr 的微圆环内，建立如式（3-46）所示的平衡式，表明风扇从动力机械吸收的能量表现为风扇的转动能，等于风扇转动的角速度乘以各片桨叶的扭矩之和。而在这个微圆环内，则为角速度乘以各个桨叶剖面的微元扭矩之和 dL。其中，dL 可以从气流经过风扇后的角动量变化得到，设风扇前的旋转角速度为 $\overline{\omega}_p$，风扇后变为 $\overline{\omega}_s$，dL 可表示为式（3-45）。

$$dL = \rho u 2\pi r dr \left(\overline{\omega}_p + \overline{\omega}_s\right)^2 \tag{3-45}$$

$$\Omega dL = \Delta h_{th} \cdot 2\pi r dr u \tag{3-46}$$

式中，dL 为风扇扭矩，是各桨叶剖面的微元扭矩之和；Ω 为风扇转动角速度（rad/s）。

将式（3-45）和式（3-46）两式联立，并以总压的理论增量 Δh_{th} 的无量纲数 K_{th} 代入后，得到式（3-47）。

$$K_{th} = \frac{2}{\lambda}(\varepsilon_s + \varepsilon_p) \tag{3-47}$$

以 $x = r/R$ 为自变量沿半径方向从桨叶根部（桨毂）到桨叶尖部进行积分，即由 $x = x_b = r_b/R$ 到 $x = 1$ 积分，增量为 0.05 进行试算。当 $\varepsilon_p = 0.2$，可以得到前进比 λ、总推力系数、扭矩系数、旋转系数 ε、前进角 φ 等参数，见表 3-13。

表 3-13　风扇叶片基础参数试算表

r/R	剖面 r	$\lambda = u_r/\Omega r$	ε_s/rad	ε_p/rad	$\tan\varphi = \dfrac{\lambda}{1 - 0.5(\varepsilon_s - \varepsilon_p)\lambda}$	φ /（°）
0.5	0.223	0.915	0.370	0.200	0.993	44.791
0.55	0.245	0.832	0.318	0.200	0.875	41.196
0.6	0.267	0.763	0.275	0.200	0.785	38.145
0.65	0.289	0.704	0.239	0.200	0.714	35.522
0.7	0.312	0.654	0.207	0.200	0.655	33.242
0.75	0.334	0.610	0.180	0.200	0.607	31.241
0.8	0.356	0.572	0.156	0.200	0.565	29.470
0.85	0.378	0.538	0.135	0.200	0.529	27.892
0.9	0.401	0.509	0.117	0.200	0.498	26.475
0.95	0.423	0.482	0.100	0.200	0.470	25.196
1	0.445	0.458	0.085	0.200	0.446	24.036

引入参数实度 σ，它表示叶剖面弦长 c 与相邻两片桨叶之间的圆周距离 s 的比值，表达式见式（3-48）和式（3-49）。

$$\sigma = \frac{c}{s} = \frac{cN}{2\pi r} \tag{3-48}$$

$$C_L\sigma = 2(\varepsilon_s + \varepsilon_p)\sin\varphi \tag{3-49}$$

由式（3-49）可以得到 $C_L\sigma$ 值。与扭矩系数 C_L 一样，$C_L\sigma$ 值在桨毂处最大，叶尖处最小，所以令 $C_L = 0.9 \sim 0.4$，r/R 增量为 0.05 进行试算，以获得实度 σ、弦长 c、迎角 α 等参数，见表 3-14。

表3-14 风扇叶片设计参数试算表

r/R	$C_L\sigma$	C_L 取值	实度 σ	升力线斜率	迎角 a / (°)	安装角 β / (°)	弦长 C /mm
0.5	0.521	0.900	0.58	0.1209	2.04	46.84	0.135
0.55	0.419	0.850	0.49	0.1209	1.63	42.83	0.126
0.6	0.340	0.800	0.42	0.1209	1.22	39.36	0.119
0.65	0.277	0.750	0.37	0.1209	0.80	36.33	0.112
0.7	0.227	0.700	0.32	0.1209	0.39	33.63	0.106
0.75	0.187	0.650	0.29	0.1209	−0.02	31.22	0.100
0.8	0.154	0.600	0.26	0.1209	−0.44	29.03	0.096
0.85	0.127	0.550	0.23	0.1209	−0.85	27.04	0.091
0.9	0.104	0.500	0.21	0.1209	−1.26	25.21	0.087
0.95	0.085	0.450	0.19	0.1209	−1.68	23.52	0.084
1	0.069	0.400	0.17	0.1209	−2.09	21.94	0.081

参照伍荣林和王振羽（1985）给出的建议，取值原则如下：①叶片无相互干扰现象，$C_L\sigma < 1$；②反扭导流片或预扭导流片正常工作，必须保证桨叶根部最大的 $\varepsilon_s < 1$ 或 $\varepsilon_p < 1.5$；③C_L 在 0.8 左右时，可以获得较高的效率；④迎角的确定要保证叶片上不出现分离或失速。

（3）桨叶的外形轮廓

采用试算法。选定桨叶剖面，利用翼型剖面气动力实验特性经验数据进行试算。NK-1 可移动式风蚀风洞风扇轮毂与桨叶示意图如图 3-10 所示。

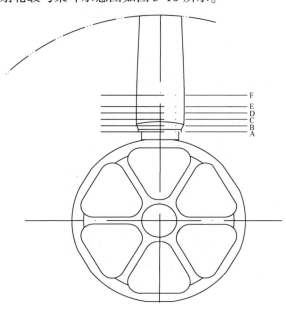

图 3-10 风扇轮毂与桨叶示意图

如图 3-10 所示，由桨叶根部向叶尖方向选取翼剖面 A、B、C、D、E、F 进行试算（表 3-15），可获得桨叶坐标数据与弦长。

表 3-15　桨叶翼型坐标数据试算表　　　　（单位：mm）

剖面号		A		B		C		D		E		F	
距轴心距离		193		206		220		234		248		273	
距桨毂根部距离		0		13		27		41		55		80	
弦长		163		150		137		125		112		87	
与桨叶前缘距离 X	距上表面距离 Y	X	Y	X	Y	X	Y	X	Y	X	Y	X	Y
0.000	0.0115	0.0	1.9	0.0	1.7	0.0	1.6	0.0	1.4	0.0	1.3	0.0	1.0
0.025	0.0442	4.1	7.2	3.8	6.6	3.4	6.1	3.1	5.5	2.8	5.0	2.2	3.8
0.050	0.061	8.2	9.9	7.5	9.2	6.9	8.4	6.3	7.6	5.6	6.8	4.4	5.3
0.100	0.0809	16.3	13.2	15.0	12.1	13.7	11.1	12.5	10.1	11.2	9.1	8.7	7.0
0.150	0.0928	24.5	15.1	22.5	13.9	20.6	12.7	18.8	11.6	16.8	10.4	13.1	8.1
0.200	0.099	32.6	16.1	30.0	14.9	27.4	13.6	25.0	12.4	22.4	11.1	17.4	8.6
0.300	0.103	48.9	16.8	45.0	15.5	41.1	14.1	37.5	12.9	33.6	11.5	26.1	9.0
0.400	0.1022	65.2	16.7	60.0	15.3	54.8	14.0	50.0	12.8	44.8	11.4	34.8	8.9
0.500	0.098	81.5	16.0	75.0	14.7	68.5	13.4	62.5	12.3	56.0	11.0	43.5	8.5
0.600	0.0898	97.8	14.6	90.0	13.5	82.2	12.3	75.0	11.2	67.2	10.1	52.2	7.8
0.700	0.077	114.1	12.6	105.0	11.6	95.9	10.5	87.5	9.6	78.4	8.6	60.9	6.7
0.800	0.0591	130.4	9.6	120.0	8.9	109.6	8.1	100.0	7.4	89.6	6.6	69.6	5.1
0.900	0.0379	146.7	6.2	135.0	5.7	123.3	5.2	112.5	4.7	100.8	4.2	78.3	3.3
0.950	0.0258	154.9	4.2	142.5	3.9	130.2	3.5	118.8	3.2	106.4	2.9	82.7	2.2
1.000	0.0076	163.0	1.2	150.0	1.1	137.0	1.0	125.0	1.0	112.0	0.9	87.0	0.7
前缘半径	0.0115	—	1.9	—	1.7	—	1.6	—	1.4	—	1.3	—	1.0
后缘半径	0.0076	—	1.2	—	—1.1	—	—1.0	—	—1.0	—	—0.9	—	0.7

由表 3-15 试算得到的 X、Y 坐标数据，可确定风扇的翼型桨叶弦长及外形轮廓，如图 3-11 所示。图中虚线部分为叶片轮廓投影最小包络矩形。

（4）桨叶推力和扭矩

气流经过风扇后将产生与风扇旋转方向一致的速度，这一速度来自于风扇的推动力和

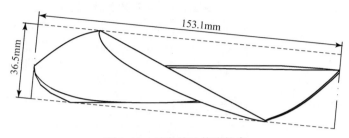

图 3-11　风扇桨叶外形轮廓

扭矩。桨叶的推力和扭矩的计算是为计算风扇转动系统的强度和刚度，作为选择电机和传动轴承、止推轴承以及支持系统的理论依据。

桨叶推力系数 f_{fan} 和扭矩系数 q_{fan} 的计算公式分别引用经验公式（3-50）~式（3-52）：

$$f_{\text{fanp}} = K_{\text{th}}\left(1 - \frac{K_{\text{f}}}{K_{\text{th}}}\right)(1 - x_{\text{b}}^2) - \frac{1}{2}K_{\text{th}}\lambda^2\ln x_{\text{b}} \tag{3-50}$$

$$f_{\text{fans}} = K_{\text{th}}\left(1 - \frac{K_{\text{f}}}{K_{\text{th}}}\right)(1 - x_{\text{b}}^2) + \frac{1}{2}K_{\text{th}}\lambda^2\ln x_{\text{b}} \tag{3-51}$$

$$q_{\text{fan}} = \lambda K_{\text{th}}(1 - x_{\text{b}}^2) \tag{3-52}$$

其中，式（3-50）是仅考虑反扭导流片（$\varepsilon_{\text{p}} = 0$）时导出的推力系数；式（3-51）则是仅考虑预扭导流片（$\varepsilon_{\text{s}} = 0$）时导出的。可见，式（3-50）和式（3-51）右边第二项的大小相等，方向相反，故认为风扇桨叶推力系数表达式为

$$f_{\text{fan}} = K_{\text{th}}\left(1 - \frac{K_{\text{f}}}{K_{\text{th}}}\right)(1 - x_{\text{b}}^2) \tag{3-53}$$

由此，桨叶推力和扭矩计算公式分别为式（3-54）和式（3-55）：

$$P = f_{\text{fan}} \cdot \frac{1}{2}\rho u^2 \pi R^2 \tag{3-54}$$

$$M = \frac{1}{2}\rho u^2 \pi R^3 \lambda K_{\text{th}}(1 - x_{\text{b}}^2) \tag{3-55}$$

考虑式（3-38），则

$$M = \frac{1}{2\Omega}\rho u^3 \pi R^2 K_{\text{th}}(1 - x_{\text{b}}^2) \tag{3-56}$$

代入相应数据，得到：推力系数 $f_{\text{fan}} = 0.914$，扭矩系数 $q_{\text{fan}} = 0.453$，推力 $P = 337.82\text{N}$，扭矩 $M = 76.66\text{N} \cdot \text{m}$，则风扇功率：

$$W = M \cdot \Omega = \frac{1}{2\Omega}\rho u^3 \pi R^2 K_{\text{th}}(1 - x_{\text{b}}^2) \cdot \Omega = \frac{1}{2}\rho u^3 \pi R^2 K_{\text{th}}(1 - x_{\text{b}}^2) \tag{3-57}$$

代入相应数据得：$W = 11\ 720.623\ \text{W} \approx 12\ \text{kW}$

在 $r/R = 0.75$ 翼剖面处，风扇叶片的设计参数见表 3-16。

表 3-16　桨叶中间剖面处设计参数

参数名称	参数值	参数名称	参数值
升力系数 C_L	0.650	叶片数量 N	6
阻力系数 C_D	0.016	推力系数 f_{fan}	1.914
$C_L\sigma$	0.187	扭矩系数 q_{fan}	0.453
前进比 λ	0.610	推力 P/N	337.82
前进角 $\varphi/(°)$	31.241	扭矩 $M/(N\cdot m)$	76.66
弦长 c/mm	100	效率损失 k_R/K_{th}	0.027
安装角 $\beta/(°)$	31.22	功率 W/kW	11.721
总压升高理论数 K_{th}	1.245	η_{fan}	0.817

3.3.2　导流片设计

风扇导流片有预扭导流片和反扭导流片两种类型。预扭导流片和反扭导流片都是为了消除气流的旋转，只是作用方式不同。预扭导流片安装在风扇的前端，与风扇旋转方向相反；反扭导流片安装在风扇后面，当气流通过风扇叶片时，由于桨叶旋转的诱导作用，气流将获得一个与风扇旋转方向相同的旋转速度。反扭导流片的作用就在于消除气流的旋转，使气流做单一的轴向运动；把气流的旋转动能转变为压力能，提高风扇系统的总效率。气流通过反扭导流片后，轴向速度不变，而旋转分速度消失，完成减速、扩压的过程。

3.3.2.1　预扭导流片设计

（1）升力系数 C_L 的确定

如图 3-12 和图 3-13 所示，风扇叶剖面后方由于叶片旋转所诱导的旋转速度为 $\overline{\omega}_p \cdot r$，而反扭导流片是固定的，所以气流的相对旋转速度为 $(\overline{\omega}_p \cdot r)/2$，则相对来流 u_{dri} 与假想的叶片旋转平面间夹角 φ_p 有式（3-58）和式（3-59）：

$$\tan\varphi_p = \frac{2}{\varepsilon_p} \tag{3-58}$$

$$\frac{s_p}{c_p} = \frac{1}{\varepsilon_p \sin\varphi_p} \tag{3-59}$$

式中，s_p 为预扭导流片周向距离（m），$s_p = 2\pi r/N_p$；c_p 为预扭导流片弦长（m）；N_p 为预扭导流片叶片数量（片）。

当 $\varepsilon_p = 0.2$ 时，得 $\varphi_p = 84.289°$，$s_p/c_p = 5.02$，代入式（3-60）和式（3-61），得

$$C_L = 2\frac{s_p}{c_p}\varepsilon_p \sin\varphi_p \tag{3-60}$$

$$C_D = \frac{s_p}{c_p} k_p \sin^3 \varphi_p \tag{3-61}$$

得 $c_p = 0.06$。

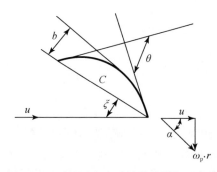

图 3-12　预扭导流片设计参数分解示意图

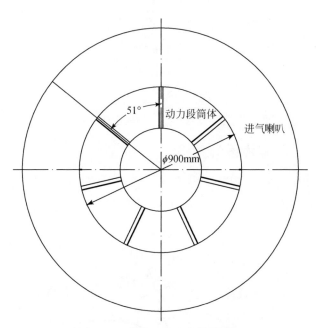

图 3-13　预扭导流片安装位置图

(2) 压力损失系数 k_p 的确定

仅考虑预扭导流片（$\varepsilon_s = 0$）时，将预扭导流片的升阻比：

$$\gamma_p = \frac{C_L}{C_D} = \frac{2\varepsilon_p}{k_p \sin^2 \varphi_p} \tag{3-62}$$

代入式（3-47），得

$$\frac{k_p}{K_{th}} = \frac{\frac{C_D}{C_L} \cdot \lambda}{\sin^2 \varphi_p} \tag{3-63}$$

式中，k_p 为预扭导流片的压力损失系数。

取 $C_L = 2$，$C_D = 0.088$，得 $k_p / K_{th} = 0.027$。

（3）弦线安装角 ξ_p 的确定

由图 3-12 可知，

$$\theta_p = \alpha_p + \delta_p \tag{3-64}$$

式中，θ_p 为预扭导流片的圆弧角（°）；α_p 为预扭导流片的气流偏转角（°），$\alpha_p = \arctan(\varepsilon_p) = 11.31°$；$\delta_p$ 为预扭导流片的出流角（°）。

依据表 3-13，在 $r/R = 0.75$ 的翼剖面处，$\varepsilon_p = 0.2$；当预扭导流片数量 N_p 取 7 时，$s_p = 0.32$，$c_p = 0.06$，代入式（3-65）和式（3-66）。

$$\theta_p = \frac{\alpha_p}{1 - 0.20 \sqrt{\frac{s_p}{c_p}}} \tag{3-65}$$

$$\xi_p = \frac{\theta_p}{2} \tag{3-66}$$

最终可以确定预扭导流片的弦线安装角 $\xi_p = 10.251°$。

3.3.2.2 反扭导流片设计

反扭导流片设计如图 3-14 和图 3-15 所示。反扭导流片的设计计算步骤与方法同预扭导流片，相关计算公式为

$$\tan \varphi_s = \frac{2}{\varepsilon_s} \tag{3-67}$$

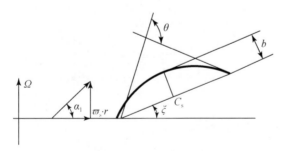

图 3-14　反扭导流片设计参数分解示意图

式中，φ_s 为来流 u_{dri} 与假想的叶片旋转平面间夹角（°）。

相关的计算公式包括式（3-68）~ 式（3-72）：

$$C_L = 2 \frac{s_s}{c_s} \varepsilon_s \sin \varphi_s \tag{3-68}$$

$$C_D = \frac{s_s}{c_s} k_s \sin^3 \varphi_s \tag{3-69}$$

$$\gamma_s = \frac{C_L}{C_D} = \frac{2\varepsilon_s}{k_s \sin^2 \varphi_s} \tag{3-70}$$

$$\frac{k_s}{K_{th}} = \frac{\dfrac{C_D}{C_L} \cdot \lambda}{\sin^2 \varphi_s} \tag{3-71}$$

式中，k_s 为反扭导流片的压力损失系数；s_s 为反扭导流片周向距离（m），$s_s = 2\pi r / N_s$；N_s 为反扭导流片叶片数量（片）；c_s 为反扭导流片弦长（m）。

$$\theta_s = \alpha_s + \delta_s \tag{3-72}$$

式中，θ_s 为反扭导流片的圆弧角（°）；α_s 为反扭导流片的气流偏转角（°），$\alpha_s = \arctan(\varepsilon_s)$ = 10.204°；δ_s 为反扭导流片的出流角（°）。

在 $r/R = 0.75$ 的翼剖面处，$\varepsilon_s = 0.18$；当反扭导流片数量 N_s 取 7 时，$s_s = 0.30$，$c_s = 0.05$，代入式（3-73）和式（3-74）。

$$\theta_s = \frac{\alpha_s}{1 - 0.26\sqrt{\dfrac{s_s}{c_s}}} \tag{3-73}$$

$$\xi_s = \alpha_s - \frac{\theta_s}{2} \tag{3-74}$$

可以确定反扭导流片的弦线安装角 $\theta_s = 26.44°$，$\xi_s = -3.016°$。

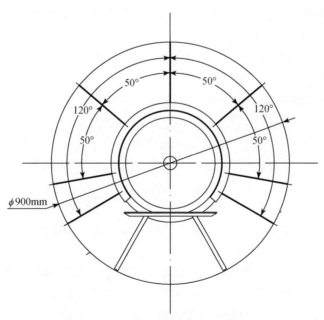

图 3-15　反扭导流片安装位置图

由图 3-15 可以看到，反扭导流片数量为 7 片，因受动力段内置电动机支撑架的影响，反扭导流片安装时并非沿圆周均匀排列。现将 $r/R = 0.75$ 翼剖面处的预扭导流片和反扭导流片的设计参数列入表 3-17。

表 3-17 导流片设计参数表

参数名称	预扭导流片	反扭导流片	参数名称	预扭导流片	反扭导流片
叶片数 N /片	7	7	弦线安装角 ζ / (°)	10.251	−3.016
旋转系数 ε	0.20	0.18	气流偏转角 α / (°)	11.31	10.204
周向距离 s /m	0.32	0.30	圆弧角 θ / (°)	20.501	26.44
弦长 c /m	0.06	0.05	升力系数 C_L	2	2
实度 σ	0.199	0.179	阻力系数 C_D	0.088	0.088
前进角 φ	84.289	84.857	效率损失 $\dfrac{k_P}{K_{th}}$		0.027

3.3.3 整流罩设计

(1) 整流罩外形及尺寸的确定

动力段内整流罩的首要作用是保证风扇系统有气动光滑的外形轮廓，一般由头罩、柱段（中罩）和尾罩三部分组成。

流线型的光滑头罩可使来流均匀地导入风扇截面，起到均匀加速气流、以避免流线分离、减小入口能量损失和提高进风效率的作用。头罩的设计要求较为简单，一般流线型外形和光滑的表面即可达到其性能要求。

柱段部分依据具体需要设定，其长度主要根据桨毂、预扭导流片和反扭导流片的长度、电机尺寸等确定。

尾罩用来缓慢扩散气流，使气流速度减小，压力增加，并应尽量减少气流的分离损失。尾罩是整流罩中产生压力损失最大的部分，对风机效率影响较大，其长度根据桨毂直径来确定。尾罩的设计要求较高，气流通过尾罩的流动过程相当于通过一个扩张管道的过程，易产生流动分离，故而要求精细设计，以减小整流罩的损失系数。为防止气流因流动管道的扩张而引起的流动分离，尾罩需要足够的长度。因此尾罩旋成体的长径比 $[f = l/2r$，为旋成体长度 l 与旋成体最大直径（ $2r$ ）之比] 是其关键的设计参数，决定了管道的扩散程度。长径比过小，管道扩散角太大，容易产生流动分离；长径比过大，则动力段管道过长，摩擦损失增大且不经济。

NK-1 可移动式风蚀风洞整流罩的头罩和尾罩的外形轮廓均参照伍荣林和王振羽（1985）推荐的设计方法。即选取任一种流线型旋成体的头部作为头罩外形，旋成体的尾部作为尾罩外形，再根据动力段长度等要求修订旋成体坐标。

伍荣林和王振羽（1985）推荐的流线型旋成体的方程表达式为

$$\left(\frac{x}{L} - 0.4\right) + 0.0679\left(\frac{r}{R'}\right)^2 + 0.2921\,\frac{r}{R'} = 0.36 \qquad 0.4 \leqslant x/L \leqslant 1.0 \qquad (3\text{-}75)$$

$$\left(\frac{x}{L} - 0.4\right)^2 + 0.16\left(\frac{r}{R'}\right)^2 = 0.16 \qquad 0 \leqslant x/L \leqslant 0.4 \tag{3-76}$$

式中，L 为整流罩全长（柱段长度除外）（mm）；R' 为整流罩最大半径（mm）；r 为与轴向距离 x 对应处截面半径（mm）。

依据 3.2 节风洞洞体设计内容，NK-1 可移动式风蚀风洞的动力段筒体直径为 900mm，长 1.25m。参考伍荣林的建议，头罩的旋成体长细比为 1.8 时阻力最小，达到 1.2 即可；尾罩的旋成体长细比为 3 时阻力最小。由头罩、尾罩所在管段的长度和推荐的长细比进行试算，有：头罩旋成体最大直径 $R'_1 = 500/1.2 = 416.667$（mm）；尾罩旋成体最大直径 $R'_2 = 1250/3 = 416.667$（mm）。

依据计算结果初步确定头罩和尾罩的最大截面圆直径为 420 mm。因考虑到风扇电机外形尺寸等要求，NK-1 可移动式风蚀风洞整流罩的最大截面圆直径取为 450 mm。设计的整流罩头罩和尾罩的流线型旋成体坐标值参见表 3-18。

表 3-18　整流罩的流线型旋成体坐标　（单位：mm）

项目	头罩流线型旋成体的坐标										
x	0	12.5	25	50	100	150	200	250	300	350	400
x/L	0	0.009 26	0.019	0.037 04	0.074	0.111	0.148	0.185	0.222	0.259	0.296
r	0	60	85	119	159	184	201	212	219	223	225
r/R'	0	0.267	0.378	0.529	0.707	0.818	0.893	0.942	0.973	0.991	1.00
项目	尾罩流线型旋成体的坐标										
x	500	600	700	800	900	1 000	1 100	1 200	1 300	1 350	
x/L	0.370	0.444	0.519	0.593	0.667	0.741	0.815	0.889	0.963	1.00	
r	221	215	205	189	168	142	109	69	25	0	
r/R'	0.982	0.956	0.911	0.840	0.747	0.631	0.484	0.307	0.111	0	

注：旋成体总长 $L = 1350$mm，旋成体最大直径 $R' = 450$mm

如图 3-16 所示，头罩部分长 400mm，中间柱段部分长 400mm，尾罩为施工方便，切去末尾长 50mm 的尖角部分，尾罩总长 900mm。整流罩下部缺口部分为预留的风扇配套电动机支撑平台安装位置。

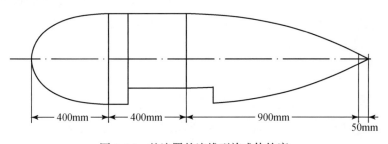

图 3-16　整流罩的流线型旋成体轮廓

（2）压力损失系数

气流经过尾罩时，动能减小，压力增加，类似于扩压管道。依据总压损失系数的定

义，整流罩总压损失系数 K_d 表示为

$$K_d = \frac{\Delta H_d}{\frac{1}{2}\rho u_{f2}^2}\tag{3-77}$$

式中，K_d 为整流罩的总压损失系数；u_{f2} 为风扇后轴向风速（m/s）；ΔH_d 为该段的总压损失（Pa）。

进一步可表示为

$$\frac{k_d}{K_{th}} = \frac{(1-\eta_d)}{K_{th}}x_b^2(2-x_b^2)\tag{3-78}$$

式中，η_d 为尾罩所在管段的扩压效率。

当管道中无严重影响流动分离的因素时，η_d 一般在 $0.8 \sim 0.85$，在此设计取 0.8 进行计算，得 $K_d/K_{th} = 0.0532$。

3.3.4　风扇效率校核

由于桨叶各剖面引起的损失分布不均匀，故在设计过程中，选择桨叶中间位置剖面进行损失计算，并假定此损失均匀分布于整个桨叶。

流经风扇后的气流将遇到阻力而损失能量，表现为气流实际的总压增值将低于理论值 ΔH_T。气流经过预扭导流片、反扭导流片、整流罩等均会造成压力损失，因此风扇效率 η_{fan} 可表示为

$$\eta_{fan} = \frac{K_{th} - K_f}{K_{th}} = 1 - \frac{K_f}{K_{th}}\tag{3-79}$$

式中，K_f 为由风扇引起的压力损失系数。

气流经过风扇桨叶的总阻力 C_D，包括剖面型阻 C_{Dp}、二次阻力 C_{Ds} 和环形阻力 C_{DA}。

1）型阻 C_{Dp}。在常用的翼型及升力系数范围内，型阻 C_{Dp} 在 $0.01 \sim 0.02$ 范围内。开始估算效率时可粗略取 $C_{Dp} = 0.016$。

2）二次阻力 C_{Ds}。对于翼型桨叶，二次阻力 C_{Ds} 可由式 $C_{Ds} = 0.018C_L^2$ 进行简单计算。

3）环行阻力 C_{DA}。环形阻力与旋转气流扫过风洞管道表面及桨毂表面的摩擦阻力有关。气流流经风扇后，由于存在逆压梯度使附面层增厚，旋转气流也会引起附面层状态紊流，从而造成流动阻力。对于翼型桨叶剖面，C_{DA} 较小，可按照经验数据取值为 0.02。

则由总阻力引起的效率损失表达式为

$$\frac{K_f}{K_{th}} = \left(\frac{C_{Dp}}{C_L} + 0.018C_L\right)\frac{\lambda}{\sin^2\varphi} + 0.02\tag{3-80}$$

参照表 3-14，取中间位置 $r/R = 0.75$ 的翼剖面，此时 $\varphi = 31.241°$，升力系数 $C_L = 0.65$，升阻比 $\lambda = 0.61$，代入式（3-80）得 $K_f/K_{th} = 0.1024$。

气流经过导流片的压力损失系数 $K_p/K_{th} = 0.027$（计算详见 3.3.2 节导流片设计）。由整流罩带来的压力损失系数 $K_d/K_{th} = 0.0532$，则总损失率为 K_f/K_{th}、K_p/K_{th}、K_d/K_{th} 三部分的加和，即

$$\eta_{\text{fan}} = \frac{K_{\text{T}}}{K_{\text{th}}} = 1 - \left(\frac{K_{\text{f}}}{K_{\text{th}}} + \frac{K_{\text{p}}}{K_{\text{th}}} + \frac{K_{\text{d}}}{K_{\text{th}}} \right) \tag{3-81}$$

代入相应数据得 $\eta_{\text{fan}} = 1 - (0.1024 + 0.027 + 0.0532) = 0.817$。

在动力段设计中预设的 $\eta_{\text{fan}} = 0.8$，则计算值与假定值的差值为 $0.017 < 0.03$。因此可以认为，NK-1 可移动式风蚀风洞的设计参数可行。

参 考 文 献

陈智，麻硕士，范贵生．2007．农牧交错区地表土壤风蚀物垂直分布规律研究．农机化研究，1（4）：102-105．

范贵生．2005．可移动式风蚀风洞设计及其空气动力学性能研究．内蒙古：内蒙古农业大学博士学位论文．

盖晓磊，李光里，张宏．2011．可移动式风蚀风洞的设计与研究．沈阳航空航天大学学报，28（3）：27-32．

贺大良，邹本功，李长治，等．1986．地表风蚀过程风洞实验的初步研究．中国沙漠，6（1）：25-31．

胡孟春，刘玉璋，乌兰，等．1991．科尔沁沙地土壤风蚀的风洞实验研究．中国沙漠，11（1）：22-29．

姬亚芹．2008．地学基础．北京：化学工业出版社．

李钢，徐燕骥，鲍铁铸，等．2008．低速风洞收缩段设计加工与流动数值模拟．科技导报，26（23）：27-29．

李国文，徐让书．2009．风洞收缩段曲线气动性能研究．实验流体力学，23（4）：73-77．

李会知，关罳，关冰．2002．风洞模拟大气边界层的数据处理．郑州大学学报，23（4）：64-67．

李敏霞，李秀辉，陈佩寒．2010．一种实用的维多辛斯基曲线风洞收缩段展开方法研究．应用能源技术（8）：1-4．

李晓丽，申向东．2006．裸露耕地土壤风蚀跃移颗粒分布特征的实验研究．农业工程学报，22（5）：74-77．

李振山，倪晋仁，王光谦．2001．风洞边壁对挟沙气流的分布影响．泥沙研究，1（5）：27-32．

廖海黎．2011．大型边界层风洞的发展及其在风工程中的应用．中国结构风工程研究 30 周年纪念大会：22-23．

林超强，苏耀西，洪流．1991．矩形风洞收缩段流场的计算和分析．空气动力学学报，9（4）：379-385．

刘庆宽．2011．多功能大气边界层风洞的设计与建设．实验流体力学，25（3）：66-70．

刘晓静．2007．北京地区农田风蚀与 PM_{10} 测试与控制．北京：中国农业大学博士学位论文．

刘玉璋，董光荣，李长治，等．1992．影响土壤风蚀主要因素的风洞实验研究．中国沙漠，12（4）：41-48．

戚隆溪，王柏懿．1996．土壤侵蚀的流体力学机制——风蚀．力学进展，26（1）：41-55．

戚隆溪，陈强，王柏懿．2002．含尘大气近地层流底层流动特性及其摩阻系数．中国沙漠，22（3）：237-241．

荣姣凤，张海涛，毛宁．2004．土壤风蚀量随风速的变化规律研究．干旱地区农业研究，22（2）：149-153．

荣姣凤．2004．移动式风蚀风洞研制与应用．北京：中国农业大学博士学位论文．

申向东，张雅静．2007．阴山北麓耕地地表空气动力学粗糙度的实验研究．农业环境科学学报，26（z1）：569-573．

王洪涛，董治宝，钱广强，等．2003．关于风沙流中风速廓线的进一步实验研究．中国沙漠，23（6）：

721-724.

王升堂，赵延治，邹学勇，等.2005.北京郊区不同土地利用类型起沙起尘的特征研究.地理科学，25（5）：601-605.

王文奎，石柏军.2008.低速风洞洞体设计.机床与液压，36（5）：93-95.

王喜魁.1996.风洞收缩段新壁型的研究.流体机械，24（8）：23-25.

王元，吴延奎，王桂华，等.1994.塔克拉玛干沙漠南缘流沙起动风速实验研究.西安冶金建筑学院学报，26（2）：129-133.

王元，张鸿雁.1994.大气表面层与风沙现象相似参数的研究.中国沙漠，14（1）：10-16.

吴宗成，陈晏清，万曦.1998.水洞收缩段流场的数值模拟及优选.北京航空航天大学学报，24（3）：315-318.

伍荣林，王振羽.1985.风洞设计原理.北京：北京航空航天学院出版社.

解以扬，刘学军.2003.天津气象塔风温梯度观测资料的统计特征.气象，29（1）：12-16.

宣捷.1998.底层大气中固体粒子运动及其物理模拟.环境科学学报，18（4）：350-354.

赵宏亮，侯立白，王萍，等.2006.彰武农田风蚀物垂直分布规律的研究.水土保持研究，13（2）：150-152.

赵宏亮，侯立白，张雯，等.2006.彰武县保护性耕作防治土壤风蚀效果监测.西北农业学报，15（2）：159-163.

郑则浩，雷加强，李生宇，等.2012.可移动式环境风洞气动特性测试与评价.中国沙漠，33（6）：1551-1558.

中国气象科学数据共享服务网.http：//cdc.cma.gov.cn/home.do［2009-06-22］.

中国人民解放军总装备部军事训练教材编辑工作委员会.2003.高低速风洞气动与结构设计.北京：国防工业出版社.

朱朝云，丁国栋，杨明远.1992.风沙物理学.北京：中国林业出版社.

朱震达，吴正.1980.中国沙漠概论.北京：科学出版社.

邹学勇，刘玉璋，董光荣.1994.风沙流能量的实验计算.科学通报，39（2）：161-164.

Pietersma D，Stetler L D，Saxton K E. 1996. Design and aerodynamics of portable wind tunnel for soil erosion and fugitive dust research, Trans. Assoc. Agric. Eng. , 39（6）：2075-2083.

Raupach M R，Leys J F. 1990. Aerodynamics of a portable wind erosion tunnel for measuring soil erodibility by wind. Australian Journal of Soil Research, 28（2）：177-191.

Scheiman J，Brooks J D. 1981. Comparison of experimental and theoretical turbulence reduction from screens，honeycomb，and honeycomb-screen combinations. Journal of Aircraft, 18（8）：638-643.

USDA. 1996. Weps Technical Documentation：M_1. http：//www.weru.ksu.edu/weps［2011-11-15］.

White B R，Mounla H. 1991. An experimental study of Froude number effect on wind-tunnel saltation. Acta Mechanica, 1（Suppl.）：145-157.

第4章 大气边界层实验模拟方法

大气边界层是指大气层最底下的一个薄层，它是大气与下垫面直接接触发生相互作用的层次。它的研究与天气预报、气候预测以及大气物理研究有非常密切的联系。由于人类的生命活动几乎都是发生在这一层次内，所以大气边界层的研究也与工农业生产、环境保护密切相关。此外，人们在解决航空安全保障、高层建筑设计、风能利用以及空气污染防治等问题的过程中，也需要对大气边界层的结构特征有深入了解。当大气在地球表面上流动时，各种流动属性都要受到下垫面的强烈影响，由此产生的相应属性梯度将这种影响向上传递到一定的高度。在此厚度范围内流体的运动具有边界层特征。在大气边界层中的每一点，垂直运动速度都比平行于地面的水平运动速度小很多，而垂直方向上的速度梯度则比水平方向上的速度梯度大很多。此外，由于地球自转的影响，在水平风速的大小随高度变化的同时，风向也随之变化。大气边界层内运动的主要特点是其湍流性，大气边界层的雷诺数是相当大的，流体几乎总是处于湍流状态，而且湍流度很大，可达到 20 % 左右（颜大椿，1992）。

一般而言，大气边界层指在对流层流场中直接受地面影响的气层，也称摩擦层。整个大气边界层可分为两个部分：一个是"近地层"，即最接近地表的部分，位于大气边界层最下部 10%~20% 的厚度（厚度 50~100m）；另一个是"过渡层"，指近地层以上的部分（厚度 600~1000m），也称为"上部摩擦层"。大气边界层上方是自由大气，大气中的湍流黏滞力（摩擦力）的影响可以忽略不计，主要受气压梯度力和科氏力的影响（李惠君，2008）。大气边界层厚度随时间和地点发生变化。

大气边界层的研究方法通常有三种方式。第一种是野外定位观测，使用风速仪在野外进行风速实测来分析大气边界层的流场情况。野外实测是研究大气边界层最直接的方法。但由于近地层的高度最高可达 100m 左右，在这个范围内进行实测使得测量平台的搭建、测量仪器的安装、测点位置的布置等方面均产生一定的难度。第二种是通过风洞实验模拟大气边界层。在风洞中辅以相应的装置，模拟具有不同下垫面的大气边界层，并按照有无控制部件可分为被动方法和主动方法两大类（刘尚培和符致福，1984）。第三种是通过数值风洞（numerical wind tunnel）技术来模拟大气边界层。"数值风洞"就是在计算机上进行风洞实验。它基于计算流体动力学（computational fluid dynamics，CFD）原理，选择合适的空气湍流数学模型，再结合一定的数值算法和图形显示技术，就能够将"风洞"结果形象、直观地显示出来。与传统的风洞实验相比，数值风洞技术作为一种新型的研究手法有着明显的优势：成本低、周期短、效率高、重复性好和条件易于控制；不受模型尺度的影响，可进行全尺度模拟；可以方便地变化各种参数，以研究不同参数的影响（陈文礼和李惠，2005）。

本章主要包括模拟方法、CFD 数值模拟技术以及模拟实例三个部分。首先介绍风洞实验模拟大气边界层的被动方法和主动方法；4.2 节主要是对 CFD 数值模拟的理论基础进行了详细介绍说明；4.3 节则是介绍利用计算 CFD 软件对大气边界层进行数值模拟计算的实例。

4.1　模　拟　方　法

风洞是用来产生人造气流的管道，主要任务是提供各种速度范围内模型实验所必需的空气动力环境，并在实验段形成气流均匀流动的区域。按马赫数（Ma）的不同，风洞可分为四种基本类型：$Ma \leqslant 0.4$ 的低速风洞；$Ma = 0.4 \sim 1.4$ 的跨声速风洞；$Ma = 1.5 \sim 4.5$ 的超声速风洞和 $Ma \geqslant 5$ 的高超声速风洞。工业空气动力学所用风洞都属于低速风洞，目前在大气领域用来模拟大气边界层的环境风洞就属于此类。

早在 20 世纪 60 年代，美国 Colorado State University 的 Cermark（1976）便建造了以从事环境评估及建筑设计等为主要用途的模拟大气边界层风洞。随后，加拿大、日本等相继制造出大气边界层风洞，并提出了被动式大气边界层风洞的模拟方法（Campbell，1969；Counihan，1973）。进入 70 年代，美国的 Nee 等（1973）在大气边界层的风洞模拟上有所突破，提出了主动式模拟方法，其中应用最成功的两类主动模拟技术为振动翼栅和多风扇风洞。国内修建边界层风洞起步较晚。1991 年，同济大学建成一座建筑边界层风洞（施宗城，1994），使用的大气边界层模拟装置是挡板+尖塔+粗糙元。2005 年，内蒙古农业大学自主研制的 OFDY-1.2 移动式风蚀风洞正式投入使用（武凤鸣，2005），该风洞实验段长为 7.2m，风洞截面为 1.2m×1m（高×宽），选用的边界层模拟装置为棒栅–粗糙元。

随着计算机技术的飞速发展和流体动力学理论的进步，数值风洞逐步成为风工程领域的又一研究方法。相对于传统的实验方法，它具有以下优点：①费用少、周期短、效率高，可以根据要求变化各种参数，以探讨这些参数对结构性能的影响。②不受结构模型尺度和构造的影响，能够模拟较为真实的大气边界层风环境；可以进行全尺寸模拟，解决了实验中雷诺数相似问题难以满足的困难。③计算结果可利用丰富的可视化工具，提供风洞实验不便或不能获得的流场信息。随着高速、大容量计算机的出现和计算方法的飞速发展，数值模拟方法越来越显示出其优势，数值风洞技术已成为风工程研究的重要且极具发展前景的方向之一。

Apsley 和 Castro（1997）采用有限体积法对山地的空气流动进行了数值模拟，文中假设空气为层流，计算采用修正的 k-ε 模型。Zhou（1997）采用将湍流区 k-ε 模型与近壁面单公式模型混合的方法来计算立方体建筑周围风场，与普通的 k-ε 模型相比较，这种方法在预测屋顶上表面和建筑侧面处的流体流动时更加有效。Shimura 等（1999）提到风荷载是非常重要的，有时由建筑物的外形而引起的风荷载变化非常大。他采用直接数值模拟方法计算了作用于 200m 高层建筑的风荷载，从空气动力学的角度比较了椭圆断面建筑和矩形切角断面建筑的不同。吴雄华和施宗城（1996）用有限分析法进行了方形、圆形及两头尖薄等各种形状物体绕流的数值模拟，但没有采用 k-ε 模型。陈水福等（1997）采用一种扩展的 k-ε 紊流封闭模型预测由近地三维流动风引起的建筑物的表面风压，应用控制容积法对微分方程作了离散。实例计算与分析比较表明，此方法改善了对建筑物侧风面和顶面风压值的预测。目前，低速风洞的数值模拟多采用 k-ε 模型，也有人用 k-ω 模型进行计算。艾辉林和陈艾荣（2010）采用数值风洞技术，利用大涡模型来模拟湍流效应，数值模拟了杭州湾跨海大桥桥面无附属结构、桥面仅布置栏杆及桥面布置栏杆风障三种工况下桥塔区域的风环境分布特点，并以此为基础设计了合理的风障以改善桥塔附件的风环境。

在风洞中正确模拟自然大气的真实流动状态是实验结果可信的必要条件。在风洞中除了要模拟自然风的风剖面，还要模拟它的湍流特性。目前，大气边界层的模拟方法主要有两种，分别是自然形成法和人工强迫形成法。自然形成法是利用均匀粗糙平面来制造自然目标边界层。按平板的湍流边界层理论，自然形成 1m 高的大气边界层，约需 21.6m 长的实验段，而且湍流强度不够大。因此，对于实验段较短的风洞而言，常采用人工强迫形成法。

人工强迫形成法是目前通常采用的大气边界层模拟手段，根据有无控制部件可将人工强迫形成法分为被动和主动两大类。两种方法在湍流涡发生器的工作原理上有所不同，其本质区别在于是否向流场中注入能量。被动模拟是依靠不可控障碍物引起的尾流来形成湍流涡，不需要将能量输入其模拟装置中，而是利用湍流涡发生器和粗糙元等装置的阻尼等作用被动模拟出具有一定厚度的湍流边界层；主动模拟方法则需要布设可控运动部件，运行时向流场中注入适当频率的随机脉动能量，激励湍流涡旋的形成。

4.1.1 被动模拟方法

被动模拟方法是在风洞中布设一定的人为装置以提供对气流各分层的不同阻力，从而引起平均风速自下而上分层，并将气流中少部分动能转换成湍流的脉动能量。

采用被动模拟方法模拟流场，一般情况是采用在风洞实验段入口加平板格栅、尖塔（尖劈）、挡板和沿风洞地板布设粗糙元等装置对来流截面沿高度产生不同程度的堵塞，装置的尾流存在垂直梯度，从而出现剪切层，最终形成一定尺度的湍流涡团和一定厚度的剪切边界层。从能量转化的角度来看，被动模拟方法是将来流中的部分动能转换为湍流脉动能量，故模拟装置不需要能量输入。被动模拟方法的主要优点包括装置简单、经济，比较容易模拟各类地貌的风速剖面。

风洞中较早出现的被动模拟装置是平板格栅，这种装置由宽度、纵向间距不同的平板组合而成，能够在足够远处形成各向同性气流，气流的湍流强度和尺度与平板组合的尺寸有关。为了流场横向的均匀性，平板的横向间距多保持一致。Phillips 等（1999）就采用变间距平板格栅成功再现了大气边界层（图 4-1）。但从实际来看，变间距平板很少用于大气边界层的模拟。

常用的被动模拟装置是应用尖劈（湍流涡发生器）和一定长度的粗糙元（模拟地面粗糙物）来模拟近地大尺度涡旋和地面摩擦的共同作用，从而生成大气边界层（黄鹏等，1999，2001）。图 4-2 为被动模拟装置的示意图。该装置被普遍认为是一种较为成功的形成装置，多在室内风洞中使用。所谓湍流涡发生器，即产生湍流涡的装置（倪亚琴，1995）。当湍流涡发生器处于气流中的某一物面上时，发生器产生了湍流涡，使气流中高动量主流和物面边界层内低动量气流进行交换或平衡，从而增加边界层内气流流动方向的

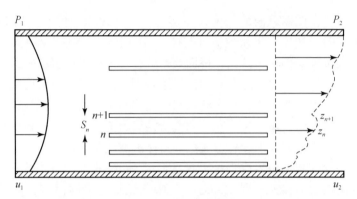

图4-1　风洞中变间距平板格栅布置示意图

u_1、P_1分别为入口速度、入口压强；u_2、P_2分别为出口速度、出口压力；

n为格栅数目；S_n为格栅间距；z_i为第i根格栅高

资料来源：Philips et al.，1999

动量及涡流附近气流的湍流强度。尖劈可分为三角形和非三角形尖劈两类，我国目前广泛应用的是利用三角形尖劈的大气边界层风洞模拟技术（刘尚培和符致福，1984；黄鹏等，2001；卢曦和吴文权，2004；庞加斌等，2004）。尽管 Irwin（1981）曾论断说相对于三角形尖劈，非三角形尖劈并没有明显的优势，然而许多风洞还是在具体条件及相关实验需求下采用了其他形状的尖劈，图4-3分别为半椭圆板尖劈、梯形尖劈和曲边梯形尖劈（陈水福，1994；Farell and Iyengar，1999；Balendra and Shah，2002；Bortoli et al.，2002；李明水，2005；李永乐等，2007）。

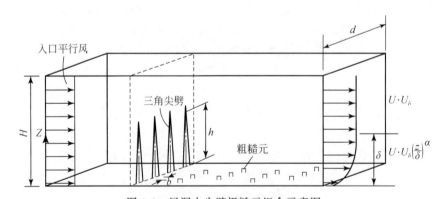

图4-2　风洞中尖劈粗糙元组合示意图

H为风洞高；d为风洞宽；x，Z为坐标轴；δ为边界层厚度；U为不同高度处出口风速

资料来源：许伟，2007

另一种被动模拟装置是利用棒栅和粗糙元组合从而形成边界层，叫作棒栅法。这种方法是在实验段入口垂直于来流方向安装相互平行但间距自上而下递减的"棒"（如圆棒、钢丝、方木条等），下游再布设一定长度的粗糙元，造成对气流下大上小的阻尼，以形成剪切层（罗家泉和江河，1989），如图4-4所示。与格栅法不同的是，圆棒的尺寸比格栅大，造成的气体湍流强度的衰减慢；竖直杆少，可减小阻力。这种方法既可以模拟速度型

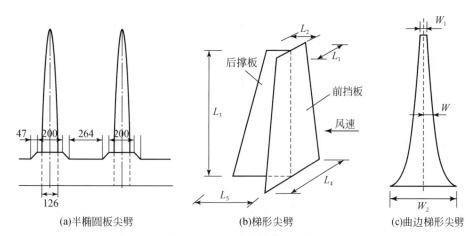

(a)半椭圆板尖劈   (b)梯形尖劈   (c)曲边梯形尖劈

图4-3 非三角形尖劈示意图

L_1为前挡板上底宽；L_2为后撑板上底宽；L_3为等腰梯形高；L_4为前挡板下底宽；L_5为后撑板下底宽；

W为曲边梯形中线宽；W_1为上底宽；W_2为下底宽，图中数字单位为 mm

资料来源：张楠，2005；Badawi and Duwairi，2010

流场，也可以适当模拟湍流结构，其原理如图4-5所示。此法的突出优点是既可以模拟速度型流场，也可以模拟湍流结构；不足之处是棒栅间距的调试大多都采用试凑法，势必给流场的调试带来不便。

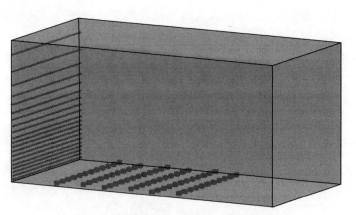

图4-4 风洞中棒栅+粗糙元布置示意图

资料来源：罗家泉和江河，1989

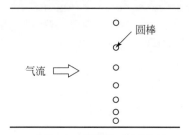

图4-5 棒栅法示意图

资料来源：范贵生，2005

— 111 —

棒栅–粗糙元组合是被动模拟大气边界层的一种装置。它是以棒栅作为湍流涡发生器，以一定长度的粗糙元来模拟地面粗糙物，从而模拟近地大尺度涡旋和地面摩擦的共同作用，以生成湍流边界层。研究表明，对形成对数速度剖面起主要作用的装置是棒栅。棒栅相互平行且间距自上而下递减放置，在流体经过时形成下大上小的阻尼，气流流速分层，处于风洞下部的气流流速减慢，而处于风洞上部的气流流速加快；当下方气流流经粗糙元时，在粗糙元后方的气流流速趋近于零。在流体间摩擦力的作用下，这部分处于层流状态的流体使得流经粗糙元上部的流体进一步分层。流体在经过一段距离的发展和稳定之后，最终在风洞中形成满足对数率的风场。

棒栅–粗糙元的另一个作用就是在风场中形成湍流涡，提高风场湍流强度。气流在流经棒栅前其湍流强度是均匀的，而且在 10% 以下，这显然与自然边界层不符。当气流通过棒栅后，形成了较大尺度的湍流涡，气流中少部分的动能转换为湍流的脉动能量，湍流强度变大但稳定性较差；当气流继续流经粗糙元上方时，在粗糙元背后形成的小的卡曼旋涡随气流的上升与大湍流涡碰撞，湍动能逐渐耗散，湍流涡逐渐变小均匀化；经过一段距离的发展和稳定之后，最终在风洞中使主流气流湍流强度达到 13% 左右，且随高度增加而减小，形成满足模拟要求的风场。

此外，还有利用格栅、曲网等装置以及上述装置相互组合的方法来进行大气边界层的模拟（Hunt and Fernholz，1975；黄东群等，1999；徐洪涛等，2009），如图 4-6 所示。网格法采用网状格栅+粗糙元分布的方法，调节网格横栅的间距，或调节粗糙元的密度，最终能在较短距离内形成令人满意的模拟流场（钮珍南等，1993）。Pietersma 等（1996）在设计的可移动式风蚀风洞中采用了单独的格栅调节技术并获得了满意的效果。Phillips（1999）在此基础上采用平行板条成功模拟了大气边界层。通过调节横栅的间距使格栅横条间距自下而上递增，多次试凑可获得满意的效果（Pietersma et al.，1996）。一般将格栅与粗糙元一起配合使用效果更佳（Lloyd，1965；钮珍南等，1993）。

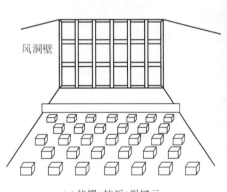

(a) 格栅+挡板+粗糙元　　　　　　　　　(b) 1/4 椭圆尖劈+挡板+粗糙元

图 4-6　风洞中被动模拟方法实例

资料来源：许伟，2007

使用格栅、棍栅、曲网法形成的流场剪切流不会持续很远，不能很好地模拟湍流的功率谱密度和湍流的积分尺度，形成的惯性子区窄。变间距平板阵列使用较少，但是是一种可以考虑的辅助措施，其间距和各块板件的长度是主要的控制因素。

4.1.2 主动模拟方法

主动模拟方法主要通过可控运动机构向气流注入一定频率的机械能，增强低频成分湍流动能，从而可以在一定范围内优化对湍流功率谱和湍流积分尺度的模拟结果。气流中湍流主要由运动机构（湍流涡发生器）的随机运动产生，主动模拟时以目标速度谱为基准，将实测速度谱与之比较，不断调节控制湍流涡发生器随机运动的信号，最终得到所需的风场条件。

引流法是从实验段向来流外伸一块平板，分隔主流成上下两股气流，板上开有可调节缝隙的通气槽。利用下面一股气流形成的"气栅"来代替被动模拟方法中的格栅（罗家泉和江河，1989），如图4-7所示。这种方法的优点是有利于加长实验段，以保证有足够的距离来发展边界层并形成满意的模拟流场。该方法需要引流动力装置，而且实验段入口的底端有一定空间才能实现。适用于洞身架空于地面之上的情况。

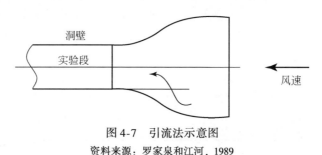

图 4-7   引流法示意图

资料来源：罗家泉和江河，1989

射流法则是在实验段入口底壁上用垂直射流和可转向射流来形成"气栅"，从而得到满意的模拟流场（罗家泉和江河，1989）。其优点是射流的流量、流速和流向可以从洞外主动控制，以形成不同要求的模拟流场。

主动模拟方法的优点为可以模拟出较大尺度的湍流边界层流场，其缺点主要包括控制技术复杂、设备造价较高，且不一定能产生较满意的模拟结果，所以在实际中应用较少。

让原本固定的湍流涡发生器随机振动，便构成了最简单的主动模拟装置。模拟装置的振动频率通常是可调的，如振动翼栅技术中的尖塔的自振频率是可调的；多风扇技术中的各个风扇的速度可以独立调节，这样更有利于调节流场的风速剖面和湍流结构。装置振动向流场注入的随机脉动能量可增强湍流强度，而振动的波形则可以控制湍流的积分尺度。主动模拟目前主要包括振动翼栅和变频调速风扇阵列两种。图4-8为美国科罗拉多州立大学的振动翼栅，风洞进口处的两列可控振动翼栅的随机振动周期可在 4~16s 范围内变化，下游的湍流边界层剖面和尺度均能够满足 1:100 缩比风洞实验（Cermark，1995）。

日本宫崎大学研制的二维多风扇风洞是一种更完善的主动模拟装置（Cao et al.，2002）。如图4-9所示，该装置由11个变频调速风扇组成，每个风扇垂直放置，转速可由计算机独立控制。日本这一风洞模拟所得到的脉动风速时程与自然风形成的湍流状态几乎一致，甚至在风速突变点处，模拟所得的风速时程也能完美地重现目标曲线。多风扇风洞

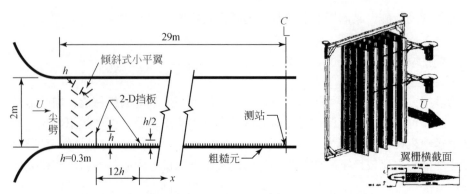

图4-8　科罗拉多州立大学大气边界层风洞及其振动翼栅

U 为风速

资料来源：Bortoli et al. ，2002

的雏形是Teunissen（1975）的多射流风洞（multiple-jet wind tunnel），这是一个小型开路风洞，里面布设了由64个可独立控速的射流管组成的矩阵，通过调整射流风速，可在风洞实验段各平面内得到各种实验所需的平均流速剖面，同时还可获得与真实值相近的湍流强度。

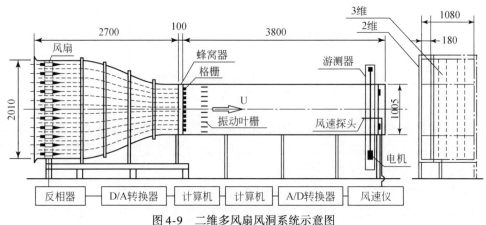

图4-9　二维多风扇风洞系统示意图

图中数据单位为 mm

资料来源：佟华和桑建国，2002

此外，陈凯等（2003）制造了一种新的大气边界层模拟装置——振动尖塔，该装置的湍流涡发生器为配有弹性底座的尖塔形，前后两排相间放置。实测结果表明，该方法模拟边界层所得的上层流场的湍流强度和积分尺度都明显增大，模拟效果较好。

庞加斌和林志兴（2008）研制出一种在风洞中利用可控振动尖劈来模拟湍流边界层的方法，寻找到一种简易可行的运动控制结构（图4-10）。他们在同济大学TJ-2边界层风洞中，采用普通的步进电机和微机研制出一套低成本的可控振动尖劈。实验结果证明，尖劈的低频机械振动增强了相应频率的湍流能量，增大了湍流积分尺度，结合粗糙元可更好地模拟大气边界层。

与被动的尖劈和粗糙元模拟相比，主动模拟较好地解决了纵向湍流积分尺度模拟的难题，但完全依靠自然形成法形成大气边界层的实验非常少，即使实验段非常长，也要辅以风障、粗糙元等加速增厚设施。主动模拟技术也存在不足，其造价高，并且不能保证其最后得到很好的结果。而采用被动模拟技术可以在较短距离内形成满足一定要求的剪切风场，并且装置简单，造价低廉。目前风洞实验中的被动模拟多采用尖劈+粗糙元的组合方式。

图 4-10　TJ-2 风洞可控振动尖劈装置

资料来源：Hunt and Fernholz，1975

4.2　CFD 数值模拟技术

数值模拟被称为"价格低廉的便携式数值风洞"，数值风洞的核心就是 CFD。较传统风洞实验相比，数值风洞具有如下优点：实验周期短、费用低、效率高、便于修改各种参数；再者，它不受物理模型和实验模型的影响，能较真实地模拟大气边界层风场特征，解决了实际风洞实验中雷诺数相似问题难以满足的难题；计算结果可实现可视化，便于各种结果的比较和确定优化设计方案等。因此，CFD 数值模拟技术逐渐成为风工程领域的热点之一。

CFD 数值模拟技术实现数值模拟的基本原理（王福军，2004）为：数值求解控制流体流动的微分方程，得出流体流动的流场在连续区域上的离散分布，从而近似模拟流体流动情况。通俗地讲，就是将原来在时间和空间上连续的物理量的场，如速度场和压力场，用一系列有限个离散点上的变量值的集合来代替，通过一定的原则和方式建立起关于这些离散点上场变量之间关系的代数方程组，然后求解代数方程组获得场变量的近似值。通过这种数值模拟，可以得到复杂问题的流场内各个位置上的基本物理量的分布，以及这些物理量随时间的变化情况。可以认为 CFD 是现代模拟仿真技术的一种。

随着计算机技术的快速发展以及数值计算理论的成熟，商用 CFD 软件的使用范围越来越广。现在应用的 CFD 处理软件主要有 FLUENT、CFX、PHOENICS、STAR-CD 等。其中 FLUENT 软件包在目前国际市场上比较流行，运行过程计算涵盖了流体、热传递及化学反应等相关领域。它具有丰富的物理模型、先进的数值方法以及强大的前后处理功能，是用有限容积法求解不可压缩流及中度可压缩流流场问题的 CFD 软件包。

4.2.1　大气边界层控制方程

定常条件下，大气边界层的控制方程包括连续性方程和纳维-斯托克斯（Navier-Stokes）方程（王福军，2004）。

（1）连续性方程

连续性方程是质量守恒定律在流体力学中的具体表述形式。它的前提是对流体采用连续介质模型，速度和密度都是空间坐标及时间的连续、可微函数。方程表达式如下：

$$\frac{\partial \rho}{\partial t} + \frac{\partial(\rho u)}{\partial x} + \frac{\partial(\rho v)}{\partial y} + \frac{\partial(\rho w)}{\partial z} = 0 \tag{4-1}$$

式中，ρ 为密度；t 为时间；U 为速度矢量，u、v 和 w 分别为速度失量 U 在 x、y、z 三个方向上的分量。

若是不可压缩流体，则 ρ 为常数且不随时间变化，则式（4-1）变为

$$\frac{\partial u}{\partial x} + \frac{\partial v}{\partial y} + \frac{\partial w}{\partial z} = 0 \tag{4-2}$$

（2）纳维-斯托克斯方程

纳维-斯托克斯（Navier-Stokes）方程是动量守恒定律描述流体时的运动方程。在 xyz 三维坐标系中，其表达式如下：

$$\begin{cases} \dfrac{\partial(\rho u)}{\partial t} + \mathrm{div}(\rho u \vec{u}) = -\dfrac{\partial P}{\partial x} + \dfrac{\partial \tau_{xx}}{\partial x} + \dfrac{\partial \tau_{yx}}{\partial y} + \dfrac{\partial \tau_{zx}}{\partial z} + F_x \\[2mm] \dfrac{\partial(\rho v)}{\partial t} + \mathrm{div}(\rho v \vec{u}) = -\dfrac{\partial P}{\partial y} + \dfrac{\partial \tau_{xy}}{\partial x} + \dfrac{\partial \tau_{yy}}{\partial y} + \dfrac{\partial \tau_{zy}}{\partial z} + F_y \\[2mm] \dfrac{\partial(\rho w)}{\partial t} + \mathrm{div}(\rho w \vec{u}) = -\dfrac{\partial P}{\partial z} + \dfrac{\partial \tau_{xz}}{\partial x} + \dfrac{\partial \tau_{yz}}{\partial y} + \dfrac{\partial \tau_{zz}}{\partial z} + F_z \end{cases} \tag{4-3}$$

式中，ρ 为流体密度；P 为微元所受的压力；τ_{xx}、τ_{xy} 和 τ_{zz} 等为作用在微元上的黏性力 τ 的分量；F_x、F_y 和 F_z 等为体积力，当只有重力存在时（z 轴竖直向上），则 $F_x = 0$，$F_y = 0$，$F_z = -\rho \mathrm{g}$。

式（4-3）是对任何类型的流体（包括非牛顿流体）均成立的动量守恒方程。若是只针对牛顿流体，式（4-3）又可转化为

$$\begin{cases} \dfrac{\partial(\rho u)}{\partial t} + \mathrm{div}(\rho u \vec{u}) = \mathrm{div}(\mu \mathrm{grad} u) - \dfrac{\partial P}{\partial x} + S_u \\[2mm] \dfrac{\partial(\rho v)}{\partial t} + \mathrm{div}(\rho v \vec{u}) = \mathrm{div}(\mu \mathrm{grad} v) - \dfrac{\partial P}{\partial x} + S_v \\[2mm] \dfrac{\partial(\rho w)}{\partial t} + \mathrm{div}(\rho w \vec{u}) = \mathrm{div}(\mu \mathrm{grad} w) - \dfrac{\partial P}{\partial z} + S_w \end{cases} \tag{4-4}$$

式中，S_u、S_v 和 S_w 为动量守恒方程的广义源项。

由于式（4-4）分别是由 M. Navier（法国）和 G. Stokes（英国）在 19 世纪上半叶独立提出的，故命名为纳维-斯托克斯方程，简称为 N-S 方程。

4.2.2 湍流的数值模拟方法

目前，湍流的数值模拟主要包括两种方法：直接数值模拟（direct numerical simulation，DNS）和非直接数值模拟。直接数值模拟依据非稳态 N-S 方程来直接计算湍流的瞬时运动量在三维空间中的演变；而非直接数值模拟就是不对湍流进行直接模拟，而是针对湍流的脉动特性作出一定的近似和简化。根据近似、简化方法的不同，后者又包括三类方法，分别是大涡数值模拟法（large eddy simulation，LES）、雷诺平均模拟法（Reynolds averaged Navier-Stokes，RANS）和统计平均法。图 4-11 是湍流数值模拟方法的分类图。

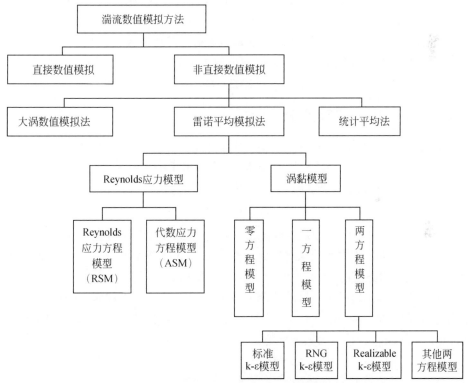

图 4-11　数值模拟方法及相应的湍流模型

资料来源：王福军，2004

下面对直接数值模拟法、大涡数值模拟法、雷诺平均模拟法以及统计平均法四类方法进行简单介绍（王福军，2004）。

4.2.2.1 直接数值模拟

直接数值模拟直接模拟计算包括脉动在内的瞬时运动量（Piller et al.，2002；

Wissink，2003），对计算机的要求很高。直接数值模拟的优点是可以直接对 N-S 方程进行计算，故不存在封闭性困扰，原则上可以求解所有湍流问题；数值模拟可以提供每一瞬间流场的全部信息；流动条件可以得到精确控制，可对各种因素单独或交互作用的影响开展系统研究。

但是经实验（王洪涛等，2003）验证可知，若湍流中雷诺数较高，为了能够解析出繁复的时间特性和详细的空间结构，计算的网格节点数将高达$10^9 \sim 10^{12}$数量级，而这是现有的计算机能力很难达到的，目前只限于在拥有超级计算机的大型研究中心进行。因此，只能对具有简单边界条件的流场进行直接数值模拟，直接数值模拟目前还无法真正意义上用于工程计算。

4.2.2.2　大涡数值模拟法

大涡数值模拟法是把包括脉动运动在内的湍流瞬时运动量通过某种滤波方法分解成大尺度运动和小尺度运动两部分。大尺度主要通过数值求解运动微分方程直接计算出来，并建立模型来模拟小尺度对大尺度运动的影响。

大涡数值模拟法对计算机配置仍具有较高的要求，但总体较直接数值模拟法低。目前，在工作站和高档 PC 机上已经可以开展大涡数值模拟工作，大涡数值模拟法已成为目前 CFD 研究和应用的热点之一（Ivan and Pierres，2002；Grigoriadis et al.，2004）。

4.2.2.3　雷诺平均模拟法

雷诺平均模拟法是应用湍流统计理论，将非稳态的 N-S 方程对时间作平均，求解工程中需要的时均量。式（4-5）所示为 Reynolds 方程（Rollet-Miet et al.，1999）：

$$\frac{\partial(\rho u_i)}{\partial t} + \frac{\partial(\rho u_i u_j)}{\partial x_j} = -\frac{\partial P}{\partial x_i} + \frac{\partial}{\partial x_j}\left(\mu\frac{\partial u_i}{\partial x_j} - \rho\overline{u_i u_j}\right) + S_i \tag{4-5}$$

方程中出现了一个新的未知量 $-\rho\overline{u_i u_j}$，它是与脉动值相关的应力项，这就需要根据以往经验来对 Reynolds 应力作出某种假定，建立表达式或湍流模型来联立湍流的脉动值和时均值，以构成封闭方程组。

根据作出假定的方式不同，目前常用的有 Reynolds 应力模型和涡黏模型两大类湍流模型。前者是直接构建表示 Reynolds 应力的方程，而后者则引入涡黏假定中的湍动黏度 μ_t（turbulent viscosity），将应力转换成它的函数，从而将计算的重点转移到了求取这种湍动黏度 μ_t 上来。

根据求取 μ_t 的方程数目，涡黏模型目前可分为零方程模型、一方程模型和两方程模型。目前最具有应用前景的是两方程模型，包括基本的两方程模型（标准 k-ε 模型、k-ω 模型）以及各种改进的模型（RNG k-ε 模型、Realizable k-ε 模型、SST k-ω 模型）（熊莉芳等，2007；郑本有，2008）等。

（1）标准 k-ε 模型

在关于湍动能的 k 方程的基础上，再引入一个关于湍动能耗散率 ε 的方程，便形成了 k-ε 两方程模型，称为标准 k-ε 模型。标准 k-ε 模型是个半经验公式，k 方程是个精确方程，ε 方程是个由经验公式导出的方程。

模型中湍动能耗散率 ε 被定义为

$$\varepsilon = \frac{\mu_t}{\rho} \left(\frac{\partial u_i'}{\partial x_k} \right) \left(\frac{\partial u_j'}{\partial x_k} \right) \tag{4-6}$$

此时 μ_t 可转换成湍动能和耗散率的函数，即

$$u_t = \rho C_\mu \frac{k^2}{\varepsilon} \tag{4-7}$$

式中，C_μ 为经验常数。

标准 k-ε 模型假定流场完全是湍流，分子之间的黏性可以忽略，因而标准 k-ε 模型只对完全是湍流的流场有效。

（2） RNG k-ε 模型

RNG k-ε 模型是用修正后的大尺度运动黏度项来替代小尺度运动，从而将后者从方程中去除，所得到的 RNG k-ε 模型方程与标准 k-ε 模型非常相似。其主要变化是：①通过修正湍动黏度，考虑了平均流动中的湍流漩涡及旋流流动情况；②修正的 ε 方程可体现主流的时均应变率，使得在计算速度梯度较大的流场时精度更高；③标准 k-ε 模型是一个高雷诺数模型，而 RNG k-ε 模型在对近壁区进行适当处理后可以计算低雷诺数效应。

（3） Realizable k-ε 模型

为了解决标准 k-ε 模型有时计算出负的正应力的问题，人们又对该模型进行了改进。Shih 等（1995）经过研究论证提出了 Realizable k-ε 模型，该模型突破了认为系数 C_μ 是常数的理论，而将 C_μ 与应变率相联立从而建立模型。

与标准 k-ε 模型相比，Realizable k-ε 模型主要变化是：①引入了与旋转和曲率有关的内容，使模型可以在雷诺应力上保持与真实湍流的一致性；②ε 方程是从涡流扰动量均方根的精确输运方程推导出来的。

（4） 标准 k-ω 模型

k-ω 模型也是二方程模型。标准 k-ω 模型是基于 Wilcox k-ω 模型修改而来的一种经验模型，包括基于湍流能量的 k 方程和扩散速率的 ω 方程。经过多年修改，k 方程和 ω 方程都增加了项，这样就增加了模型的精度。标准 k-ω 方程如式（4-8）所示：

$$\begin{cases} \dfrac{\partial(\rho k)}{\partial t} + \dfrac{\partial(\rho k u_i)}{\partial x_i} = \dfrac{\partial}{\partial x_j} \left(\Gamma_k \dfrac{\partial k}{\partial x_j} \right) + G_k - Y_k + S_k \\[3mm] \dfrac{\partial(\rho \omega)}{\partial t} + \dfrac{\partial(\rho \omega u_i)}{\partial x_i} = \dfrac{\partial}{\partial x_j} \left(\Gamma_\omega \dfrac{\partial \omega}{\partial x_j} \right) + G_\omega - Y_\omega + S_\omega \end{cases} \tag{4-8}$$

式中，G_k 为由速度梯度引起的 k 生成项；G_ω 为 ω 的生成项；Γ_k 和 Γ_ω 为 k 和 ω 的对流项；Y_k 和 Y_ω 为由于湍流引起的 k 和 ω 的有效扩散项；S_k 和 S_ω 为自定义的。

标准 k-ω 模型中包含了低雷诺数影响、可压缩性影响和剪切流扩散，因此适用于尾迹流动计算、混合层计算、圆柱绕流计算和放射流计算，以及受到壁面限制的流动计算和自

由剪切流计算。

（5）SST k-ω 模型

剪切应力输运 k-ω 模型，简称 SST k-ω 模型，综合了 k-ω 模型在近壁区计算和 k-ε 模型在远场计算的优点，将 k-ω 模型和标准 k-ε 模型都乘以一个混合函数后再相加就得到这个模型。在近壁区，混合函数的值等于1，因此在近壁区等价于 k-ω 模型。在远离壁面的区域混合函数的值则等于0，因此自动转换为标准 k-ε 模型。

相较于标准 k-ω 模型，SST k-ω 模型中增加了 ω 方程中的正交扩散项，同时在湍流黏度定义中考虑了湍流剪切应力的输运过程，模型中使用的湍流常数也有所不同。这些特点使得 SST k-ω 模型比标准 k-ω 模型在流动领域中有更高的精度和可信度，并且适用范围更广。

4.2.2.4　统计平均法

统计平均法是基于湍流相关函数的统计理论，主要用相关函数及谱分析的方法来研究湍流结构，统计理论主要涉及小尺度涡的运动。这种方法在工程上应用不是很广泛。

4.2.3　CFD 软件求解过程

对于实际问题的数值模拟，CFD 软件的求解过程通常要经历图 4-12 所示的六个步骤（王福军，2004）。

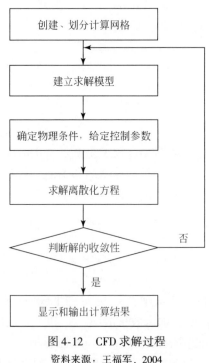

图 4-12　CFD 求解过程
资料来源：王福军，2004

1）创建、划分计算网格。CFD 软件求解过程就是将控制方程在空间区域上进行离散、求解的过程，需要在空间内创建、划分计算网格。

2）建立求解模型。选择离散方程以及需要求解的基本方程：层流还是湍流或者是无黏流、化学组分还是化学反应、热传导模型等，然后再确定所需要的附加模型，如辐射、多孔介质等。

3）确定物理条件，给定求解控制参数。设定材料的物理性质及边界条件，并设定模型经验系数、迭代计算控制精度等参数。

4）求解离散化方程。初始化流场，设定监视器，计算求解离散化方程。

5）判断解的收敛性。一般情况下，CFD 软件需要通过多次迭代才能得到所求解。在迭代过程中，不仅要对解的收敛性进行监视，还需要根据经验设定监视其他的参数指标以提高解的可信度。当监视指标达到期望后，结束迭代过程。

6）显示和输出计算结果。计算得到结果后，需要通过适当的手段将整个计算域上的结果表示出来。在检查并保存结果后，可通过调整细化网格、改变数值计算方法和物理模型来优化计算结果。

4.2.4 多孔介质模型

多孔介质是由固体物质组成的骨架和由骨架分隔成大量密集成群的微小空隙所构成的物质。自从 1856 年 Darcy 开创了多孔介质模型的研究以来，大量的学者进行了有关多孔介质中流体宏观流动的实验和数值模拟研究（Nield and Bejan，1999）。多孔介质模型的数值模拟方法最初是被用来模拟换热器和核反应堆中流体的流动和传热问题（Prithiviraj and Andrews，1998）。1974 年，Patankar 等提出了采用分布阻力的方法来模拟换热器中的流动，也称为多孔介质模型方法。经过几十年的发展，多孔介质模型现已广泛运用于石油、环境、化工、食品、航天等各个领域（孟繁孔和李志信，2008；彭攀和李名殷，2009；陈天及等，2010；江利锋和叶宏，2010）。王志国等（2010）采用油藏多孔介质模型对油气渗流过程的描述进行了优化。徐有宁等（2010）通过二维模型研究了多孔介质燃烧换热器内的燃烧和传热。Badawi 和 Duwairi（2010）研究了在多孔介质内黏性和焦耳热传热对磁流体动力学自然对流热传导的影响。2005 年，张楠针对市政道路两侧构筑物多、计算工作量大的特点，将市政道路及两侧建筑群进行分块划区，并将各区域分别用不同阻力系数的多孔介质替代，并在此基础上结合大气边界层风速对数剖面分布规律，建立了城市滨江大道风环境的数值模拟模型（张楠，2005）。

多孔介质模型采用经验公式定义多孔介质上的流动阻力。从本质上说，多孔介质模型就是在动量方程中增加了一个代表动量消耗的源项。因此，多孔介质模型需要满足下面的限制条件。

1）因为模型中没有体现多孔介质的体积，在缺省情况下，Fluent 在多孔介质内部使用基于体积流量的名义速度来保证速度矢量在通过多孔介质时的连续性。如果希望更精确地进行计算，可以让 Fluent 在多孔介质内部使用真实速度。

2）多孔介质对湍流的影响仅仅是近似。

3) 在移动坐标系中使用多孔介质模型时，应该使用相对坐标系，而不是绝对坐标系，以保证获得正确的源项解。

多孔介质中流体流动的数值模拟研究是指从多孔介质宏观流动所遵循的控制方程出发，利用数值模拟方法模拟多孔介质中的流动现象，分析模拟结果得出结论。用于描述多孔介质宏观流动的传统控制方程是从实验结果中整理得到的经验方程。多孔介质模型的控制方程主要有三个（Fluent，2006）：连续性方程、动量守恒方程和能量守恒方程。其中，多孔介质的动量方程如式（4-9）所示。

$$\frac{\partial}{\partial t}(\rho u_i) + \frac{\partial}{\partial x_j}(\rho u_i u_j) = -\frac{\partial P}{\partial x_i} + \frac{\partial \tau_{ij}}{\partial x_j} + \rho g_i + S_i \tag{4-9}$$

与式（4-4）相比较，多孔介质的动量方程具有附加的动量源项 S_i，用以模拟计算域中多孔性材料对流体的流动阻力。源项由两部分组成，一部分是黏性损失项（Darcy 项），另一部分是惯性损失项：

$$S_i = -\left(\frac{\mu}{\alpha}u_i + C_2 \frac{1}{2}\rho |u| u_i\right) \qquad i = x, \ y, \ z \tag{4-10}$$

式中：α 为多孔介质的渗透性；C_2 为惯性阻力因子；u_i 为流体矢量速度 U 在 i 方向上的分量；$|u|$ 为流体矢量速度 u 的值。

当流体流速较高时（湍流状态），常忽略黏性损失项，只保留惯性损失项，则多孔介质三个方向上的压力降可表述为

$$P_i = \sum_{j=1}^{3} C_{2ij}\Delta n_i \frac{1}{2}\rho u_j |u| \qquad i = x, \ y, \ z \tag{4-11}$$

式中，n_i 为多孔介质在三个坐标方向上的厚度。

4.3 模拟实例1——NK-1 可移动式风蚀风洞模拟装置

土壤风蚀风洞空风洞运行时，本身在实验段提供的是上下速度均匀的平行风。为模拟自然界中大气边界层风场条件，生成对数型风速剖面，则需要在风洞中布置一定规格的湍流涡发生器。在 NK-1 可移动式风蚀风洞中应用的被动模拟装置是棒栅和粗糙元的组合，即采用棒栅法来模拟大气边界层（高莹，2011）。

由于现有的经验设计公式普适性都差，因此对于每一个风洞设计人员通常依靠经验设计和反复修正实验获得所要求的风洞模型，从而建立适用于自己的模拟装置。由于 CFD 技术具有实验周期短、费用低、便于修改参数、优化设计方案等优点，因此这里先采用此方法建立边界层风场，进而为风洞实验模拟提供方向性的指导。

此外，实例中引入了多孔介质模型将原棒栅进行替代计算，将替代部分的计算域定义为多孔介质区域。不同于以往的研究，实例在设置多孔介质阻力时不是采用一个定值，而是引入一个 profile 文件，使得多孔介质阻力随着高度的增加而减少，从而使模拟更接近真实条件。同时，以规则的几何结构替代原本含有非规则几何结构棒栅，在原区域内生成结构化网格，使网格数量大量减少，网格质量明显提高。并且，在调试多孔介质阻力时，Fluent 计算不需要重复初始化，只需改变引入 profile 中的数值即可再次计算。这就会大大节约模拟成本，也会提高模拟计算的精确度和可信度。

4.3.1 模型的选取

实验采用南开大学研制的 NK-1 可移动式风蚀风洞。NK-1 可移动式风蚀风洞是一座用于研究城市周边季节性裸露农田的风蚀起尘问题的可移动直流式风蚀风洞。

模拟的计算域选取的是收缩段和实验段，选用的被动模拟装置为棒栅–粗糙元，模拟对象是无植被保护的翻耕地地表的风速剖面。

综合考虑模拟精度、计算稳定性和计算效率等问题，在 Fluent 软件中湍流模型选取 SST k-ω 模型。

4.3.2 划分计算网格

实验建立了 NK-1 风洞收缩段和实验段全尺度几何模型，x 轴正向为来流风向，图 4-13 为棒栅–粗糙元组合在 UG 软件中建立的风洞三维模型图。

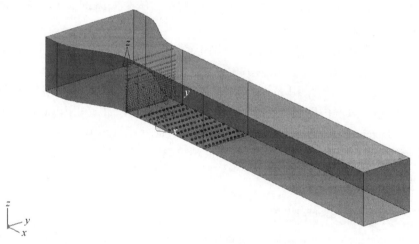

图 4-13　NK-1 可移动式风蚀风洞模型

在生成网格的过程中，由于含有不均匀分布的圆柱形棒栅的计算区域，较难生成结构化网格；同时风洞实验段中的粗糙元虽然形体规则，但其品字形的平面布置方式以及粗糙元的数量使得网格数量剧增；再加上收缩段的曲线外形与前后两段的几何结构类型不同造成统一划分网格更加困难。因此，将整个计算域共划分 7 个子区域，如图 4-14 所示。

1）A 区为收缩段前部，网格间距为流向 50mm 和垂向 14mm。

2）B 区为收缩段，网格间距沿流向由疏到密，最终间距为 35mm，取 successive ratio 值 1.004，采用 cooper 结构化方式划分网格。

3）C 区为多孔介质或棒栅所在区域，厚度为 70mm。这部分由于流动状态较复杂，因此采用体积较小的网格。在采用多孔介质时流向网格段数（interval count）为 4，用 map

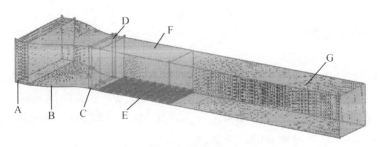

图 4-14　计算域整体网格划分（采用多孔介质）

结构化方式划分网格；在采用棒栅时在棒栅（直径 13mm）周围建立尺寸函数，起始尺寸（start size）为 1mm，最大尺寸（max size）为 10mm，增长比率（growth rate）取 1.1，用 cooper 结构化方式划分网格。

4）D 区为实验段开始区域，沿流向网格段数为 6。

5）E 区是粗糙元所在区域，这部分虽然高度不大，但它是小湍流涡生成的主要区域，因此网格也需要适当加密。粗糙元长宽高均为 25mm，粗糙元表面网格段数各取 6。

6）F 区在 E 区上方，此区域较 E 区流态较简单，因此网格可适当放大。取网格间距为流向、垂向各 15mm。

7）G 区为实验段后部，由于流态慢慢趋于稳定，因此设置网格间距沿流向由密到疏，起始间距为 35mm，successive ratio 为 1.01。

A、D、E、F、G 区均采用 map 结构化方式划分网格，各区域网格间接触面均设成 interface，且在整个风洞内壁面均设置 3 层边界层，第一层尺寸（first row）为 4mm，增长比率（growth factor）为 1.2。最终，在采用多孔介质时计算域共划分 2 108 067 个网格，如图 4-14 所示；在采用棒栅代回多孔介质进行验证时，总共划分 2 591 789 个网格，局部网格加密情况如图 4-15 所示。

4.3.3　引入多孔介质模型

由实用流体阻力手册（华绍曾和杨学宁，1985）可知，杆制格栅阻力系数可由下式得出：

$$\xi = P / \frac{\rho u^2}{2} = \beta_1 k_1 \sin\theta \tag{4-12}$$

式中，β_1 为杆型系数；k_1 为间隔系数；θ 为杆与流体流向的夹角。

由式（4-11）可知，在 Fluent 模拟计算时，多孔介质某单方向上压力降可表述为

$$P = C_2 \Delta n_i \frac{1}{2} \rho u^2 \tag{4-13}$$

式中，Δn_i 为多孔介质在某一方向上的厚度。

多孔介质模型惯性阻力系数 C_2 与杆制格栅阻力系数 ξ 之间的关系可由式（4-14）表述。

$$C_2 = \xi / \Delta n_i \tag{4-14}$$

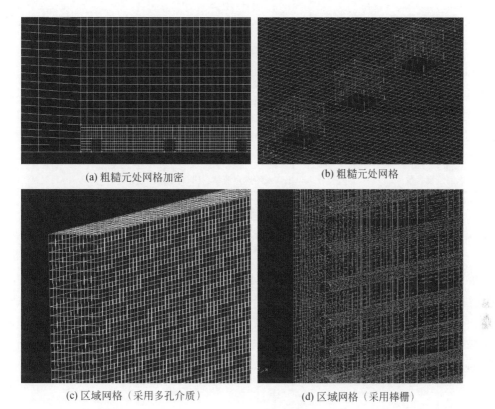

(a) 粗糙元处网格加密　　　　　　　(b) 粗糙元处网格

(c) 区域网格（采用多孔介质）　　　　(d) 区域网格（采用棒栅）

图 4-15　计算域局部网格

　　根据式（4-14）便可进行棒栅与多孔介质之间的转化。由初步粗略设定棒栅间距及式（4-12）~式（4-14），可求出多孔介质惯性阻力系数 C_2 与棒栅间距的对应关系，将其转化为 C_2 与高度 z 坐标的对应关系，并依据目标风速剖面进行调整、回归分析，最终得到最优拟合曲线如式（4-15）所示。

$$C_2 = 46.47 e^{-0.0043z} \tag{4-15}$$

　　由于平行棒栅形成阻力主要在 z 方向上变化，因此在多孔介质区域构造 $x \times y \times z = 3 \times 9 \times 20$ 的点矩阵，C_2 只随 z 坐标变化，从而构成包含阻力系数 C_2 及三维空间坐标 xyz 的 profile 文件，在 Fluent 设定多孔介质区域性质时引入。

4.3.4　参数设置

　　在 Fluent 模拟计算中参数设置见表 4-1。

表 4-1　数值模型参数设置

参数名称	参数设置
湍流模型	SST k-ω 模型
入口条件	质量入口，均匀来流风速 $u = 10\text{m/s}$，湍流强度 $I = 1\%$，湍流黏性比为 50%

参数名称	参数设置
体网格交界面	Fluid interface
计算域表面	无滑移固壁
出口边界条件	完全出流发展，相对静压0Pa
压力离散化方式	PRESTO
流体性质	可压缩流体
求解监视参数	残差，入口出口及特殊点流率，出口湍流黏性比

4.3.5 多孔介质模型模拟结果

采用多孔介质与粗糙元的组合模拟野外自然风速剖面，在迭代进行到1290步时停止计算。此时，相应变量残差均在1×10^{-4}以下，入口出口处流率相等并稳定，特殊点流率已稳定，出口湍流黏性比稳定在170以内，壁面Y+在30~200以内，故网格质量较高，计算结果可信。计算完成后，利用软件在风洞模型距实验段入口4m处轴线位置得出一条风速剖面，所模拟的风速剖面如图4-16所示。

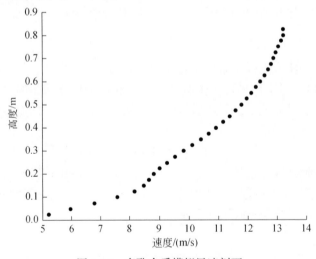

图4-16 多孔介质模拟风速剖面

对模拟风速随高度变化情况作分析处理构建，风剖面指数回归方程为$z = 0.0026e^{0.4516u}$，其形状如图4-17所示。指数函数回归方程的相关系数达0.960，证明采用多孔介质与粗糙元组合模拟所得风速剖面能够很好地满足风速随高度变化的对数率关系。

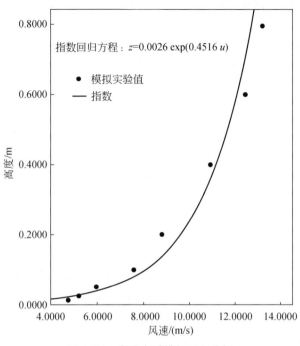

图 4-17 多孔介质模拟回归分析

4.3.6 引入棒栅验证

实验模拟对象是无植被保护的翻耕地地表的风速剖面，以天津周边农田翻耕地为例。根据 1995 年底至 1996 年底天津市气象塔的观测结果（解以扬和刘学军，2003），天津市平均风速一般在 3~14m/s，观测资料统计值见表 4-2。

表 4-2 天津市气象塔观测统计值

高度 z/m	5	10	20	30	40	60	80	100	120	140	160	180	200	220	250
平均风速 $u/(m/s)$	1.22	2	2.8	3.26	3.62	4.23	4.97	5.37	5.86	6.32	6.97	6.95	6.95	7.04	7.04

资料来源：解以扬和刘学军，2003

据式（2-63）和式（2-64）计算得天津市风速各特征参数值：摩擦速度 u_* 为 0.6613m/s，地表空气动力学粗糙度 z_0 为 0.0008m。故风洞风速剖面调节的基准风速剖面的方程为

$$z = 0.0008\ e^{0.60u} \tag{4-16}$$

（1）棒栅-粗糙元设计

模拟装置采用的平行棒栅长 900mm，直径 13mm，共 20 根，垂直于气流流速放置。以式（4-16）风速随高度变化形成的风速剖面作为风洞模拟调试的目标，由 4.3.3 节计算结

果反求出最适棒栅间隔，计算流程如图 4-18 所示。

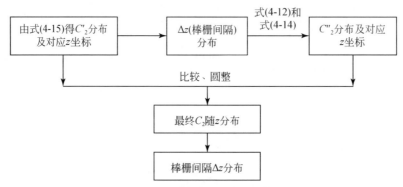

图 4-18   棒栅间隔计算流程图

所得棒栅间隔分布自下而上分别为 10mm、10mm、10mm、10mm、10mm、15mm、15mm、15mm、15mm、15mm、15mm、25mm、25mm、30mm、30mm、40mm、40mm、55mm、75mm。粗糙元长宽高均为 25mm，横向间距 50mm，纵向间距 150mm，第一排距入口 3000mm，粗糙元交错成"品"字形放置，共摆放 10 排，如图 4-14 所示。

（2）模拟验证

将棒栅引入风洞模型中后，其参数设置同 4.3.4 节，再次运用 Fluent 模拟计算。迭代进行到 1630 步时停止计算，此时，相应变量残差均在 1×10^{-3} 以下，入口出口处流率相等并稳定，特殊点流率已稳定，出口湍流黏性比稳定在 130 以内，壁面 Y+ 在 30～200，故网格质量较高，计算结果可信。计算完成后，在距实验段入口 4m 处轴线位置模拟出一条风速剖面，使用 SPSS 软件对模拟风速分析处理，结果见表 4-3。

表 4-3   风洞模拟风速随高度变化回归分析

湍流涡发生器模拟条件	回归方程	相关系数	标准差	F 值	F 检验
多孔介质	$z = 0.0026e^{0.4516u}$	0.9598	0.1078	143.033 6	0.2×10^{-4}
棒栅	$z = 0.0008e^{0.5724u}$	0.9858	0.0379	417.749 0	0.9×10^{-4}

分析两种模拟条件下所得风速的特征参数可知，两组数值相关系数达 0.991，证明多孔介质模型能够代替棒栅起到形成风切面的作用。同时，由表 4-3 可以看出，在多孔介质模拟所得风速剖面能够很好地满足对数率的前提下，由此导出的数据而推出的棒栅分布也能使风洞风速剖面较好地满足对数率。多孔介质模拟与棒栅模拟所得风剖面及基准曲线之间关系如图 4-19 所示。

在棒栅与粗糙元组合条件下形成的风速剖面与基准风速剖面间的相关系数达到了 0.993，相对误差在 2.6%～15.6%，在偏差的允许范围中，证明采用棒栅与粗糙元组合装置能使风洞风速剖面快速调节至所需的形状，风洞可以很好地模拟野外自然风。同时也可看出，用多孔介质模型替代平行棒栅的方法进行模拟是可行的。

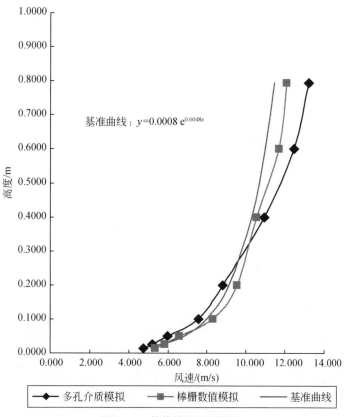

图 4-19　数值模拟风速剖面

4.3.7　棒栅–粗糙元模拟装置对流场特性的影响

本节主要在前文工作的基础上，分析了棒栅–粗糙元装置在流场中的作用，以及棒栅间距改变和粗糙元分布方式对流场的影响。

（1）棒栅–粗糙元装置的作用

棒栅–粗糙元组合是被动模拟大气边界层的一种装置，它是以棒栅作为湍流涡发生器，以一定长度的粗糙元来模拟地面粗糙物，从而来模拟近地大尺度涡旋和地面摩擦的共同作用而生成的湍流边界层。图 4-20 显示的是在入口流速 $u=10\text{m/s}$ 的状态下，沿流向方向风洞中轴线上的流场截面图。

由图 4-20（a）和图 4-20（b）可以看出，对形成对数速度剖面起主要作用的装置是棒栅。棒栅相互平行且间距自上而下递减放置，在流体经过时形成下大上小的阻尼，气流流速分层，处于风洞下部的气流流速减慢，而处于风洞上部的气流流速加快；当下方气流流经粗糙元时，在粗糙元后方的气流流速趋近于零，在流体间摩擦力的作用下，这部分处于

— 129 —

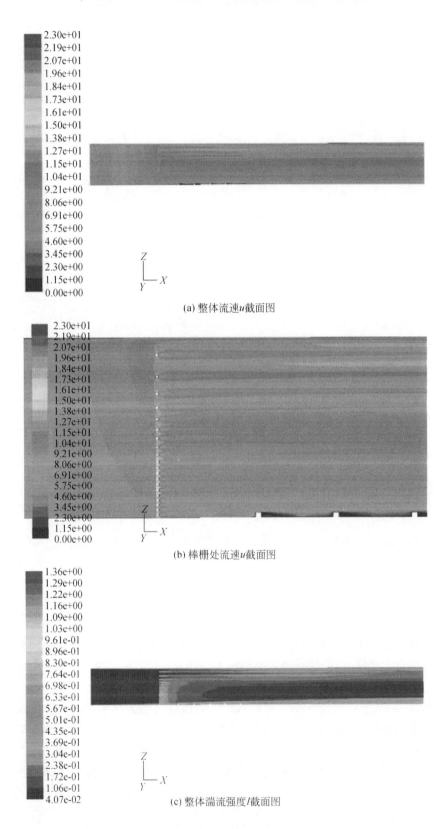

(a) 整体流速u截面图

(b) 棒栅处流速u截面图

(c) 整体湍流强度I截面图

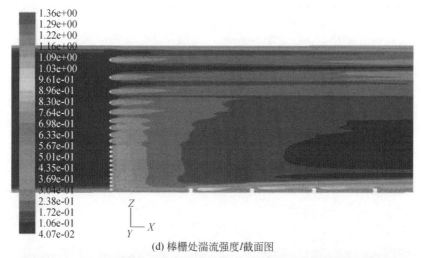

(d) 棒栅处湍流强度/截面图

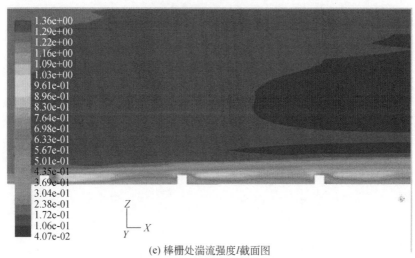

(e) 棒栅处湍流强度/截面图

图 4-20　风洞流场截面图 （$u = 10\text{m/s}$）

层流状态的流体使得流经粗糙元上部的流体进一步分层；流体在经过一段距离的发展和稳定之后，最终在风洞中形成满足对数率的风场。

　　棒栅-粗糙元的另一个作用就是在风场中形成湍流涡，提高风场湍流强度。如图 4-20（c）~图 4-20（e）所示，气流在流经棒栅前其湍流强度是均匀的，而且在 10% 以下，这显然与自然边界层不符。当气流通过棒栅后，形成了较大尺度的湍流涡，气流中少部分的动能转换为湍流的脉动能量，湍流强度变大但稳定性较差；当气流继续流经粗糙元上方时，在粗糙元背后形成的小的卡曼旋涡随着气流的上升与大湍流涡碰撞，湍动能逐渐耗散，湍流涡逐渐变小均匀化；经过一段距离的发展和稳定之后，最终在风洞中使主流气流湍流强度达到 13% 左右，且随高度增加而减小，形成满足模拟要求的风场。

(2) 棒栅间距对流场的影响

棒栅对边界层流场的形成主要起"粗调"作用，改变棒栅间距则会对流场产生一定的影响。图 4-21 为在入口流速 $u=10\mathrm{m/s}$ 时，采用原棒栅间距及间距加大 1.5 倍后距实验段入口 4m 处轴线位置的流场情况。

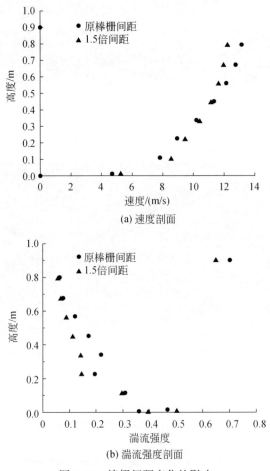

(a) 速度剖面

(b) 湍流强度剖面

图 4-21　棒栅间距变化的影响

棒栅能引起气流沿高度方向的动量亏损。由图 4-21 整个速度剖面的形状可以得知，风速梯度随着棒栅间距的变宽而逐渐变小。这是由于随着棒栅间距的变宽，风洞上下部阻塞率均变小，但由于下部阻塞率减小的幅度比上部要大，这样下部相对流速增大，同时因为下部阻塞率的减小流体向下滑落，上部相对流速减小。

同时，棒栅能使均匀的来流在不同的方向上按一定的强度和比例产生旋涡。当棒栅间距变宽时，湍流强度剖面的形状发生了一定的变化，处于 200～400mm 高度的气流湍流强度剖面向内凹进，气流湍流强度降幅较大。

通过以上分析可以得到，在进行风场模拟时，如果已经模拟的流场风速梯度及湍流强度较大时，可以通过增大棒栅间距来加以调节。

（3）粗糙元分布对流场的影响

粗糙元对边界层流场的形成主要起"细调"作用，它仅对近地面的风速剖面产生影响，影响范围不是很大；但同时，粗糙元对流场湍流强度特性具有一定影响，图 4-22 为气流流经粗糙元时垂直于流向的湍流强度截面图，各截面位置分布见表 4-4。

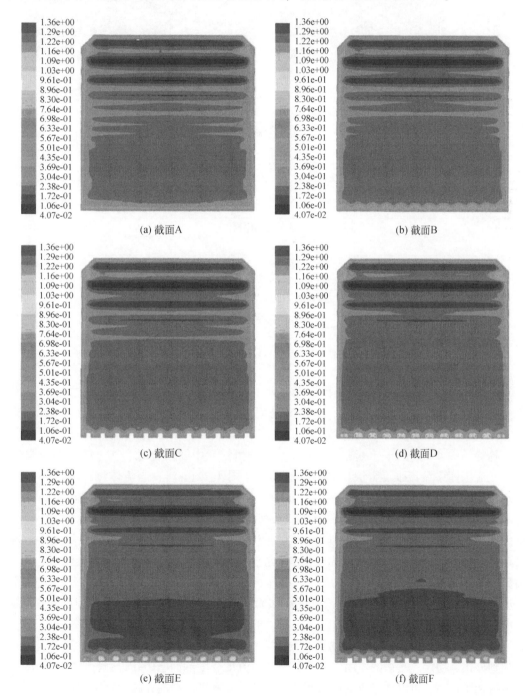

(a) 截面A

(b) 截面B

(c) 截面C

(d) 截面D

(e) 截面E

(f) 截面F

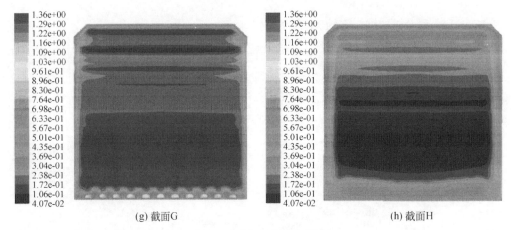

(g) 截面G　　　　　　　　　　(h) 截面H

图 4-22　湍流强度截面图

表 4-4　截面位置分布

截面名称	距实验段入口距离/m	说明
A	0.275	第一排粗糙元前 25mm 处，代表气流流经粗糙元前的状态
B	0.300	第一排粗糙元的起始位置
C	0.325	第一排粗糙元的结束位置
D	0.400	第一排粗糙元结束后 75mm 处，位于第一、二排粗糙元的中央，较能代表气流流经第一排粗糙元后的状态
E	0.475	第二排粗糙元的起始位置
F	0.500	第二排粗糙元的结束位置
G	0.575	第二排粗糙元结束后 75mm 处，较能代表气流流经第二排粗糙元后的状态
H	3.000	粗糙元排列结束后 1.1m 处，代表气流流经粗糙元后流场发展较充分的状态

由图 4-22 可以看出，在流经粗糙元之前，气流中湍流强度主要在 30% 左右，且沿垂直方向上左右波动［图 4-22(a)］；在流经粗糙元起始处时，气流底部形成微小湍流涡［图 4-22(b)］；在经过第一排粗糙元后，气流底部湍流强度略大，主体中湍流强度分层有减弱趋势［图 4-22(c)］；气流经过第一、二排粗糙元中间位置时，气流底部湍流强度变大，气流主体中湍流强度分层趋势进一步减弱［图 4-22(d)］；当流体流经第二排粗糙元起始位置时，由于粗糙元的"品"字形放置，流经第一排粗糙元间隙的气流也遇到阻塞，之前形成的小湍流涡进一步打碎、分化、平衡，底部湍流涡随边界层变化而上升，与主流中大湍流涡碰撞，减少了部分湍动能，由此使得风洞下部气流湍流强度减小并再次出现分层趋势［图 4-22(e)］；随着气流的继续前进，气流底部湍流强度分层逐渐上升，中下部湍流强度随高度缓慢减小［图 4-22(f) ~ 图 4-22(g)］；在经过较充分的发展后，气流主体湍流强度都稳定在 13% 左右，且随高度增加而减小，但由于壁面效应，风洞上部气流湍流强度又有变大趋势［图 4-22(h)］。

通过以上分析可以得到，在进行风场模拟时，粗糙元对风场分布尤其是湍流强度分布主要起到分化、稳定、平衡的作用。如果已模拟的流场速度剖面已经接近目标形状，但湍流强度不符合要求时，可以通过改变粗糙元参数（如放置密度、粗糙元高度）来加以调节。

(4) 入口气流流速的影响

图 4-23 分别给出了在入口处气流流速 $u=5\text{m/s}$、10m/s 及 20m/s 的状态下,距实验段入口 4m 处轴线位置的流场剖面图。

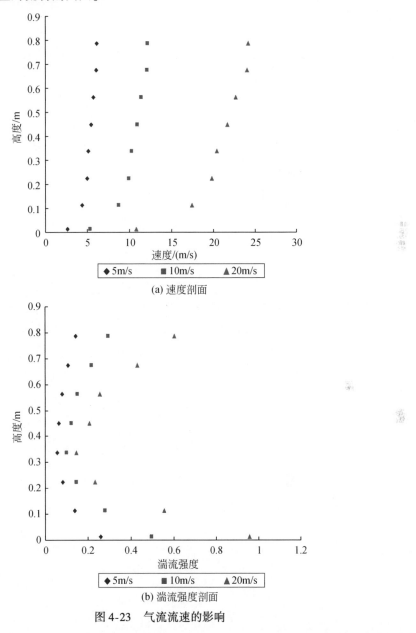

图 4-23 气流流速的影响

由图 4-23 可以看出,随着入口气流速度的增加,所得的风速剖面在图 4-23(a)中依次右移,但风速梯度随着入口气流速度的增加而逐渐变小,在风洞上部的风速增幅比下部要大,这是由于风洞下部阻塞率较大,具有层流边界层所致;同时,风洞中的湍流强度也随着气流流速的增加而增大,所不同的是,随着风速的增大,在风洞上下两端气流的湍流强度增幅较大，而在风洞中间部分的气流增幅较小。

（5）测量点位置的影响

图4-24分别给出了在入口处气流流速 $u=10\text{m/s}$ 时，距实验段入口不同 x 处轴线位置的流场剖面图。

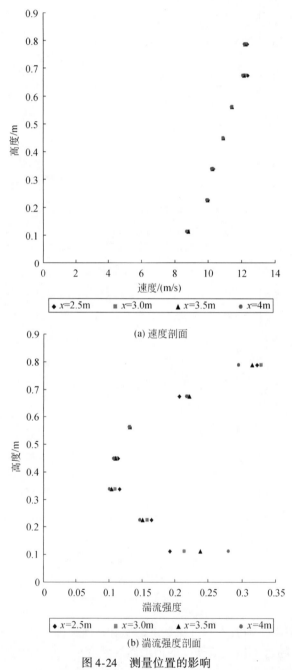

(a) 速度剖面

(b) 湍流强度剖面

图4-24　测量位置的影响

由图 4-24 可以看出，在离风洞实验段入口距离 $x = 2.5\text{m}$ 之后，其中轴线上的速度剖面几乎不随测量位置的变化而变化，证明速度场在离风洞实验段入口距离 $x = 2.5\text{m}$ 之后已经发展完全；而随着 x 的增加，湍流强度在风洞上下两端有增大趋势，而中间部分的湍流强度略有减小，证明随着气流的发展，气流中的湍动能逐渐向风洞上下两端转移。

4.3.8 室内风洞实验研究

根据数值模拟的结果确定了棒栅–粗糙元装置的铺设方式，本节在此基础上进行室内风洞实验，对所得流场特性进行分析，并与数值模拟结果进行比较研究。

（1）棒栅–粗糙元模拟装置

在本书中，采用平行棒栅–粗糙元组合来模拟大气边界层。其中，平行棒栅是安装在两平行杆上的长度与风洞入口截面宽度相等且可调节间距的一组圆棒，安装在风洞实验段入口截面处。

粗糙元是一些 $25\text{mm} \times 25\text{mm} \times 25\text{mm}$ 的立方体块，由实心铁块所制，具有一定的重量，以防止在风洞运行时被风吹动。为调节方便，将粗糙元每一行按照一定的块距固定在一根与风洞截面宽度等长的狭长条扁钢上，将固定粗糙元的扁钢平行放置就形成了粗糙元阵列，调节扁钢之间的距离就相当于调节粗糙元阵列的行距，增减所布置的扁钢的数目就相当于改变粗糙元的数量，由此可以方便地调节粗糙元对风力的阻抗作用。棒栅–粗糙元具体摆放参数同风洞数值模拟的 4.3.6 节（1）中棒栅–粗糙元设计，风洞运行参数设置参考 4.3.4 节表 4-1 数值模型中参数设置，实验照片如图 4-25 所示。

图 4-25 风洞中棒栅、粗糙元布置情况

（2）风洞实验结果分析

实验按照（1）中所述进行采样，图 4-26 为在实验段入口气流流速 $u=10\text{m/s}$ 的状态下，距实验段入口 4m 处轴线位置的速度剖面与数值模拟结果的比较图。

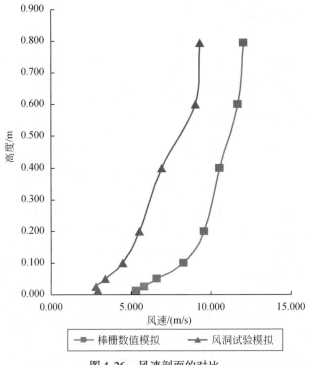

图 4-26　风速剖面的对比

由图 4-26 可以看出，室内风洞实验所得风速剖面与数值模拟所得形状、趋势基本一致。经计算可知，风洞实验实测结果与模拟所得剖面的相关系数为 0.974，两条剖面吻合程度较高，证明用数值模拟的方法进行前期的风洞设计指导性模拟是可行的。而风洞实验实测结果所示剖面在数值上略小于数值模拟所得的剖面，经分析认为是由于实际风洞风场中阻力大于理想情况以及风速控制系统的系统误差所致。

本实验还在不同风速条件下进行了采样，图 4-27 为在实验段入口气流流速 $u=5\text{m/s}$、10m/s 及 15m/s 的状态下，距实验段入口 4m 处轴线位置的流场剖面图。由图 4-27 可以看出，室内风洞实验时，所得的风速剖面也基本满足对数形状；同时，与图 4-26 相比较可知，随着入口气流速度的增加，所得的风速依次增大，但风速梯度随着入口气流速度的增加而逐渐变小，在风洞上部的风速增幅比下部要大，这些都与数值模拟风洞的实验结果相一致。另外，流场湍流强度也随风速的增大而增大，这也与数值模拟的结论相符。但是室内风洞实验的实测结果明显比数值模拟结果偏小，说明在室内风洞实验时气流湍动能耗散速度远大于理想状态，同时也说明 CFD 数值模拟技术还需要继续完善和发展。

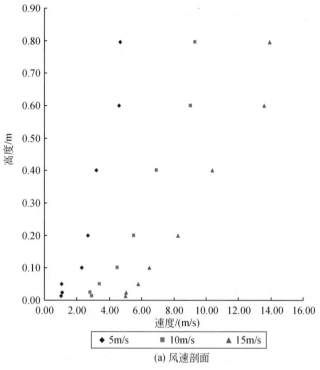

(a) 风速剖面

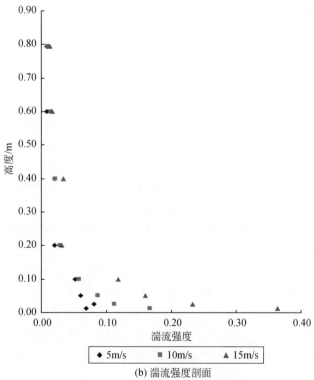

(b) 湍流强度剖面

图 4-27　室内风洞测试流场特性

4.4 模拟实例2——OFDY-1.2型风洞大气边界层模拟装置

4.4.1 平行棒栅与粗糙元的设计

针对OFDY-1.2型风蚀风洞的结构特点，该风洞采用平行棒栅与粗糙元组合法来形成风洞气流边界层，并以此装置调节风洞风速廓线。将若干根直径为13mm，长度与风洞工作段截面宽度相等的两端开孔的平行圆棒，滑套在两根直径为8mm的竖直杆上，并用螺钉紧固和松开，以此改变相邻圆棒之间的距离。这种风速廓线的调节技术措施与1996年所报道的美国农业部的当今世界上较为先进的可移动式风蚀风洞风速廓线的调节技术措施（Pietersma et al.，1996）的主要区别在于美国的风洞采用粗丝金属网格通过调节横丝间的间距来调节风速廓线，而该风洞则通过调节平行圆棒之间的垂直间距来调节风洞风速廓线。由于平行棒栅比粗丝网具有较少的竖杆，故对风场扰动较小。此外，平行棒栅的调节与粗丝网相比更为方便。使用时安装在风洞工作段入口处，棒栅间距调节合适后，可用紧固螺钉将平行圆棒紧固在竖直杆上。粗糙元采用25mm×25mm×25mm的立方体木块，按照一定规律布置在工作段入口附近的底面上。

4.4.2 具体调节和布置方法

OFDY-1.2型风洞采用平行棒栅与粗糙元两种调节装置，使洞内靠近底部的气流受阻，从而使气流速度形成自下而上增大的速度梯度。平行棒栅是安装在两平行杆上其长度与风洞入口截面的宽度相等且可调节间距的一组水平圆棒，如图4-28所示。

使用时安装在风洞工作段入口截面处，并将棒栅的间距调节成下密上疏的分布形式，这样使气流的实际流通截面形成下小上大的形式，则气流穿过棒栅流动时，其受阻程度自上而下递增，气流在截面上的流动速度就会形成自下而上的梯度。

粗糙元是一组尺寸为25mm×25mm×25mm的立方体木块，按照错列布置形式放置在风洞工作段入口附近的底板上，如图4-29所示。上游来风流经粗糙元阵列时，底板附近的风力在粗糙元阵列的阻抗作用下产生速度亏损。改变粗糙元布置的密度和数量可以改变对风力的减弱作用，从而可以达到对底板附近风速减弱的作用。为方便调节，将粗糙元阵列的每一行按照一定的块距固定在一根与风洞截面宽度等长的狭长条扁钢上，如图4-30所示。将固定粗糙元的扁钢平行放置就形成了粗糙元阵列，调节扁钢之间的距离就相当于调节粗糙元阵列的行距，增减所布置的扁钢的数目就相当于改变粗糙元的数量，由此可以方便地调节粗糙元对风力的阻抗作用。

调节时，先用平行棒栅将风速廓线调节至接近于目标风速廓线，然后用粗糙元进行细调。调节、测试反复交替进行，最终可将风速廓线调节至与目标风速廓线令人满意的

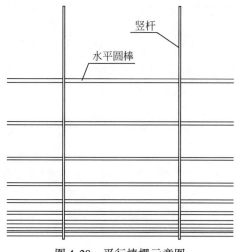

图 4-28　平行棒栅示意图

资料来源：范贵生，2005

结果。

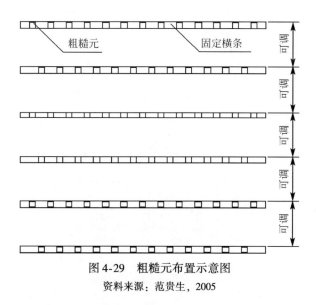

图 4-29　粗糙元布置示意图

资料来源：范贵生，2005

4.4.3　风洞风速廓线调节结果与结论

测试截面选取距工作段入口处 300mm、1800mm、3600mm 和 5400mm 四个截面作为测量面，在图 4-31 中分别标记为 A、B、C、D 截面。在每一个截面上的测点布置如图 4-32 所示。

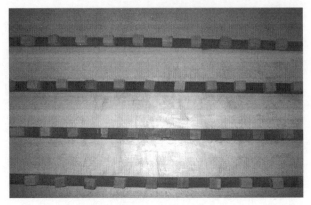

图 4-30   粗糙元

资料来源：段云，2006

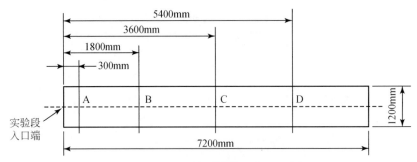

图 4-31   风洞工作测试截面布置示意图

资料来源：范贵生，2005

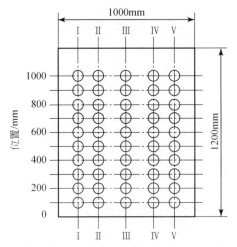

图 4-32   风洞实验段测试截面测点布置示意图

图中圆圈为测点，数据为测点在横截面的位置

资料来源：范贵生，2005

注：圆圈代表测点位置

风速廓线调节结果如图 4-33 所示。调节至图 4-33 " ＊ " 号所代表的风速廓线时，棒栅间距（不含圆棒的直径）自下而上分别为 1.5cm、1.5cm、3.5cm、3.5cm、4.5cm、6cm、6cm、6cm、6cm、5.5cm、6.5cm、6cm、6.5cm、4.5cm、4.5cm 和 6cm。四条粗糙元横条的布置自风洞实验段入口至下游每两条粗糙元横条之间的距离为 15cm。

从图 4-33 可以看出，单一棒栅调节的调节效果是不理想的，符号 " □ " 代表的风速廓线与基准曲线相差甚远。在粗调棒栅之后再细调棒栅，风速分布曲线也不能完全靠近基准曲线，如符号 " △ " 代表的风速廓线与基准曲线相差较远，但相比粗调棒栅，已经有了一定的改善。棒栅细调后再用粗糙元配合调节，风速廓线接近于基准曲线，如符号 " ＊ " 代表的风速廓线与基准曲线非常接近，快速达到了较为满意的调节效果，而且符号 " ＊ " 代表的风速廓线在 0~96cm 的高度范围内单调递增，超过 96cm 后风速不再变化，这说明底板边界层的厚度可达 96cm。

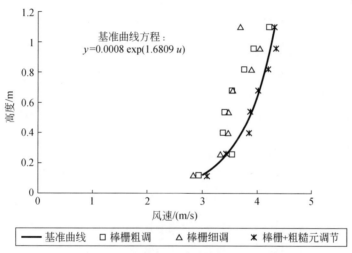

图 4-33　D 截面风洞底板边界层风速廓线调节
资料来源：范贵生，2005

因此，从调节的最终效果看，采用棒栅与粗糙元组合装置调节能使风洞风速廓线快速调节至所需的结果，而且能实现加厚底板大气边界层厚度的目标，是一种快捷方便的大气边界层调节方法，并可以达到让人满意的结果。

<h2 style="text-align:center">参 考 文 献</h2>

艾辉林，陈艾荣. 2010. 跨海大桥桥塔区风环境数值风洞模拟. 工程力学，27（Sup. I）：196-199，204.

陈凯，毕卫涛，魏庆鼎. 2003. 振动尖塔对风洞模拟大气湍流边界层的作用. 空气动力学报，21（2）：211-217.

陈水福，孙炳楠，唐锦春. 1997. 建筑表面风压的三维数值模拟. 工程力学，14（4）：38-43.

陈天及，龚璐洁，谢堃. 2010. 茄子冷冻过程热湿迁移数值模拟研究. 食品工业科技，10：344-351.

陈文礼，李惠. 2005. 圆柱非定常绕流及风致涡激振动的 CFD 数值模拟. 西安：第十二届全国风工程学术会议论文集.

段云. 2006. 典型风蚀地况近地表风廓特性的风洞模拟研究. 内蒙古：内蒙古农业大学硕士学位论文.

范贵生. 2005. 可移动式风蚀风洞设计及其空气动力学性能研究. 内蒙古：内蒙古农业大学博士学位论文.

高莹. 2011. 风蚀风洞中棒栅–粗糙元对流场特性影响的模拟分析. 天津：南开大学硕士学位论文.

华绍曾, 杨学宁. 1985. 实用流体阻力手册. 北京：国防工业出版社.

黄东群, 马健, 董力耘, 等. 1999. 大气边界层流场的模拟与大气边界层风洞. 上海力学, 20 (1)：10-15.

黄鹏, 全涌, 顾明. 1999. TJ-2 风洞大气边界层被动模拟方法研究. 同济大学学报, 27 (2)：136-144.

黄鹏, 施宗城, 陈伟, 等. 2001. 大气边界层风场模拟及测试技术的研究. 同济大学学报, 29 (1)：40-44.

江利锋, 叶宏. 2010. 植被红外特征的多孔介质模拟. 计算物理, 27 (2)：245-250.

李惠君. 2008. 大气边界层特性的风洞模拟研究. 浙江：浙江大学博士学位论文.

李明水, 廖海黎, 陈淳. 2009. 西南交通大学大型大气边界层风洞//崔京浩. 第十四届全国结构风工程学术会议论文集（下册）. 北京：《工程力学》杂志社. 4：966-969

李永乐, 卢伟, 李明, 等. 2007. 水风洞短实验段中基于被动技术的大气边界层模拟. 实验流体力学, 21 (3)：82-85, 96.

刘尚培, 符致福. 1984. 大气边界层的风洞模拟技术. 气动力学杂志, 3：8-15.

卢曦, 吴文权. 2004. 环境风洞的模拟技术研究. 上海理工大学学报, 26 (3)：243-246.

罗家泉, 江河. 1989. 航空风洞中大气边界层的模拟. 气动实验与测量控制, 3 (4)：21-27.

孟繁孔, 李志信. 2008. 多孔介质振荡流格子-Boltzmann 模拟. 清华大学学报（自然科学版）, 48 (11)：1817-1820.

倪亚琴. 1995. 涡流发生器研制及其对边界层的影响研究. 空气动力学学报, 13 (1)：110-116.

钮珍南, 诸前康, 张伯寅. 1993. 风洞模拟近地面大气边界层. 空气动力学学报, 29 (1)：40-44.

庞加斌, 林志兴, 陆烨. 2004. 关于风洞中用尖劈和粗糙元模拟大气边界层的讨论. 流体力学实验与测量, 18 (2)：32-37.

庞加斌, 林志兴. 2008. 边界层风洞主动模拟装置的研制及实验研究. 实验流体力学, 22 (3)：80-85.

彭攀, 李名殷. 2009. 多孔介质模型在电机温升计算中的应用. 上海大中型电机, (3)：3-5.

施宗城. 1994. 中性大气边界层模拟实验调试方法研究. 同济大学学报, 22 (4)：469-474.

佟华, 桑建国. 2002. 北京海淀地区大气边界层的数值模拟研究. 应用气象学报, (13)：51-60.

王福军. 2004. 计算流体动力学分析-CFD 软件原理与应用. 北京：清华大学出版社.

王洪涛, 董治宝, 钱广强, 等. 2003. 关于风沙流中风速廓线的进一步实验研究. 中国沙漠, 23 (6)：721-724.

王志国, 王家征, 张雪莲, 等. 2010. 油藏多孔介质渗流过程优先流现象研究. 内蒙古石油化工, (17)：146-148.

吴雄华, 施宗城. 1996. 风对建筑物体绕流的数值模拟. 同济大学学报, 24 (4)：456-460.

武凤鸣. 2005. OFDY-1.2 移动式风蚀风洞投入使用. 农机科技推广, (5)：38.

熊莉芳, 林源, 李世武. 2007. k-ε 湍流模型及其在 FLUENT 软件中的应用. 工业加热, 36 (4)：13-15.

解以扬, 刘学军. 2003. 天津气象塔风温梯度观测资料的统计特征. 气象, 29 (1)：12-16.

徐洪涛, 廖海黎, 李明水, 等. 2009. 利用尖劈和粗糙元技术模拟大气边界层的研究. 公路交通科技, 26 (9)：76-84.

徐有宁, 史俊瑞, 解茂昭, 等. 2010. 多孔介质燃烧–换热器内燃烧和传热的数值模拟. 热能动力工程, 25 (6)：648-652.

许伟. 2007. 大气边界层风洞中风场的数值模拟. 哈尔滨：哈尔滨工业大学硕士学位论文.

颜大椿 . 1992. 实验流体力学 . 北京：高等教育出版社 .

张楠 . 2005. 基于多孔介质模型的城市滨江大道风环境数值模拟研究 . 长沙：中南大学硕士学位论文 .

郑本有 . 2008. 基于 ANSYS 的数值风洞模拟初探 . 北京：北京交通大学硕士学位论文 .

Apsley D，Castro I P. 1997. Flow and dispersion over hills：Comparison between numerical predictions and experimental data. Journal of wind engineering and industrial aerodynamics，67-68：375-386.

Badawi Y M，Duwairi H M. 2010. MHD natural convection with Joule and viscous heating effects in iso-flux porous medium-filled enclosures. Applied Mathematics and Mechanics，31（9）：1105-1112.

Balendra T，Shah D A. 2002. Evaluation of flow characteristics in the NUS-HDB Wind Tunnel. Journal of Wind Engineering and Industrial Aerodynamics，90（6）：675-688.

Bortoli M E，Natalini B，Paluch M J. 2002. Part-depth wind tunnel simulation of the atmospheric boundary layer. Journal of Wind Engineering and Industrial Aerodynamics，（90）：281-291.

Campbell G S，Standen N M. 1969. Progress report II on simulation of earth's surface winds by artificially thickened wind tunnel boundary layers. Ottawa：National Aeronautical Establishment.

Cao S Y，Nishi A，Kukugawa H，et al. 2002. Reproduction of wind velocity history in a multiple fan wind tunnel. Journal of Wind Engineering and Industrial Aerodynamics，90（12-15）：1719-1729.

Cermark J E. 1976. Aerodynamics of Building. Annual Review of Fluid Mechanics，8：75-106.

Cermark J E. 1995. Progress in physical Modeling for wind engineering. Journal of Wind Engineering and Industrial Aerodynamics，54/55：439-455.

Counihan J. 1973. Simulation of an adiabatic urban boundary layer in a wind tunnel. Atmospheric Environment，7（7）：673-68 .

Farell C，Iyengar A K S. 1999. Experiments on the wind tunnel simulation of atmospheric boundary layers. Journal of Wind Engineering and Industrial Aerodynamics，79（1-2）：11-35.

Feiz A A，Ould-Rouis M，Lauriat G. 2003. Large eddy simulation of turbulent flow in a rotating pipe. International Journal of Heat and Fluid Flow，24（3）：412-420.

Fluent A. 2006. Fluent 6. 3 Documentation. Lebanon，NH：Fluent Inc.

Grigoriadis D G E，Bartzis J G，Goulas A. 2004. Efficient treatment of complex geometrics for Large eddy simulation of turbulent flows. Computers and Fluids，33（2）：201-202.

Hunt J C R，Fernholz H. 1975. Wind-tunnel simulation of the atmospheric boundary layer：a report on Euromech 50. Journal of Fluid Mechanics，70（3）：543-559.

Irwin. 1981. The design of spires for wind simulation. Journal of Wind Engineering and Industrial Aerodynamics，7（3）：361-366.

Ivan M，Pierres. 2002. Large eddy simulation of flow around an airfoil near tall. AIAA Journal，40（6）：1139-1145.

Nee V W，Dieterick C，Betchov R，et al. 1973. The simulation of the atmospheric surface layer with volumetric flow control. Proceedings Institute of Environmental Sciences：483-487.

Nield D A，Bejan A. 1999. Convection in Porous Media. New York：Springer-Velag Inc.

Patankar S V，Spalding D B. 1974. A calculation procedure for the transient and steady state behavior of shell-and-tube heat exchangers//Afgan N F，Schlunder E V. Heat exchangers：Design and Theary Source Book. New-York：McGraw-Hill：155-176.

Phillips J C，Thomas N H，Perkins R J，et al. 1999. Wind tunnel velocity profiles generated by differentially-spaced flat plates. Journal of Wind Engineering and Industrial Aerodynamics，80（3）：253-262.

Pietersma D，Stetler L D，Saxton K E. 1996. Design and aerodynamics of a portable wind tunnel for soil erosion and fugitive dust research. Transactions of the ASAE, 39 (6): 2075-2083.

Piller M, Nobllel E, Thomas J. 2002. DNS study of turbulent transport at low Prandtl numbers in a channel flow. Journal of Fluid Mechanics, 458: 419-441.

Prithiviraj M, Andrews M J. 1998. Three dimensional numerical simulation of shell- and- tube heat exchangers. Numerical heat transfer part Application, 33 (8): 799-816, 817-828.

Rollet-Miet P, Laurence D, Ferziger J. 1999. LES and RANS of turbulent flow in tube bundles. International Journal of Heat and Fluid Flow, 20 (3): 241-254.

Shih T H, Liou W W, Shabbir A, et al. 1995. A new k- ε eddy Viscosity model for high Reynolds number turbulent flows. Compute Fluids, 24 (3): 227-238.

Shimada K, Takei K, Yamamoto S, et al. 1999. Application of 3D numerical analysis on the prediction of Aerodynamics forces of a tall stack cross section. Journal of wind engineering and industrial aerodynamics, 81 (1-3): 391-401.

Teunissen H W. 1975. Simulation of the planetary boundary layer in a multiple-jet wind tunnel. Atmospheric Environment, 9: 145-174.

Wissink J G. 2003. DNS of separating low Reynolds number flow in a turbine cascade with incoming wakes. International Journal of Heat and Flow, 24 (4): 626-635.

Zhou Y S, Stathopoulos T. 1997. A new technique for the numerical simulation of wind flow around building. Journal of wind engineering and industrial aerodynamics, 72: 137-147.

第5章　可移动式风蚀风洞辅助系统及测量

可移动式风蚀风洞作为风蚀研究的重要设备，其流场能否真实反映近地表土层的风况是风洞研究的关键所在，因此配置风洞气流品质测试系统或辅助系统，检测其主要空气动力学特性指标、检验可移动式风蚀风洞的可靠性和实用性，并为该风洞今后的改进提供依据。在可移动风蚀风洞的室内外实验过程中，通过其辅助系统获取风洞实验研究所必需的、准确的风洞气流数据，对于防沙治沙、实施保护性耕作措施的农田表层土壤抗风蚀能力评价，以及研究改善城市环境空气颗粒物污染控制技术等具有重要意义。本章主要介绍可移动式风蚀风洞的数据采集与控制系统结构、组件，风洞内风速测量仪器与方法，辅助系统的接地与保护，以 NK-1 可移动式风蚀风洞为实例，利用采集数据对其空风洞流场的动力学特性指标进行了检验。

5.1　数据采集与控制系统

5.1.1　概述

可移动式风蚀风洞数据采集与控制系统的作用是获取风洞运行中动力系统和洞体内（特别是实验段）流场和实验对象的静动态物理参数数据，用以检测风洞实验段流场的空气动力学性能或气流品质以及动力系统运行情况。该系统要对风洞风速进行实时闭环控制，要求在稳定的风速下完成实验。在流场与所研究的流场模拟的情况下，启动采集系统开始进行实验数据采集和处理。随着电子计算机技术、通信技术和监测仪器设备等的进步和完善，风洞数据采集和控制系统不断向可视化、自动化、微型化、精确化等方向发展。在我国航空航天研究领域，一批先进数据采集控制系统和传感技术已经在各类风洞中大量使用。近年，在民用风洞工程领域，也研制了几个具有先进流场指标和较高效率的风洞。例如，内蒙古农业大学的可移动式风蚀风洞，就依据现代测试技术理论和虚拟仪器的思想，在配置风洞空气动力学特性测试硬件系统的基础上，利用 LabVIEW 平台开发出了一套能在通用计算机上实现风洞数据采集、分析及处理的软件系统。测试过程中通过传感器把被测物理量，如气流流动管路的总压、管道截面的静压等，转化成电信号，然后通过数据采集系统逐个采样，量化成数字信号，送入计算机分析、计算、存储，最后以文字、图表或图形等方式表达。

参考内蒙古农业大学可移动式风蚀风洞测试系统的配置要求，同时考虑风蚀风洞对于土壤风蚀起尘、迁移、传输等的定量模型化研究的应用要求，对风洞数据采集与控制系统提出如下基本要求。

1）具备对风洞实验段风速廓线的测试功能。即要求数据采集与控制系统应与风速廓线测试装置连接，并及时、准确地计算与存储实验数据，获得风洞实验段流场的性能指标，继而用于风蚀研究。

2）满足对实验段各截面处时均风速和瞬时风速的测定。时均风速是风蚀研究中最基本的流动参数，它的测定有助于研究实验段不同高度处土壤颗粒的运动状态，继而为土壤风蚀起尘、迁移、传输等定量研究服务。

3）要具有测试实验区来流流场湍流强度沿高度分布测试的能力。

5.1.2　系统硬件模块

NK-1 可移动式风蚀风洞数据采集与控制系统以工业控制计算机（简称工控机）为核心，附加变频器、差压传感器、信号调理器等设备组成，如图 5-1 所示。该系统各控制模块均以工控机为中心，形成风速闭环控制系统，是风洞数据采集和处理的前提条件，其调节精度关系到整个数据的精度和准确度。NK-1 可移动式风蚀风洞控制系统的主要硬件设备有变频器、22kW 交流异步电动机、工控机、电机控制卡（PCL-839）、数据采集卡（PCL-818LS）、小压差传感器、信号调理器、稳压电源等。系统控制指令的发出、实验数据的采集与处理均由主机完成。

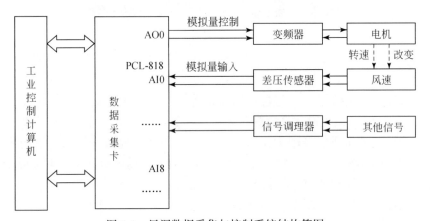

图 5-1　风洞数据采集与控制系统结构简图

（1）变频器

通常，把电压和频率固定不变的工频交流电变换为电压或频率可变的交流电的装置称作变频器。变频器是控制交流电机改变转速的常用设备。因为异步电机的同步转速与电源频率成正比，所以可利用变频器改变电源频率，从而稳定平滑地调节电机转速，电机带动风扇改变风量。王晓英等（2006）关于低速风洞测控系统的改进研究结果表明，使用变频器可以改变交流电机的输入频率，达到改变电机转速的目的。变频调节的主要优点包括操作简便、精度高、易于控制，与一般调节阀调节流量相比节能显著。该系统所用变频器控制电路端子的连接图，如图 5-2 所示。

变频器对电动机进行控制是根据电动机的特性参数及电动机运转要求，对电动机提供

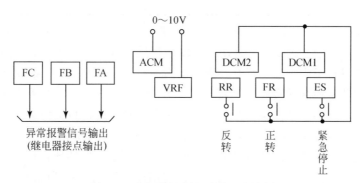

图 5-2　变频器控制电路端子连接图

电压、电流、频率进行控制达到负载的要求。变频器控制电机转速的方式很多，主要包括 U/F 恒定控制、转差频率控制、矢量控制、直接转矩控制等。

1）U/F 恒定控制。U/F 恒定控制是控制电压（voltage）与频率（frequency）之比，称为 U/F 控制。U/F 控制是在改变电动机电源频率的同时改变电动机电源的电压，使电动机磁通保持一定，在较宽的调速范围内，电动机的效率、功率因数不下降。恒定 U/F 控制存在的主要问题是低速性能较差，转速极低时，电磁转矩无法克服较大的静摩擦力，不能恰当调整电动机的转矩补偿和适应负载转矩的变化；其次是无法准确地控制电动机的实际转速。

U/F 恒定控制方式以控制转速为目的，多用于风机、泵类节能型变频器。由于恒定 U/F 变频器是转速开环控制，由异步电动机的机械特性可知，设定值为定子频率也就是理想空载转速，而电动机的实际转速由转差率所决定，所以 U/F 恒定控制方式存在的稳定误差不能控制，故无法准确控制电动机的实际转速。

2）转差频率控制。转差频率是施加于电动机的交流电源频率与电动机转速的差频率，通过控制转差频率来控制转矩和电流。转差频率控制需要检出电动机的转速，构成速度闭环，速度调节器的输出为转差频率，然后以电动机速度与转差频率之和作为变频器的给定频率。与 U/F 控制相比，其加减速特性和限制过电流的能力得到提高。另外，转差频率控制有速度调节器，利用速度反馈构成闭环控制，速度的静态误差小。

3）矢量控制。也称磁场定向控制，是将异步电动机的定子电流矢量分解为两个分量，产生磁场的电流分量（励磁电流）和产生转矩的电流分量（转矩电流），并分别控制，同时控制两分量间的幅值和相位，即控制定子电流矢量。简单地说，矢量控制就是通过一系列等效变换，使交流电机调速等效成直流电机的调速特性。

矢量控制的应用场合一般对传动场合有比较高的要求。例如，要求的恒转矩调速范围指标高，恒功率调速的范围比较宽，因此其控制系统可应用于要求高速运转的工作机械，适应恶劣的工作环境，拥有高精度的电力拖动、四象限运转。

矢量控制具有动态的高速响应、低频转矩增大、控制灵活等优点。矢量控制不同于 U/F 控制，它在低速时可以输出 100 % 的力矩，而 U/F 控制在低速时因力矩不够而无法工作。矢量控制的不足和解决方法：按转子磁链定向会受到电机参数（如转子电阻）变化的影响而失真，从而降低了系统的调速性能。采用智能化的调节器可以克服这一缺点，提高系统的鲁棒性。

4）直接转矩控制（direct torque control，DTC）。1985 年，德国鲁尔大学的德彭布洛克（Depenbrock）教授首次提出了直接转矩控制理论，该技术在很大程度上解决了矢量控制的不足，它是以转矩为中心进行综合控制，而不是通过控制电流、磁链等量对转矩进行间接控制。直接转矩控制的实质是利用空间矢量/定子磁场定向的分析方法，在定子坐标系下分析异步电动机的数学模型，对定子磁链和电磁转矩进行直接控制的。

转矩控制的优越性在于：①这种方法本质上并不需要转速信息，无需复杂的坐标变换，所引入的定子磁链观测器能容易估算出同步速度信息，方便地实现无速度传感器，这种控制被称为无速度传感器直接转矩控制。②选用高性能的 DSP 和高精度的光电编码器，调速范围可以达到 1:1000，动态性能也很好。

直接转矩控制的不足和解决办法：传统的开关表和滞环控制器引起转矩脉动，带积分环节的电压型磁链模型在低速时误差大，这都影响了系统的低速性能。解决方法是低速时采用电流型模型，可减小磁链误差，但受转子参数变化影响，影响其鲁棒性。

NK-1 可移动式风蚀风洞的控制系统采用了模拟量电压控制方式，如图 5-2 所示，通过开关信号和模拟量信号来控制变频器，为 U/F 控制方式。该控制系统可以由计算机给出开关信号控制变频器的启动和正反转，也可以通过内装有变频器的变频柜前面板上的启动按钮手工进行操作。当按下启动按钮或计算机系统输出高电平，接触到变频器正转或反转触点上，则变频器进入运转状态。模拟量输入信号同样设置了手动控制和计算机系统控制两种方式，控制电压范围 0~10V 或 0~5V，可以根据需要自行改变设置，本系统设置了 0~10V。把计算机模拟量输出端口（PCL-818LS 端子板 AO0）接到 VRF 和 ACM 上。变频器启动后，通过变频柜前面板上的旋钮，或通过计算机输入模拟量信号，变频器再根据模拟量输出电流频率改变电机转速。

（2）电动机

电动机既是控制系统的组成部分，又是为风洞风扇提供动力源的部件，系统选用按国际标准设计的 MDIC180L-4 型三相交流异步电动机（大连电机集团有限责任公司），调速范围宽，工作可靠，可以满足设计要求。主要参数见表 5-1。

表 5-1 电动机参数表

额定功率/kW	额定转速/(r/min)	额定电流/A	效率/%	功率因数	重量/kg
22	1470	46	91	0.88	185

（3）压差传感器

压差传感器是将控制风速的气体压力信号转变成 V 级电信号的精密设备，因此也称压力变送器。该风蚀风洞采用的是具有温度补偿的应变式小压差传感器，工作原理如图 5-3 所示，给定桥压为 24 V，由稳压电源控制，输出电压范围 1~5 V，量程 0~1000 Pa，总精度为 0.2%。压差传感器采集的是毕托管或六孔探头的风压信号，实现了对风速的闭环控制。使用平均风速剖面仪进行风速测量时也采用这类型压差传感器。

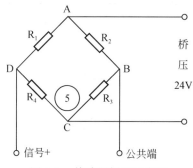

图 5-3　传感器桥压示意图

（4）应变测试精密直流稳压电源

在风洞实验和要求桥压精度较高的实验中，电桥桥压的精度直接影响实验结果的精度，需配备精密直流稳压电源。该系统选用国内产品中稳定性、可靠性较高的淮安亚光直流稳压电源，主要参数为输出电压 DC 0～30V 连续可调；精度±0.1%；输出电流 2A。

（5）数据采集卡

数据采集卡选用台湾研华股份有限公司生产的 PCL-818LS，性能参数见表 5-2。该采样频率完全满足低速风洞实验的要求。用 1 路模拟量输出和 1 路数字量输出可控制变频器的运转，16 通道信号输入用来接入测量信号，能够满足风洞标模实验所需通道。

表 5-2　数据采集卡参数表

分辨率	输入方式	输出方式	输入/输出	计数器
12 位	16 路单端或 8 路差分模拟量信号	2 路模拟量信号	16 路数字量信号	2 路 24 位

5.1.3　系统软件模块

风洞实验所要求测试的物理量，如风洞内风压、总压、静压，气流湍流度及流量等通过压差传感器电压、电流等模拟信号输出，再转换成数字信号，输入计算机存储，完成数据的采集过程。对采集并存储的数据根据程序指令进行整理、分析、计算、滤波、压缩、扩展和评估，并以某种形式表达出来的过程，称为数据处理。NK-1 可移动式风蚀风洞的数据采集与控制系统软件模块的主要任务，就是完成不同信号的数据采集以及相应的数据处理，以控制风洞风速。根据本风洞的技术要求，采用了工控机，与数据采集卡及前端的信号调理器配套，组成数据采集系统。该系统结构简单、使用方便、性价比高，已广泛用于风洞测控系统中。

数据采集与控制系统的软件模块采用 Visual Basic 6.0 开发。图 5-4 和图 5-5 分别为 NK-1 可移动式风蚀风洞的风速控制软件方案和数据采集与控制系统的软件操作界面，主要包括风速调节界面和风速采集界面两个软件界面。其中，风速调节界面主要设定参数为气温、气压和风速，风速采集界面主要输出由风速廓线仪测得的不同高度处风速，并可以给出速度变化图。

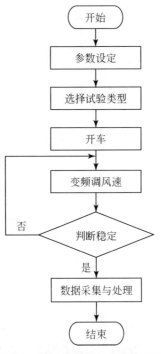

图 5-4　风速控制软件方案流程图

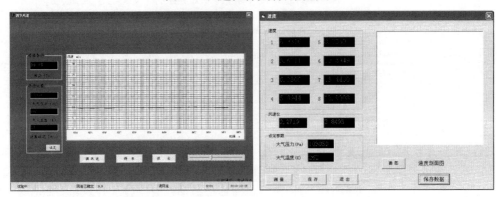

(a) 风速调节界面　　　　　　　　　　　　(b) 风速采集界面

图 5-5　数据采集与控制系统软件操作界面

5.2　风速测试系统

5.2.1　风速测量方法概述

气流的流动速度是流场最基本的物理量，对流动特征的认识在很大程度上取决于速度场的获得。风洞内流体速度（风速）的测量均由风速测试仪协助完成，但风速测试仪测量风速的原理不同，有压差法、热损失法、散射法、声波法、示踪法、转数法等。

（1）压差法

盖晓磊等（2011）根据流体动力学原理，在流动马赫数 $Ma \leqslant 0.3$ 时，测得流动管路某截面的总压和静压，依据伯努利方程，总压等于其动压与静压之和，可得到该截面动压，若已知当地静温，由状态方程可计算出当地气流密度，进而计算出该截面上的中心流速。毕托管（pitot tube）就是据此原理制成的测速装置。通过测定风洞管道的总压和该截面处的静压来获得气流中某点的平均流速。典型测量仪器为毕托管，常与微压传感器配合使用，不受地点的限制，结构简单，操作方便，便宜又耐用，压力损失小，对流场影响小，安装时有几度偏角对测量精度影响不大，应用较广泛。基于压力测量的毕托管测速计一般只测定常流场中的时均速度，对于瞬时（或脉动）速度的测试缺乏灵敏度。

（2）热损失法

该方法是建立在热平衡基础上的测定方法。测试仪器有热线/热球/热膜/热电偶等不同型式的风速仪。其中，热线风速仪（hot wire anemometer，HWA）的工作原理是，用直径为微米级的金属丝为测量元件置于待测流场中，用惠斯通电桥电路以弱电流加热金属丝，当气流通过热的金属丝（即热线）时，热线被冷却，通过测量热线所损失的热量，就可计算出测量点的流速。这种风速仪对风的变化非常敏感，可测量脉动流速大小和湍流度，也可以测量某点的气流平均速度和流速方向。典型的有恒温型和恒电流型两种，其中恒温型被广泛应用。热线风速仪的缺点是，每次使用前都需要校准，热线探头的尺寸在毫米量级，不能在含杂质（如沙尘颗粒）的气流条件下使用，且由于支杆的影响，在测量风速时空间分辨力难以有效提高。热电偶风速计是利用热电偶测出被加热物体的前后温差而获得风速值，灵敏度较高，可测微风风速。

（3）散射法

激光多普勒测速仪（LDV）是利用悬浮在空气中的示踪粒子对光波的散射，产生多普勒频移效应，从而测量当地的瞬时速度，它是一种非接触式测量方法，可以测量沿流场横截面的气流速度分布和湍流强度分布等流场特征参数。谢洪波等（2011）在一种便携式激光多普勒测速光学系统的设计实践中，指出激光多普勒测速仪用激光作为测量探头，不产生湍流，对流场无干扰，流速测量范围宽，空间分辨力高，已被广泛用于流体速度的测量。但其具有造价昂贵，信号处理复杂、光学仪器调整麻烦等缺点。

（4）声波法

例如，超声波风速计。利用声波向下风方向传播速度快，而上风向传播速度慢，通过检测声波在两个方向上的传播时间差异而求得风速。应用该性质，在风向的上游和下游安装送波器和受波器，根据两边的信号就可计算出风速。超声波风速计灵敏度高，可测微风，也可测强风，还能测量高频变化的湍流，但价格昂贵。

（5）示踪法

该方法是在流体中混有与流动同时运动的示踪物，如铝粉、烟雾粒子等，根据这些示踪物的运动求出流动速度的方法，是流动的直观化方法之一。粒子图像测速仪（particle image velocimetry，PIV）是随着图像技术的飞速发展而逐渐受到关注，PIV 技术仍然反映的是流动中示踪物的速度，但可以观察到流场瞬时速度分布，具有单点测量技术无法替代的优越性。PIV 技术通过拍摄并测量流场中跟随流体运动的颗粒（示踪粒子）的速度来反映流场内微团速度。脉冲激光光源通过球面镜和柱面镜形成脉冲片光源，照亮流场中需要测量的流动区域，用相机在两个或多个瞬时时间点上记录流动区域中示踪粒子的数字化图像信息，再送入计算机对图像矩阵进行相关运算，得到特定时间间隔内示踪粒子的位移，由此获得流场各点的速度信息。

（6）转数法

例如，风杯风速计、螺旋桨式（风车式）风速计等。原理是利用风杯、桨叶的旋转与风速成正比的关系测量风速。存在的共同问题是对小风速（<1 m/s）的测量不灵敏或不准确。

5.2.2 单点风速测量方法

（1）伯努利（Bernoulli）方程

瑞士科学家丹尼尔·伯努利（Bernoulli D. ）在 1726 年提出了"伯努利原理"。这是基于理想不可压缩性、非黏性流体作定常流动的假设条件下，由运动方程（欧拉方程）沿流线积分而得到的，表达了运动流体的机械能守恒，对于重力场中不可压缩均质流体的机械能可用式（5-1）表述。

$$P_i + \frac{\rho u_i^2}{2} + \rho g h_i = C \qquad (5-1)$$

式中，P_i 为流体在某点 i 的压力能（Pa）；$\rho u_i^2/2$ 为流体在某点 i 的动能（Pa），其中 ρ、u_i 分别为流体的密度（kg/m³）、流速（m/s）；$\rho g h_i$ 为流体在某点 i 的重力势能（Pa），其中 h_i 为该点相对于某一基准面的铅垂高度（m）；C 为常数。

对于气体，可忽略重力，故式（5-1）可简化为式（5-2）：

$$P_i + \frac{\rho u_i^2}{2} = C = P \qquad (5-2)$$

式中，P_i、$\rho u_i^2/2$、P 分别为静压强（Pa）、动压（Pa）和总压（Pa）。

静压强是由于气体分子运动不断撞击管道壁面所呈现的压强，不论空气运动与否都会呈现静压，且管道任一点的静压各向同值，垂直作用于管道壁面。静压一般用仪器测量，根据所选用的测算基准不同可分为绝对压力和相对压力，其中绝对压力的测算基准为真空，相对压力则以当地当时同标高的大气压力为基准。动压（或速压）指空气做定向流动时其动能所呈现的压力，动压具有方向性，仅对与其流动方向垂直或斜交的平面施加压力。垂直于流动截面所承受的动压最大，平行于流动方向的平面承受的动压为零。依据式（5-2），管道任一点的静压、动压之和称为该点的总压。

（2）毕托管测量方法

自1905年流体力学大师Prandtl发明了总静压管，人们得以获得流场中单点的平均速度。标准毕托管的测速原理便是基于伯努利方程，一般用于平均流速或流量的测量，属于单点、定常的接触式测量技术。

标准毕托管的优点在于：①对管轴与主流的偏角不灵敏，安装因素造成的微小偏角对测量精度影响不大；②流线型结构，且内外径都很小，对流场影响很小；③与其他常用的节流式差压流量计相比，压力损失小；④结构简单，安装方便，特别适用于测点经常变动的实验场合。基于此，系统的风速测试装置主要由 $\Phi 4$ mm×300 mm 标准型毕托管完成（图5-6）、平均风速剖面仪支架、微风压差变送器构成风速自动采集系统。

直型毕托管

L型毕托管

图 5-6　L型和直型标准毕托管（皮托管）
资料来源：上海菱生电子仪器有限公司

毕托管由两个同心圆管相套组成，内管前端有中心孔，与标有"+"号的接头相通；外管前端侧壁上分布有一组小孔，与标有"−"号的接头相通，内外管互不相通。使用时，将毕托管的前端中心孔正对气流，此时，中心孔接受的是气流的总压（即全压），侧孔接受的是气流的静压。通过毕托管的"+"接头和"−"接头，分别将全压和静压传递到压差计上，如图5-7所示。

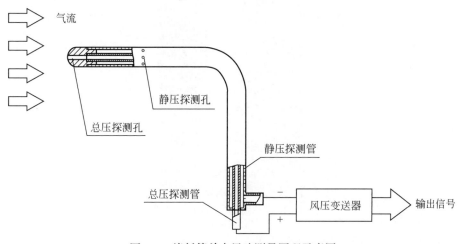

气流

静压探测孔

总压探测孔

静压探测管

总压探测管

风压变送器　→　输出信号

图 5-7　毕托管单点风速测量原理示意图

对于水平管道，测速管的内管处测得的是管口所在位置流体动压与静压之和，即全压，外管测压孔测得的是静压，见式（5-3）。

$$P_{内} = P_{外} + \frac{\rho u_x^2}{2} \qquad (5\text{-}3)$$

式中，$P_{内}$ 为毕托管内管所测得的压强（Pa）；$P_{外}$ 为毕托管外管所测得的静压强（Pa）；u_x 为管道内轴向气流流速（m/s）。

毕托管测速管应放置于流体均匀流段，内管管口截面严格垂直于流动方向，测量点的上、下游应有 50 倍直径长的直管距离，至少应有 8~12 倍直径长的直管段。为尽量减少对流动的干扰，一般毕托管测速管管径应小于管道直径的 1/50。

5.2.3　平均风速剖面测量仪

平均风速剖面是风蚀风洞流场的主要特征参数之一，其中时均风速的测定是平均风速剖面获得的基础。上述风速测量仪中，热线风速仪具有较多优势，是风洞实验中的首选，但考虑到含沙气流对仪器的影响，依据数据采集与控制系统配置要求，综合考虑风速仪性能、成本、安装条件等因素，本风洞数据采集与控制系统配备的是毕托管测速仪，用以测量剖面各点的时均风速。为保证测量点沿高度分布的同一性，设计了适用于本风蚀风洞的平均风速剖面测量仪，如图 5-8 所示，平均风速剖面仪各毕托管探头的离地高度分别为13mm、25mm、50mm、100mm、200mm、400mm、600mm、795mm。该剖面仪用两片 1.5mm厚薄钢板将毕托管固定在已知高度位置，这样做既保证了各毕托管沿高度分布在同一纵截面，也保证了毕托管管口位置沿高度分布在同一横截面。

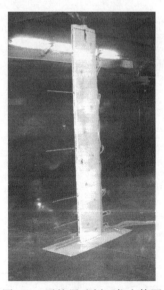

图 5-8　平均风速剖面仪实体图

平均风速剖面仪配备的毕托管为 $\Phi4\text{mm} \times 200\text{mm}$ 标准型毕托管（上海菱生电子仪器有限公司生产），由标准型毕托管与压差传感器组成测速传感器，平均风速剖面仪可同时完成不同高度测点位置的时均风速采集与测试。

上海菱生电子仪器有限公司生产的毕托管主要技术性能如下：①毕托管系数 0.99 ~ 1.01；②可用于流速范围 2 ~ 75 m/s 气体介质的测量和 0.2 ~ 5 m/s 液体介质（与 304 不锈钢相兼容）的测量；③304 不锈钢材质；④使用温度范围广（< 450℃均可）；⑤毕托管直径 $\Phi 2.5 ~ \Phi 12$mm。

5.2.4 测试系统组成

为了进行风洞空气动力学性能测试及风蚀数据采集和处理。该测试系统主要由传感器、信号传输、工控机、智能仪表和其他相关部件组成，所述数据采集及控制系统，如图 5-9 所示，包括微压差变送器、数据采集卡、可调精密直流稳压电源、工控机、电源和变频器，并通过导线串联连接，微压差变送器通过导线分别与稳定段和实验段的毕托管连接，变频器通过导线与动力段内的电动机连接。动力段内的电动机通过变频器控制转速而改变风扇风速，由毕托管转变为压力信号并通过信号导线与微压差变送器相连，微压差变送器将压力信号转变为电信号后通过导线传输至数据采集卡，再通过导线与单极性可调精密直流稳压电源和工控机相连。外接电源为工控机和动力段内的电动机提供稳定电源。

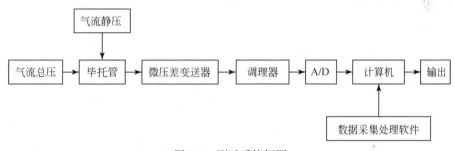

图 5-9　测试系统框图

（1）测压元件

NK-1 可移动式风蚀风洞实验段测压元件采用平均风速剖面仪，距地面高度依次为 13mm、25mm、50mm、100mm、200mm、400mm、600mm 和 795mm 测点位置处，分别装有一个由 $\Phi 4$mm×200mm 标准毕托管探头和压差传感器组成的测速传感器。毕托管由总压探头和静压探头组成，总压探头安装于稳定段出口前端，用以测量测点的总压，静压探头安装于实验段入口后端，用以测量测点的静压，总压探头和静压探头分别连接至微差压变送器的高压输入端和低压输入端。毕托管的作用就是探测这两个压力信号值。

（2）微压差变送器

与标准毕托管连接的微压差变送器的作用，是将输入端给出的气流总压、静压的压力信号，转化为这两个压力的差值信号然后输出。微压差变送器的输出信号为总压与静压之差，即动压的电信号，此电信号再经过调理（滤波、放大），输入 A/D 转换器，作模数转换，再经微机采样系统采集信号，再与工控机相连，最后用软件对数据进行处理，以测点的速率值呈现于显示屏，如图 5-9 所示，实现对信号传感、调理、自动化采集和处理。NK-1 可移动式风蚀风洞的测试系统采用了陕西盛天伟业电子科技有限公司生产的 CYB21 系列微压差变送器，为进口高精度、高稳定性微压差传感器，可以将微小的差压、风压、流量等参数，经严格精密的温度补偿、线性补偿、信号放大、V/I 转换、逆极性保护、压力过载限流等信号处理，可靠地转换成工业标准的 4～20mA 信号输出。该微压差变送器体积小，便于安装，采用抗干扰设计，适应风蚀风洞野外测试的恶劣工作环境。CYB21 系列微压差变送器主要技术参数如下：量程 0～±100 KPa；综合精度 0.3%，零点漂移 ≤ 0.3% FS/4h；零点及灵敏度温度漂移 ≤ 0.03% FS/℃；长期稳定性 ≤ ±0.3% FS/a；环境温度 -20～+85℃；响应时间 ≤1ms；静压 ≤5MPa；过载能力 200%。

（3）信号调理器

NK-1 可移动式风蚀风洞采用美国 NI 公司生产的通用信号调理模块 SCXI-1122，对微差压变送器输出的电信号进行调理。该模块可对有通用模式高电压的应变片、热电阻、热敏电阻、热电偶、电压及微电压源和 4～20 mA 的电流源，或者 0～20 mA 的处理电流源信号进行调理。通过通用信号调理模块 SCXI-1122 对测试信号进行预处理，剔除信号中混杂的噪声，并对信号进行适当放大，达到数据采集卡允许采集的电压值。

（4）数据采集卡

选用台湾研华科技（中国）有限公司生产的插入式数据采集卡（data acquisition board），型号为 PCL-818LS，此卡为串行口，是一种性能优良、适合 PC 及兼容机的数据采集卡，能够完成数据采集、数字信号的模拟输出以及计时/计数等功能。包括模拟信号输入和 A/D 转换两部分。它有 16 路单端或 8 路差分模拟量输入通道，每个输入通道的增益可编程（高达 8），16 路数字量输入及 16 路数字量输出通道，12 位 A/D 转换器，采样速率为 40kHz，带 DMA（直接内存存取）的自动通道/增益扫描。

5.3 接地与保护

（1）接地

为避免偶然发生的电压冲击危害和保证系统稳定、可靠地工作，必须考虑风洞自动控制系统的良好接地功能。对于控制系统的接地类型有保护性接地和抑制干扰接地。抑制干扰接地按其功能主要有电子设备屏蔽接地和系统接地等类型。保护接地则主要是防雷击保护接地和强电保护接地。

一般要求，数据采集系统接地电阻应小于 3Ω，地线截面积应大于 $2mm^2$，接地点应尽可能靠近系统。许民和胡益清（2006）对智能建筑地网电阻测试的实践中，依据的规则是，防雷系统接地电阻要小于 100Ω，强电设备接地电阻应不大于 10Ω。

（2）防静电破坏

对于硬件如 PLC，如果接触背板连接器的管脚，那么静电释放可能损坏处理器模板中的集成电路或半导体器件。在设定模板内部的组态插头或开关时，也有可能损坏模板。为了防止静电破坏可采取如下的预防措施：①在接触模板之前，触摸一个接地的物体以释放身体上的静电；②不要触摸背板连接器或连接器的管脚；③在不使用模板时，应该将其放到一个静电屏蔽袋中保存。

（3）系统硬件保护

在控制系统中所有硬件都安装在机柜内。这种机柜用来保护系统免除诸如油、潮气、灰尘和腐蚀性蒸汽或空气中其他有害物质的大气污染，为了有助于防止 EMC/RFI 的干扰，该系统使用了钢制机柜。机柜内部为隔离变压器、保险、分离开关、主控继电器和端子排留有额外的空间。机柜安装在能够使柜门完全打开的位置，从而在诊断和排除故障时能够很方便地检查处理器的连线及相关的部件。

5.4　空风洞流场动力学性能检测

遵循《风洞设计原理》，风洞建成后，需要检测风洞实验段流场品质和风洞效率，流场品质是指气流参数在时间和空间上的均匀程度，通常的做法是在实验段的各截面上逐点测定气流的性能指标。一般风洞性能实验的检测指标包括实验段气流的稳定性、实验段流场速度的均匀性、实验段轴向压力梯度、实验段气流湍流度、风洞能量比、平均风速剖面。

5.4.1　实验段流场性能检测

5.4.1.1　落差系数及其测定

本风洞风速控制系统所采集的是稳定段出口和实验段入口静压信号之差，经传感器转换为电信号，再经计算机分析软件算出流速值输出。即系统对风速的调控采用的是压力落差法。采用压力落差法测试风速时，首先分别在实验段上壁面轴线位置靠近入口处和稳定段上壁面轴线位置靠近出口处安装静压测孔，将分别引出的两根压力管连接到压差传感器一端的高压接口和低压接口，由压力传感器输出的压力差信号即近似为稳定段出口总压与实验段入口静压间压力差（近似实验段动压，也称"参考动压"）。此参考动压与空风洞模型区轴线上实际动压有一个差值，故应用"压力落差法"控制风速首先需校准这个差值，可通过确定落差系数得到，即需要找出实验段模拟区轴线位置动压（也称"真实动压"）与控制系统控制的"参考动压"关系。具体做法是，选取实验段典型截面，在该截面的中心轴线上安装标准毕托管（含毕托管修正系数）测量该点动压。假设"参考动压"和"真实动压"分别为 q_r、q_t 时，两者的比值即为落差系数 ζ_t（$\zeta_t = q_r/q_t$）。为运输方便，本风洞实验段可拆卸为 7 段，每段 1100mm，如图 5-10 所示，其中第 1、2、3 子段为大气边界层模拟区，第 4、5 子段为风蚀物采样区，第 6 子段为主测试区，第 7 子段为实验段与尾部扩散段的过渡区，容易受到尾部开口气流的影响，因此本测量过程选取实验段的第4、5 子段为典型检测区。空风洞情况下，该区域各截面气流稳定性好才能保证风蚀实验结果的准确性、可靠性。

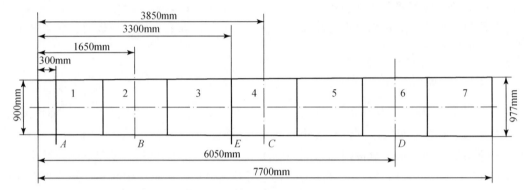

图 5-10　NK-1 可移动式风蚀风洞流场测量测点位置图

经测压传感器读取不同风速下参考动压 q_r 和真实动压 q_t，可计算出"落差系数"如下：

$$\zeta_t = \zeta_N \frac{q_r}{q_t} \tag{5-4}$$

变换后得

$$q_t = \frac{\zeta_N \cdot q_r}{\zeta_t} = \frac{\zeta_N}{\zeta_t} \cdot q_r \tag{5-5}$$

式中，ζ_t 为落差系数；ζ_N 为标准毕托管校准系数（两只标准毕托管校准系数之商）。

经计算可得到不同风速下的落差系数，见表 5-3。

表 5-3　落差系数校准结果

实验段中心风速/(m/s)	6	10	16
落差系数 ζ_t	0.945	0.966	0.955

5.4.1.2　气流稳定性

气流稳定性指标用以考查实验段气流的动压或速度随时间的脉动状况。因此，实验段气流的稳定性可以用实验段某截面的动压脉动量 η 表示，即在某时间间隔内，在测试区轴线处连续测量若干次动压值。其最大值 q_{max} 和最小值 q_{min} 之差与最大值和最小值之和之比，表达式为

$$\eta = \frac{q_{max} - q_{min}}{q_{max} + q_{min}} \tag{5-6}$$

式中，η 为气流稳定度；q_{max}、q_{min} 分别为所测数据中动压的最大值和最小值。

为全面了解风蚀风洞风场情况，我们比军用规范多选若干剖面研究稳定性，首先选取典型截面 A、B、C、D，分别距离实验段入口端 300mm、1650mm、3850mm、6050mm，其中截面 A 为第 1 排粗糙元所在位置处截面，截面 B 为第 10 排粗糙元所在位置处截面，截面 C 为风蚀物采样区所在位置处截面，截面 D 为相关测试仪器所在位置处截面。每一截面除中心位置外，再对称选取若干测点位置，面朝来流方向自左向右标记测点位置，中心位置

标记为 0，该测点左边标记为负，右边标记为正，如−350 表示该测点在中心点左侧且距中心点 350mm，+350 则表示该测点在距离中心点 350mm 的右侧。然后放置平均风速剖面仪，使剖面仪的毕托管探头与标记位置在同一条垂线上，当实验段入口风速分别为 6m/s、10m/s、16m/s 时，各连续稳定运行 1min，采集 60 个动压数据，由式（5-5）或式（5-6）计算气流稳定性系数 η。测量值的计算结果见表 5-4 ~ 表 5-8。实验段入口风速分别为 6m/s、10m/s、16m/s 时，截面 A、B、C、D 上各测点的气流稳定性分析图如图 5-11 ~ 图 5-14 所示。

表 5-4 实验段截面 A 各测点的气流稳定性计算结果

测点高度/mm	实验段风速为 6 m/s 时				
	−350 点位	−200 点位	0 点位	+200 点位	+350 点位
795	0.0163	0.0198	0.0197	0.0236	0.0226
600	0.0208	0.0253	0.0262	0.0154	0.0318
400	0.0244	0.037	0.0233	0.0227	0.0325
200	0.0435	0.0279	0.0159	0.0256	0.036
100	0.037	0.0229	0.0245	0.0353	0.0382
50	0.0337	0.032	0.0315	0.038	0.0357
25	0.0184	0.0253	0.0287	0.0351	0.0266
13	0.0867	0.052	0.0381	0.0457	0.0462
测点高度/mm	实验段风速为 10 m/s 时				
	−350 点位	−200 点位	0 点位	+200 点位	+350 点位
795	0.0191	0.0107	0.012	0.0288	0.0221
600	0.0229	0.0141	0.0109	0.0246	0.0211
400	0.0268	0.0295	0.0095	0.0286	0.029
200	0.0276	0.0288	0.0143	0.0289	0.0227
100	0.0268	0.0274	0.0175	0.0294	0.0273
50	0.0363	0.038	0.0158	0.0235	0.0312
25	0.0167	0.023	0.0106	0.0339	0.0348
13	0.0571	0.0701	0.0327	0.0517	0.0404
测点高度/mm	实验段风速为 16 m/s 时				
	−350 点位	−200 点位	0 点位	+200 点位	+350 点位
795	0.0235	0.0142	0.0105	0.0242	0.0239
600	0.0226	0.0129	0.0095	0.0216	0.0217
400	0.0215	0.0167	0.0103	0.0239	0.0248
200	0.0293	0.0158	0.0166	0.0287	0.0264
100	0.0218	0.0139	0.0191	0.0268	0.0299
50	0.0229	0.0215	0.0185	0.0234	0.0286
25	0.0185	0.0136	0.0141	0.0271	0.0245
13	0.0651	0.0473	0.0378	0.0278	0.0483

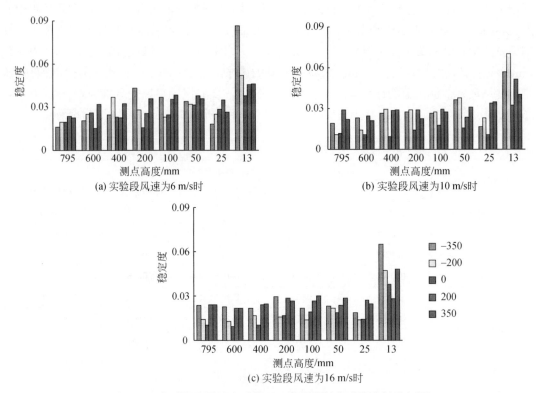

(a) 实验段风速为6 m/s时

(b) 实验段风速为10 m/s时

(c) 实验段风速为16 m/s时

图 5-11　实验段不同风速时截面 A 各测点的气流稳定性分析图

表 5-5　实验段截面 B 各测点的气流稳定性计算结果

测点高度/mm	实验段风速为 6 m/s 时				
	−350 点位	−200 点位	0 点位	+200 点位	+350 点位
795	0.0251	0.0364	0.0149	0.0278	0.0270
600	0.0253	0.0316	0.0206	0.0217	0.0267
400	0.0271	0.0359	0.0184	0.0256	0.0256
200	0.0274	0.0362	0.0283	0.0201	0.0294
100	0.0371	0.0299	0.0151	0.0211	0.0256
50	0.0441	0.0217	0.0158	0.0233	0.0455
25	0.0319	0.0238	0.0256	0.0256	0.0450
13	0.1503	0.0500	0.0849	0.0366	0.0551
测点高度/mm	实验段风速为 10 m/s 时				
	−350 点位	−200 点位	0 点位	+200 点位	+350 点位
795	0.0304	0.0294	0.0164	0.0276	0.0221
600	0.0228	0.0276	0.0240	0.0206	0.0303
400	0.0316	0.0326	0.0189	0.0278	0.0452
200	0.0345	0.0282	0.0333	0.0279	0.0366

续表

测点高度/mm	实验段风速为 10 m/s 时				
	−350 点位	−200 点位	0 点位	+200 点位	+350 点位
100	0.0272	0.0286	0.0196	0.0224	0.0259
50	0.0363	0.0382	0.0324	0.0286	0.0256
25	0.0354	0.0393	0.0242	0.0259	0.0297
13	0.0500	0.0505	0.0591	0.0487	0.0674
测点高度/mm	实验段风速为 16 m/s 时				
	−350 点位	−200 点位	0 点位	+200 点位	+350 点位
795	0.0386	0.0169	0.0187	0.0189	0.0289
600	0.0219	0.0175	0.0167	0.0095	0.0247
400	0.0294	0.0240	0.0153	0.0200	0.0267
200	0.0280	0.0365	0.0239	0.0169	0.0282
100	0.0281	0.0260	0.0156	0.0177	0.0290
50	0.0243	0.0294	0.0287	0.0139	0.0242
25	0.0344	0.0335	0.0362	0.0286	0.0282
13	0.0687	0.0548	0.0588	0.0547	0.0553

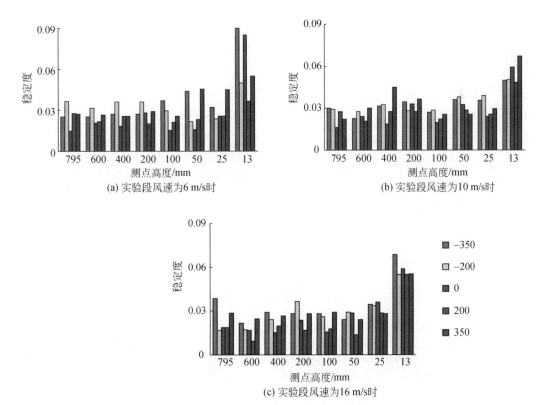

图 5-12　实验段不同风速时截面 B 各测点的气流稳定分析图

表 5-6　实验段截面 C 各测点的气流稳定性计算结果

测点高度/mm	实验段风速为 6m/s 时						
	−300 点位	−200 点位	−100 点位	0 点位	+100 点位	+200 点位	+300 点位
795	0.0272	0.0310	0.0289	0.0278	0.0127	0.0336	0.0250
600	0.0324	0.0368	0.0291	0.0342	0.0124	0.0353	0.0370
400	0.0250	0.0286	0.0250	0.0390	0.0390	0.0250	0.0274
200	0.0400	0.0357	0.0337	0.0390	0.0377	0.0476	0.0282
100	0.0345	0.0270	0.0296	0.0323	0.0400	0.0359	0.0331
50	0.0370	0.0454	0.0500	0.0385	0.0295	0.0489	0.0487
25	0.0385	0.0509	0.0381	0.0311	0.0403	0.0366	0.0345
13	0.0714	0.0438	0.0400	0.0342	0.0246	0.0656	0.0431
测点高度/mm	实验段风速为 10m/s 时						
	−300 点位	−200 点位	−100 点位	0 点位	+100 点位	+200 点位	+300 点位
795	0.0311	0.0352	0.0234	0.0198	0.0232	0.0218	0.0208
600	0.0238	0.0262	0.0168	0.0244	0.0252	0.0213	0.0380
400	0.0354	0.0368	0.0239	0.0283	0.0280	0.0239	0.0374
200	0.0358	0.0526	0.0267	0.0296	0.0345	0.0349	0.0291
100	0.0174	0.0509	0.0262	0.0388	0.0214	0.0329	0.0397
50	0.0429	0.0348	0.0484	0.0281	0.0226	0.0379	0.0241
25	0.0428	0.0316	0.0434	0.0328	0.0311	0.0471	0.0354
13	0.0244	0.0465	0.0476	0.0333	0.0487	0.0409	0.0282
测点高度/mm	实验段风速为 16m/s 时						
	−300 点位	−200 点位	−100 点位	0 点位	+100 点位	+200 点位	+300 点位
795	0.033	0.029	0.018	0.017	0.022	0.039	0.032
600	0.023	0.026	0.017	0.020	0.019	0.033	0.024
400	0.034	0.029	0.019	0.019	0.022	0.034	0.029
200	0.020	0.030	0.024	0.022	0.033	0.049	0.032
100	0.032	0.030	0.036	0.025	0.023	0.039	0.036
50	0.020	0.030	0.038	0.026	0.034	0.046	0.035
25	0.036	0.035	0.025	0.031	0.033	0.048	0.049
13	0.035	0.042	0.042	0.047	0.049	0.049	0.048

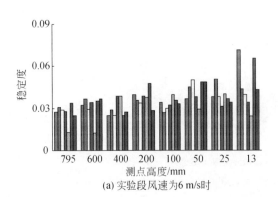

(a) 实验段风速为 6 m/s时

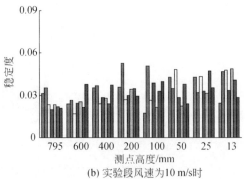

(b) 实验段风速为 10 m/s时

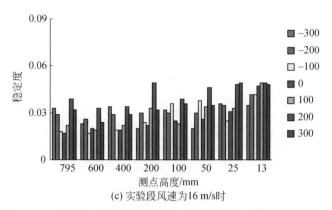

(c) 实验段风速为16 m/s时

图 5-13 实验段不同风速时截面 C 各测点的气流稳定性分析图

表 5-7 实验段截面 D 各测点的气流稳定性计算结果

测点高度/mm	实验段风速为6m/s 时								
	−370 点位	−300 点位	−200 点位	−100 点位	0 点位	+100 点位	+200 点位	+300 点位	+370 点位
795	0.0366	0.0390	0.0171	0.0380	0.0337	0.0307	0.0249	0.0368	0.0268
600	0.0391	0.0217	0.0323	0.0217	0.0233	0.0337	0.0321	0.0222	0.0120
400	0.0310	0.0176	0.0252	0.0390	0.0286	0.0264	0.0286	0.0355	0.0263
200	0.0286	0.0324	0.0198	0.0350	0.0274	0.0224	0.0327	0.0397	0.0368
100	0.0345	0.0263	0.0340	0.0319	0.0376	0.0286	0.0271	0.0265	0.0320
50	0.0506	0.0496	0.0370	0.0370	0.0509	0.0256	0.0663	0.0286	0.0666
25	0.0370	0.0370	0.0400	0.0342	0.0357	0.0389	0.0417	0.0526	0.0588
13	0.0210	0.0721	0.0452	0.0657	0.0751	0.0745	0.1428	0.1892	0.1310
测点高度/mm	实验段风速为10m/s 时								
	−370 点位	−300 点位	−200 点位	−100 点位	0 点位	+100 点位	+200 点位	+300 点位	+370 点位
795	0.0268	0.0385	0.0293	0.0359	0.0329	0.0149	0.0261	0.0175	0.0369
600	0.0295	0.0333	0.0248	0.0370	0.0286	0.0157	0.0326	0.0328	0.0304
400	0.0333	0.0251	0.0326	0.0301	0.0244	0.0196	0.0315	0.0214	0.0196
200	0.0314	0.0357	0.0340	0.0357	0.0245	0.0353	0.0311	0.0296	0.0375
100	0.0343	0.0466	0.0177	0.0395	0.0333	0.0157	0.0322	0.0300	0.0338
50	0.0337	0.0286	0.0320	0.0323	0.0342	0.0389	0.0385	0.0323	0.0345
25	0.0368	0.0340	0.0355	0.0347	0.0333	0.0448	0.0290	0.0400	0.0351
13	0.0334	0.0428	0.0370	0.0424	0.0459	0.0625	0.0545	0.0222	0.0620
测点高度/mm	实验段风速为16m/s 时								
	−370 点位	−300 点位	−200 点位	−100 点位	0 点位	+100 点位	+200 点位	+300 点位	+370 点位
795	0.0453	0.0199	0.0328	0.0215	0.0252	0.0276	0.0293	0.0389	0.0386
600	0.0428	0.0269	0.0262	0.0216	0.0172	0.0250	0.0262	0.0287	0.0417
400	0.0350	0.0231	0.0265	0.0202	0.0155	0.0230	0.0301	0.0379	0.0418
200	0.0400	0.0356	0.0342	0.0333	0.0314	0.0356	0.0347	0.0395	0.0391
100	0.0359	0.0433	0.0327	0.0287	0.0296	0.0369	0.0370	0.0313	0.0395
50	0.0361	0.0435	0.0335	0.0346	0.0343	0.0378	0.0374	0.0183	0.0395
25	0.0379	0.0321	0.0329	0.0269	0.0391	0.0367	0.0370	0.0305	0.0390
13	0.0345	0.0439	0.0400	0.0365	0.0340	0.0812	0.0580	0.0476	0.0580

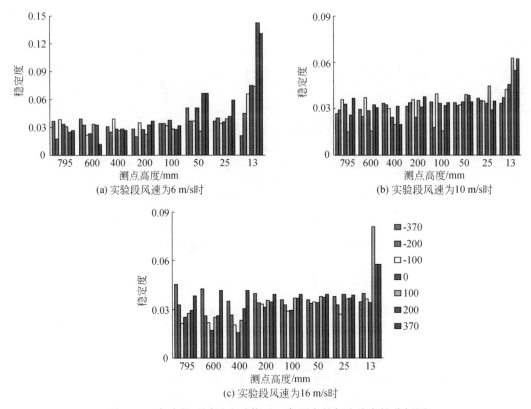

图 5-14　实验段不同风速时截面 D 各测点的气流稳定性分析图

表 5-8　实验段各截面中心气流纵向稳定性计算结果

测点高度/mm	实验段风速为 6 m/s 时							
	795	600	400	200	100	50	25	13
A 截面	0.0197	0.0262	0.0233	0.0159	0.0245	0.0315	0.0287	0.0381
B 截面	0.0149	0.0206	0.0184	0.0283	0.0151	0.0158	0.0256	0.0849
C 截面	0.0278	0.0342	0.0390	0.0390	0.0323	0.0385	0.0311	0.0342
D 截面	0.0337	0.0233	0.0286	0.0274	0.0376	0.0509	0.0357	0.0751
测点高度/mm	实验段风速为 10 m/s 时							
	795	600	400	200	100	50	25	13
A 截面	0.012	0.0109	0.0095	0.0143	0.0175	0.0158	0.0106	0.0327
B 截面	0.0164	0.0240	0.0189	0.0333	0.0196	0.0324	0.0242	0.0591
C 截面	0.0198	0.0244	0.0283	0.0296	0.0388	0.0281	0.0328	0.0333
D 截面	0.0329	0.0286	0.0244	0.0245	0.0333	0.0342	0.0333	0.0459
测点高度/mm	实验段风速为 16 m/s 时							
	795	600	400	200	100	50	25	13
A 截面	0.0105	0.0095	0.0103	0.0166	0.0191	0.0185	0.0141	0.0378
B 截面	0.0187	0.0167	0.0153	0.0239	0.0156	0.0287	0.0362	0.0588
C 截面	0.017	0.020	0.019	0.022	0.025	0.026	0.031	0.047
D 截面	0.0252	0.0172	0.0155	0.0314	0.0296	0.0343	0.0391	0.0340

实验段风速为 6 m/s、10 m/s、16m/s 时，A、B、C、D 截面处气流纵向稳定性分析图如图 5-15 所示。

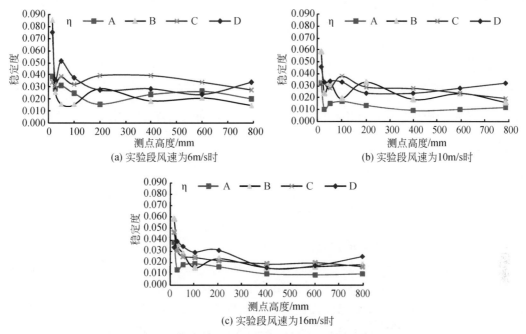

(a) 实验段风速为6m/s时　　　　　　　　(b) 实验段风速为10m/s时

(c) 实验段风速为16m/s时

图 5-15　风洞实验段不同风速下气流纵向稳定性分析图

综上所述，可得到如下结论。

1）实验段截面中心稳定度小于近壁区，风速为 10 m/s、16 m/s 时的气流稳定度6m/s时，与范贵生得到的结果趋于一致。结果表明越靠近中心区域，流动越稳定，越接近底板湍流脉动量变动幅度越大，气流越不稳定；而流速越高，气流稳定性越好。A 截面处气流稳定性最好。

2）距离地面 50mm 以内的范围，稳定度略高，且变动幅度较大，可能是受到底板粗糙度的影响。

3）气流流动截面约 70% 的范围内，气流的稳定度小于 3 %，符合设计要求。

5.4.1.3　轴向静压梯度

风洞轴向静压梯度是描述在风洞实验段沿风洞轴线方向上静压损失的参数。轴向静压梯度指标的测定可检验实验段扩散角设计的合理性，另外该指标的测定可以对实验数据进行修正。

气流轴向静压梯度的大小与气流流速有关，为表述静压沿实验段轴向的变化，引入轴向静压系数的计算式（5-7）。

$$C_p = \frac{P - P_{参}}{q_{参}} \tag{5-7}$$

式中，C_p 为轴向静压系数；P 为轴线上各点的静压力（Pa）；$P_{参}$ 为参考点的静压力

（Pa），这里采用当地大气压强；$q_{参}$为参考点的气流动压（Pa）。

由于此次测量使用的设备为毕托管和压差传感器，记录数据均为相应测点的速度值，所以在空风洞总压损失很小的情况下，上述各段测点间的轴向静压系数公式可变为

$$C_{p_i} = \frac{q_{i+1} - q_i}{q_i} \tag{5-8}$$

式中，q_i为各测点动压（Pa），i为各测点在轴向位置的序号，如 A 截面测点的序号为 1，D 截面测点的序号为 4。

实验段轴向静压梯度通常用轴向静压系数 C_p 沿轴向位置 X 的变化率 $\dfrac{dC_p}{dX}$ 表示，计算公式见式（5-9）：

$$\frac{dC_p}{dX} = \frac{m\sum_{i=1}^{m} X_i C_{p_i} - \sum_{i=1}^{m} C_{p_i} \sum_{i=1}^{m} X_i}{m\sum_{i=1}^{m} X_i^2 - \left(\sum_{i=1}^{m} X_i\right)^2} \tag{5-9}$$

式中，X 为测点距实验段入口的距离（m）。

测量轴向静压梯度采用了探管移测的方法：在实验段 A、B、C、D、E 五个截面的中心轴线位置放置平均风速剖面仪，但仅保留剖面仪中离地距离为 400mm、600mm 处毕托管探头，并使毕托管探头与标记位置在同一条垂线上，当实验段入口风速分别为 6m/s、10m/s、16m/s 时，各连续稳定运行 1min，采集 60 个动压数据，最后取平均值。

测试时采用毕托管测速仪测出相邻两点间的压力系数后，计算每段的压力系数梯度 $\left|\dfrac{dCp}{dx}\right|$，并对整个测量范围内的轴向压力系数梯度进行加权平均，得到不同风速下实验段的总静压梯度 $\left|\dfrac{dCp}{dx}\right|$ 值。计算结果见表5-9。

表 5-9　实验段轴向静压系数计算结果

与实验段入口距离/mm	300	1650	3300	3850	6050
风速/(m/s)	5.916 8	6.053 2	5.990 4	5.967	5.955 7
q_i /Pa	21.442 72	22.442 75	21.979 5	21.808 12	21.725 6
$C_{p_i} = \dfrac{q_{i+1} - q_i}{q_i}$	—	0.044 559	-0.02 108	-0.00 786	-0.003 8
$\left\|\dfrac{dCp}{dx}\right\|$ /m^{-1}	—	0.033 007	0.012 77	0.014 29	0.001 73
算术平均值/ m^{-1}	0.001 055				
与实验段入口距离/mm	300	1650	3300	3850	6050
风速/(m/s)	9.940 4	10.011	10.054	9.993	9.986
q_i /Pa	60.522	61.382	61.913 29	60.921	60.830
$C_{p_i} = \dfrac{q_{i+1} - q_i}{q_i}$	—	0.014 01	0.008 575	-0.012 23	-0.001 48
$\left\|\dfrac{dCp}{dx}\right\|$ /m^{-1}	—	0.010 4	0.005 20	0.022 2	-0.000 67
算术平均值	0.001 83				

与实验段入口距离/mm	300	1650	3300	3850	6050
风速/(m/s)	15.802	16.053 8	16.004 6	15.867	15.829
q_i/Pa	152.935	157.856	156.890 2	154.200 1	153.466
$Cp_i = \dfrac{q_{i+1} - q_i}{q_i}$	—	0.031 2	−0.006 16	−0.017 4	−0.004 78
$\left\| \dfrac{dCp}{dx} \right\|$/m^{-1}	—	0.023 1	0.003 73	0.031 7	0.002 17
算术平均值/m^{-1}	0.003 63				

分析知, 当实验段风速为 6 m/s、10 m/s 时, 实验段轴向静压系数平均值分别为 0.001 055m^{-1}、0.001 83m^{-1}, 达到常规低速航空风洞实验段轴向静压梯度 $\left| \dfrac{dCp}{dX} \right| \leqslant 0.002\text{m}^{-1}$ 的设计要求。当实验段风速为 16 m/s 时, 实验段静压系数平均值为 0.003 63 m^{-1}。测试结果表明轴向静压梯度达到了设计要求, 壁面扩散角的设计合理。

5.4.1.4　气流湍流度

风蚀风洞研制过程中在动力段采用了预扭导流片和反扭导流片, 在稳定段采用了蜂窝器、整流网等阻尼元件, 这些措施的主要目的就是尽可能地削弱来自动力段和拐角、扩散段的涡流。尽管如此, 实验段流场气流中仍然会存在微小的漩涡, 任何一点的气流扰动都可能产生高频的微小脉动。气流湍流度表征的就是气流流速脉动的程度。

实验段任一点气流速度的瞬时值应等于其时均值和脉动值之和, 在一个三维流动的风洞中, 实验段气流的湍流度定义为三个方向速度脉动量均方值与时均平均速度值之比, 见式 (5-10):

$$\varepsilon = \frac{\sqrt{\dfrac{1}{3}(u_x'^2 + u_y'^2 + u_z'^2)}}{\bar{u}} = \frac{|u_x'|}{\bar{u}} \tag{5-10}$$

式中, u_x 为 x 方向的脉动速度 (m/s); u_y 为 y 方向的脉动速度 (m/s); u_z 为 z 方向的脉动速度 (m/s); $\bar{u}$ 为气流平均速度 (m/s)。

三个方向脉动速度的平方是同一数量级的, 符合各向同性, 则

$$|u_x'| = |u_x - \bar{u}| = \Delta u_x \tag{5-11}$$

式中, Δu_x 为轴向脉动速度 (m/s)。

气流湍流度的测量采用工控机采集差压传感器的高频信号, 采集时间 1min, 依然以 A、B、C、D 四个截面布置测点, 用平均风速剖面仪测定, 经式 (5-10) 和式 (5-11) 计算后整理的数据分别列入表 5-10~表 5-13。

表 5-10　不同风速下 A 截面上各测点的气流湍流度计算结果

测点位置	−350 点位	−200 点位	0 点位	+200 点位	+350 点位
测点高度/mm	实验段风速为 6m/s 时				
795	0.0076	0.0096	0.0090	0.0094	0.0108
600	0.0084	0.0080	0.0084	0.0097	0.0098
400	0.0087	0.0091	0.0085	0.0102	0.0108
200	0.0097	0.0097	0.0095	0.0103	0.0118
100	0.0087	0.0096	0.0087	0.0102	0.0119
50	0.0163	0.0157	0.0138	0.0206	0.0149
25	0.0066	0.0068	0.0094	0.0115	0.0148
13	0.0166	0.0204	0.0173	0.0249	0.0179
测点位置	−350 点位	−200 点位	0 点位	+200 点位	+350 点位
测点高度/mm	实验段风速为 10m/s 时				
795	0.0100	0.0089	0.0060	0.0073	0.0104
600	0.0076	0.0061	0.0062	0.0064	0.0090
400	0.0085	0.0076	0.0060	0.0078	0.0110
200	0.0101	0.0097	0.0081	0.0098	0.0108
100	0.0069	0.0080	0.0052	0.0084	0.0101
50	0.0120	0.0137	0.0083	0.0109	0.0158
25	0.0067	0.0068	0.0068	0.0088	0.0111
13	0.0196	0.0169	0.0144	0.0191	0.0210
测点位置	−350 点位	−200 点位	0 点位	+200 点位	+350 点位
测点高度/mm	实验段风速为 16m/s 时				
795	0.0053	0.0062	0.0037	0.0071	0.0071
600	0.0052	0.0048	0.0041	0.0066	0.0067
400	0.0059	0.0064	0.0041	0.0069	0.0080
200	0.0093	0.0066	0.0062	0.0105	0.0095
100	0.0045	0.0063	0.0040	0.0076	0.0072
50	0.0088	0.0084	0.0067	0.0086	0.0086
25	0.0042	0.0048	0.0055	0.0057	0.0085
13	0.0148	0.0136	0.0099	0.0207	0.0163

表 5-11　不同风速下 B 截面上各测点的气流湍流度计算结果

测点位置	−350 点位	−200 点位	0 点位	+200 点位	+350 点位
测点高度/mm	实验段风速为 6m/s 时				
795	0.0099	0.0096	0.0067	0.0066	0.0102
600	0.0101	0.0094	0.0056	0.0056	0.0109
400	0.0111	0.0091	0.0068	0.0083	0.0111
200	0.0132	0.0095	0.0095	0.0093	0.0108

测点位置	−350 点位	−200 点位	0 点位	+200 点位	+350 点位
测点高度/mm	实验段风速为 6m/s 时				
100	0.0102	0.0087	0.0068	0.0089	0.0089
50	0.0607	0.0189	0.0118	0.0105	0.0267
25	0.0230	0.0298	0.0167	0.0172	0.0280
13	0.0754	0.0379	0.0265	0.0318	0.0479
测点位置	−350 点位	−200 点位	0 点位	+200 点位	+350 点位
测点高度/mm	实验段风速为 10m/s 时				
795	0.0081	0.0062	0.0045	0.0064	0.0173
600	0.0052	0.0057	0.0045	0.0064	0.0160
400	0.0080	0.0061	0.0046	0.0068	0.0186
200	0.0106	0.0077	0.0073	0.0084	0.0171
100	0.0085	0.0058	0.0053	0.0062	0.0170
50	0.0144	0.0117	0.0097	0.0086	0.0249
25	0.0181	0.0208	0.0137	0.0167	0.0327
13	0.0445	0.0352	0.0202	0.0289	0.0514
测点位置	−350 点位	−200 点位	0 点位	+200 点位	+350 点位
测点高度/mm	实验段风速为 16m/s 时				
795	0.0080	0.0043	0.0055	0.0063	0.0088
600	0.0050	0.0039	0.0054	0.0062	0.0067
400	0.0066	0.0063	0.0052	0.0064	0.0099
200	0.0081	0.0073	0.0060	0.0083	0.0090
100	0.0062	0.0064	0.0050	0.0065	0.0070
50	0.0131	0.0125	0.0084	0.0079	0.0132
25	0.0130	0.0144	0.0148	0.0150	0.0236
13	0.0421	0.0258	0.0265	0.0278	0.0467

表5-12　不同风速下 C 截面上各测点的气流湍流度计算结果

测点位置	−350 点位	−200 点位	0 点位	+200 点位	+350 点位
测点高度/mm	实验段风速为 6m/s 时				
795	0.0092	0.0087	0.0082	0.0076	0.0096
600	0.0128	0.0096	0.0090	0.0076	0.0096
400	0.0118	0.0088	0.0080	0.0073	0.0096
200	0.0119	0.0092	0.0085	0.0082	0.0097
100	0.0129	0.0091	0.0098	0.0079	0.0097
50	0.0280	0.0261	0.0285	0.0351	0.0329
25	0.0157	0.0247	0.0264	0.0240	0.0365
13	0.0253	0.0401	0.0409	0.0413	0.0601

测点位置	−350 点位	−200 点位	0 点位	+200 点位	+350 点位
测点高度/mm	实验段风速为 10m/s 时				
795	0.0069	0.0072	0.0047	0.0051	0.0108
600	0.0054	0.0077	0.0051	0.0047	0.0090
400	0.0078	0.0088	0.0047	0.0059	0.0104
200	0.0095	0.0079	0.0071	0.0085	0.0101
100	0.0109	0.0085	0.0078	0.0061	0.0096
50	0.0317	0.0502	0.0394	0.0271	0.0300
25	0.0599	0.0617	0.0296	0.0235	0.0259
13	0.0886	0.0411	0.0511	0.0395	0.0395
测点位置	−350 点位	−200 点位	0 点位	+200 点位	+350 点位
测点高度	实验段风速为 16m/s 时				
795	0.0084	0.0079	0.0039	0.0068	0.0077
600	0.0052	0.0051	0.0040	0.0061	0.0059
400	0.0085	0.0072	0.0039	0.0074	0.0072
200	0.0101	0.0098	0.0060	0.0102	0.0091
100	0.0093	0.0092	0.0051	0.0083	0.0078
50	0.0097	0.0247	0.0315	0.0264	0.0318
25	0.0177	0.0152	0.0235	0.0211	0.0251
13	0.0302	0.0251	0.0419	0.0355	0.0437

表5-13　不同风速下 D 截面上各测点的气流湍流度计算结果

测点位置	−370 点位	−300 点位	−200 点位	0 点位	+200 点位	+300 点位	+370 点位
测点高度/mm	实验段风速为 6 m/s 时						
795	0.0123	0.0093	0.0091	0.0080	0.0075	0.0094	0.0134
600	0.0096	0.0056	0.0074	0.0042	0.0062	0.0056	0.0164
400	0.0103	0.0097	0.0081	0.0067	0.0087	0.0090	0.0163
200	0.0284	0.0091	0.0077	0.0053	0.0056	0.0065	0.0159
100	0.0203	0.0209	0.0240	0.0181	0.0133	0.0175	0.0299
50	0.0440	0.0385	0.0348	0.0381	0.0400	0.0348	0.0348
25	0.0402	0.0318	0.0318	0.0366	0.0255	0.0351	0.0506
13	0.1131	0.0951	0.1005	0.0640	0.0547	0.0664	0.0810
测点位置	−370 点位	−300 点位	−200 点位	0 点位	+200 点位	+300 点位	+370 点位
测点高度/mm	实验段风速为 10 m/s 时						
795	0.0197	0.0090	0.0063	0.0092	0.0067	0.0096	0.0211
600	0.0159	0.0075	0.0059	0.0067	0.0069	0.0080	0.0129
400	0.0192	0.0080	0.0071	0.0065	0.0073	0.0089	0.0239
200	0.0187	0.0092	0.0084	0.0081	0.0078	0.0099	0.0218

续表

测点位置	−370 点位	−300 点位	−200 点位	0 点位	+200 点位	+300 点位	+370 点位
测点高度/mm	实验段风速为 10 m/s 时						
100	0.0309	0.0295	0.0183	0.0240	0.0157	0.0151	0.0195
50	0.0365	0.0314	0.0304	0.0380	0.0321	0.0328	0.0319
25	0.0405	0.0241	0.0284	0.0280	0.0270	0.0361	0.0384
13	0.0706	0.0793	0.0554	0.0512	0.0489	0.0652	0.0651
测点位置	−370 点位	−300 点位	−200 点位	0 点位	+200 点位	+300 点位	+370 点位
测点高度/mm	实验段风速为 16m/s 时						
795	0.0199	0.0093	0.0074	0.0061	0.0061	0.0089	0.0267
600	0.0140	0.0055	0.0052	0.0041	0.0059	0.0066	0.0154
400	0.0164	0.0097	0.0063	0.0042	0.0074	0.0085	0.0279
200	0.0185	0.0098	0.0078	0.0063	0.0086	0.0095	0.0188
100	0.0129	0.0218	0.0146	0.0183	0.0168	0.0127	0.0153
50	0.0264	0.0417	0.0347	0.0451	0.0394	0.0500	0.0355
25	0.0224	0.0252	0.0214	0.0277	0.0214	0.0304	0.0297
13	0.0381	0.0456	0.0440	0.0440	0.0393	0.0466	0.0535

综上，可以得出如下结论。

1）设计风速范围内，气流流速越高湍流度 ε 越小，越靠近中心轴线，湍流度 ε 越小；贴近底板处湍流度略高，近壁面处湍流度略高；随距入口距离的增加，湍流度略有增加。可能原因是，为装拆方便，实验段各子段间接口部分为向外卷边的连接结构，增大了壁面粗糙度，气流流动中受实验段壁面粗糙度的影响（底板粗糙度大于上壁面和两侧壁面），对气流产生扰动，粗糙度越大，扰动则越大。因此，近底板壁面附近的气流湍流度略大于侧壁面附近的气流湍流度。

2）A 截面处，实验段平均风速为 6m/s 时，离地距离 100mm 以上范围气流湍流度 $\varepsilon <$ 1%；平均风速为 16m/s 时，离地距离 25mm 以上范围气流湍流度 $\varepsilon <1\%$，该截面约 98% 的区域内气流湍流度 $\varepsilon <1\%$。

3）B 截面与 C 截面处气流湍流度分布相近，实验段平均风速为 6m/s、10m/s、16m/s 时具有相似的湍流度分布，80% ~90% 的截面区域内气流湍流度 $\varepsilon <1\%$。两截面的轴线附近的气流湍流度 0.3% ~0.8%。

4）D 截面处，气流湍流度高于 A、B、C 截面，气流湍流度 $\varepsilon <1\%$ 的区域仅占该截面的 60% ~70%，可能受壁面附面层效应以及尾部开口处气流的影响。

5.4.1.5　流速均匀性

流速均匀性用来描述风洞实验段各截面气流速度在空间的分布。风洞实验段气流的大小和方向，不可能达到完全均匀。一般要求风洞实验段某截面内各点的气流速度与该截面气流平均速度相对偏差的均方根小于某一给定值。气流各点速度的大小由测量动压场得到。实验段流速的不均匀度有两种数据计算方法，一种是按国军标方法，即求出截面上每个测点的场系数，然后检验模型区内场系数符合要求的点是否达到 80 % 以上。场系数 μ 的表达式为

$$\mu_i = \frac{q_i}{\bar{q}} - 1 \tag{5-12}$$

式中，$\bar{q}$ 为测量截面的 i 测点处动压平均值（Pa）；q_i 为测量截面的 i 测点处动压值（Pa）。

气流速度不均匀度的另一种计算方法为工程上常用的方法，即每个截面内同一纵向高度上各测点的气流速度与平均速度偏差的均方根表示，表明某点气流速度与平均速度偏离的程度，或称之为不均匀度。风蚀风洞常用这种气流速度不均匀度指标来衡量实验段流场气流速度在空间分布的均匀程度，表达式为

$$\sigma_u = \sqrt{\frac{\sum_{i=1}^{n}\left(\frac{\Delta u}{\bar{u}}\right)^2}{n - 1}} \times 100\% \tag{5-13}$$

式中，σ_u 为气流速度不均匀度（%）；Δu 为第 i 测点瞬时速度与平均速度偏差（m/s），$\Delta u = u_i - \bar{u}$[$\bar{u}$ 为截面某一高度处气流的时均速度（m/s），$\bar{u} = \frac{1}{n}\sum_{i=1}^{n} u_i$ ；u_i 为第 i 测点的瞬时速度（m/s）]；n 为测点数（个）。

考虑到风蚀风洞实验段气流平均风速剖面应呈对数率廓线，故各截面高度方向上气流速度均匀性指标没有意义，只需检测各截面气流速度横向均匀性或不均匀度即可。具体检测方法是：平均风速剖面仪上安装的 8 根毕托管探头，可测量沿高度方向的速度值，沿横向移动剖面仪，可测量出某一截面沿横向的动压分布。

流速均匀性校测主要针对采样区前方来流截面，因而选取 A、B、C、E 截面，其中 E 截面为实验段模拟区末端，距入口 3300mm 处。A、B 截面设置了 5 个测点，以 0 代表该截面中心测点，面朝来流方向自左向右标记测点位置，即测点左边标记为负，右边标记为正，5 个测点分别标记为-200、-100、0、+100、+200。平均风速剖面仪各毕托管探头的离地高度分别为 13mm、25mm、50 mm、100 mm、200 mm、400 mm、600 mm、795 mm，故 A、B 截面的有效测点共 35 个。C、E 截面设置了 7 个测点，分别标记为-300、-200、-100、0、+100、+200、+300，共计 49 个有效测点。各截面流速不均匀度计算结果见表 5-14。

表 5-14　实验段各截面气流流速不均匀度计算结果　　　　　（单位：%）

测点高度/mm	A 截面			B 截面		
	6 m/s	10 m/s	16 m/s	6 m/s	10 m/s	16 m/s
795	0.452	0.728	0.647	0.589	0.685	0.984
600	0.297	0.919	0.251	0.928	0.524	0.948
400	0.528	0.732	0.873	0.681	0.510	0.759
200	0.297	0.345	0.715	0.755	0.588	0.510
100	0.723	0.951	0.749	0.768	0.941	0.521
50	0.498	0.510	0.264	0.978	1.010	0.875
25	0.704	1.060	0.838	0.846	0.509	0.920

测点高度/mm	E 截面			C 截面		
	6 m/s	10 m/s	16 m/s	6 m/s	10 m/s	16 m/s
795	1.011	0.746	0.896	1.040	0.680	0.911
600	0.917	0.732	0.911	0.830	0.733	0.828
400	0.805	0.815	0.890	1.081	0.235	0.763
200	0.559	0.549	0.572	0.889	0.867	0.703
100	0.892	0.820	1.069	0.932	0.611	0.707
50	0.597	0.815	0.786	1.908	0.865	0.755
25	0.804	1.151	0.831	1.646	0.767	1.308
13	0.906	1.049	1.124	6.300	1.993	1.017

由 A、B 截面上气流速度不均匀度 σ_u 计算值可知,实验段入口处气流流速横向均匀性很好,$\sigma_u < 1\%$,表明气流进入实验段时获得了较好的整流效果;E 截面处气流流速不均匀度 σ_u 略有增大,风速为 10m/s 和 16m/s 时,底板附近 25mm 区域气流流速不均匀度指标 $\sigma_u > 1\%$;C 截面为风蚀物采样区,受底板粗糙度影响,底板附近 50mm 高度范围内气流流速不均匀度指标 $\sigma_u > 1\%$,但采样区来流截面上离地距离 200 mm 以上区域的气流流速不均匀度指标 $\sigma_u < 1\%$,且保持稳定。

5.4.2 空风洞壁面边界层检测

5.4.2.1 侧壁边界层检测

选取 A、B、C、D、E 五个截面,假定气流进入实验段时,边界层即已发展成湍流。应用柯列勃洛克(Colebrook)公式(5-14)或阿里特苏里简化公式(5-15)计算可得到壁面粗糙度参数 δ,则壁面附面层厚度计算结果见表 5-15。

$$\frac{1}{\sqrt{\lambda}} = -2\lg\left(\frac{\delta}{3.7d_0} + \frac{2.51}{Re\sqrt{\lambda}}\right) \tag{5-14}$$

$$\lambda = 0.11\left(\frac{\delta}{d_0} + \frac{68}{Re}\right)^{0.25} \tag{5-15}$$

式中,λ 为实验段管道的摩擦损失系数;δ 为管壁粗糙度,这里指壁面附面层厚度(mm);d_0 为实验段当量直径(mm);Re 为雷诺数。

表 5-15 壁面附面层厚度计算结果

与入口距离/mm	300	1 650	3 300	3 850	6 050
项目	实验段平均风速 6 m/s 时				
Re 数	123 184.358	677 513.966	1 355 027.933	1 580 865.922	2 484 217.877
附面层厚度 δ/mm	10.6	41.6	72.5	82	117.7

与入口距离/mm	300	1 650	3 300	3 850	6 050
项目	实验段平均风速10 m/s时				
Re 数	205 307.263	1 129 189.944	2 258 379.888	2 634 776.536	4 140 363.128
附面层厚度 δ /mm	9.6	37.6	65.5	74	106.3
与入口距离/mm	300	1 650	3 300	3 850	6 050
	实验段平均风速16 m/s时				
Re 数	328 491.620	1 806 703.911	3 613 407.821	4 215 642.458	6 624 581.006
附面层厚度 δ /mm	8.8	34.2	59.6	67.4	96.8

依据表 5-15 中的数据绘制了实验段气流流动距离与壁面附面层厚度的关系，如图 5-16 所示。

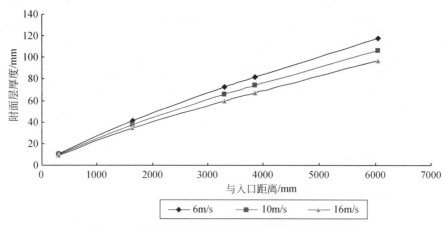

图 5-16　实验段沿流向距离与壁面附面层厚度关系图

实验段平均风速分别为 6 m/s、10 m/s、16 m/s 时，侧壁附面层厚度与流向距离的拟合方程见表 5-16。

表 5-16　实验段不同风速时侧壁湍流边界层厚度拟合方程

平均风速	6 m/s	10 m/s	16 m/s
拟合方程	$\delta = 18.635x + 7.542$	$\delta = 16.824x + 6.854$	$\delta = 15.305x + 6.292$
回归系数 R^2	0.9951	0.9951	0.9952

由表 5-15、表 5-16 和图 5-16 可以看出，实验段侧壁附面层厚度随流向距离呈线性递增，线性拟合方程的回归系数均大于 0.99；实验段流速增大，则壁面附面层厚度减小；在实验段末段，壁面附面层厚度约 100mm。上述计算结果表明，实验段侧边 0.6°扩散角的设计是合理的。

5.4.2.2　底板边界层检测

具体测试方法是，选取 A、B、C、D 四个截面，将平均风速剖面仪分别放置于各截面的中心轴线位置处,当实验段入口平均风速分别为 6m/s、10m/s、16m/s 时,各连续稳定运行 1min,采集 60 个速度数据,取其算术平均值。测定结果绘于图 5-17。

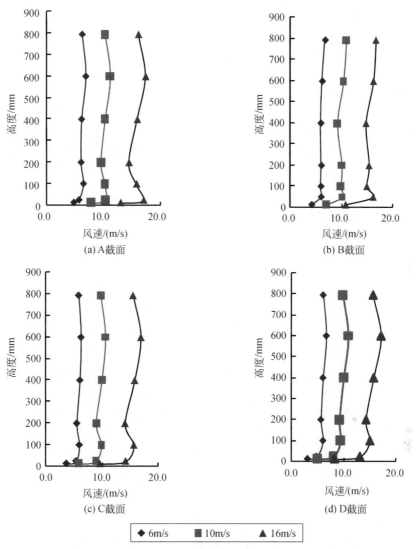

图 5-17　A、B、C、D 各截面轴线位置风速剖面分布图

依据流体力学基础知识,一般以主流风速的 99 % 所对应的高度作为底板附面层的厚度。由图 5-17 大致估算本风蚀风洞实验段底板附面层为 15 ~ 50 mm。依据相关研究者对土壤风蚀输沙高度的研究成果,风蚀现象是发生在 1m 以下高度范围内的风沙输运现象,风蚀沙粒运动 97% 以上都发生在距地面 30cm 的高度范围内,土壤风蚀输沙在床面上 500mm 高度之内的置信度大于 99.9 %。说明要得到厚度大于 500mm 的对数律大气边界层风速剖面,必须依靠湍流发生器、粗糙元等大气边界层形成装置实现。

5.4.2.3　大气边界层平均风速剖面的校测

（1）风洞风速剖面的测试

NK-1 可移动式风蚀风洞实验段大气边界层模拟装置的设计，应用了 Fluent 模拟计算软件，引入多孔介质+粗糙元组合模型模拟（详见第 4 章内容），获得了"棒栅+粗糙元"的最优化设计，粗糙元棒栅在风洞中的安装位置和尺寸如图 4-25 所示。

具体测试时，将平均风速剖面测定仪置于距离实验段入口端 3300mm 和 3850mm 处，即 E、C 截面，当实验段入口风速分别为 6m/s、10m/s、16m/s 且连续稳定运行时，以每分钟 60 个数采集并储存实测风速值，最后取各风速下的平均值列于表 5-17 中，由实测数据绘制下风向不同距离测点处平均风速剖面图，如图 5-18 和图 5-19 所示。

表 5-17　实验段风速 6m/s、10m/s、16m/s 时不同高度处平均风速值

测点	距离实验段入口端 3300 mm 处						
高度/mm	13	25	100	200	400	600	795
6 m/s	2.0268	2.6965	3.2929	3.6759	4.7774	5.5864	5.6624
10 m/s	3.7132	4.3200	5.3807	6.5035	8.9229	9.0426	9.3163
16 m/s	5.9965	6.0430	8.7853	10.2592	13.3642	14.5570	15.9250
测点	距离实验段入口端 3850 mm 处						
高度/mm	13	25	100	200	400	600	795
6 m/s	1.8917	2.1547	3.4893	3.7766	4.6300	5.3417	5.2823
10 m/s	3.4588	4.4331	4.5402	6.3854	8.3483	8.9438	9.1466
16 m/s	5.7115	6.2646	8.8975	10.3256	13.1500	14.4103	15.7959

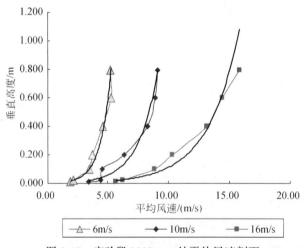

图 5-18　实验段 3300 mm 处平均风速剖面

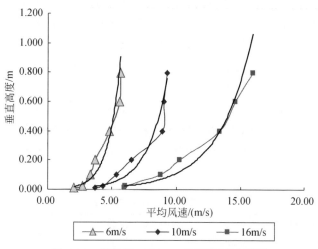

图 5-19　实验段 3850 mm 处平均风速剖面

将实测数据进行拟合求解，获得了该截面处平均风速剖面的拟合方程，以及重要参数摩阻风速 u_* 和地表粗糙度 z_0 拟合值，见表 5-18。

表 5-18　实验段不同风速时截面平均风速剖面回归方程及参数

测点位置	平均风速/(m/s)	拟合方程	回归系数 R^2	摩阻风速 u_* 拟合值/(m/s)	地表粗糙度 z_0 拟合值/m
下风向 3300 mm 处	6	$z = 0.002e^{1.0833u}$	0.9587	0.36	0.0013
	10	$z = 0.0018e^{0.6499u}$	0.9411	0.59	0.0012
	16	$z = 0.0024e^{0.3834u}$	0.9446	1.017	0.0016
下风向 4500 mm 处	6	$z = 0.002e^{1.1236u}$	0.9797	0.35	0.0018
	10	$z = 0.0023e^{0.637u}$	0.9079	0.57	0.0015
	16	$z = 0.0022e^{0.3929u}$	0.9582	0.97	0.0018

由表 5-17 可以看出，实验段不同风速时，E、C 截面处平均风速剖面拟合方程的回归系数均大于 0.94。平均风速剖面的重要参数地表粗糙度 z_0 是与粗糙物几何高度和粗糙物分布状态相关的数，表中拟合值接近，表明粗糙元的分布是合理的。另一重要参数摩阻风速 u_* 是反映气流对地表层土壤颗粒剪切力大小的数，表中拟合值随风速的增大而增大，意味着随气流流速的增大，地表层颗粒所受流体的剪切力增大。通过实测数据拟合，充分表明棒栅+粗糙元组合的大气边界层模拟装置是合理的。

（2）野外实际地表大气边界层平均风速剖面的测定

在天津大港区太平镇建有示范基地，为 NK-1 可移动式风蚀风洞提供了野外实验场地。野外实验时正值入春时段，因此，基地中裸露农田有向日葵翻耕地、高粱留茬地和菜地翻耕地，还有部分芦苇地和杂草覆盖的荒地等，考虑到芦苇地和杂草荒地全部被植被覆盖，无裸露部分，所以选择了向日葵翻耕地、高粱留茬地和菜地翻耕地三种实验地进行测试。

采用 ZRQF 智能风速计，风速的量程为 0.05 ~ 30m/s。该风速计是采用量热式原理测量风速的，敏感元件为一个直径约 0.8mm 的球状元件，利用其散失热量与风速相关的效应来测量风速，所以也称为热球式风速计。测杆为可伸缩拉杆式，在测量风速时先预热 30s 再拉出测杆，使红点迎向来风，敏感元件所在位置为测点位置。测试时选取一足够长的竖直细杆，细杆上预先标记好高度尺寸，按离地距离分别为 10cm、30cm、60cm、110cm 将风速计固定在细杆上，对每种实验地选择周边无遮挡物的点位，将细杆一端插入土中固定，使风速计的红点迎向来风，然后开始读数、记录。由于野外现场风速、风向波动频繁，每一高度处风速读取三次读数，取其平均值作为该高度处风速值，见表 5-19，平均风速剖面图如图 5-20 所示。

表 5-19　不同地表不同高度处风速测量结果　　　　　（单位：m/s）

高度/m	向日葵翻耕地				高粱留茬地				菜地翻耕地			
	读数 1	读数 2	读数 3	平均	读数 1	读数 2	读数 3	平均	读数 1	读数 2	读数 3	平均
0.1	1.65	1.87	2.03	1.85	0.42	0.82	1.05	0.76	2.17	1.99	2.32	2.16
0.3	3.82	4.37	4.45	4.21	2.26	2.62	2.86	2.58	2.57	2.13	3.02	2.57
0.6	4.81	5.45	5.43	5.23	3.57	3.73	4.01	3.77	3.57	3.86	4.02	3.82
1.1	4.97	5.73	5.53	5.41	4.75	4.86	5.41	5.01	4.37	4.61	4.58	4.52

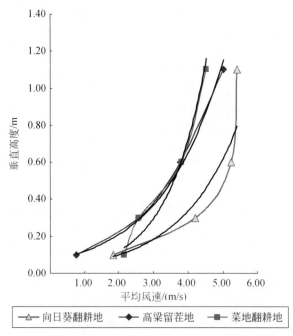

图 5-20　三种地表类型的平均风速剖面及拟合曲线

将上述实测数据用地面平均风速的对数律公式（2-56）进行拟合求解，得到三种地表类型的平均风速剖面拟合方程，以及回归方程参数摩阻风速 u_* 和地表粗糙度 z_0 拟合值，见表 5-20。

表 5-20　实验段不同风速时截面平均风速剖面回归方程及参数

粗糙地表类型	拟合方程	校正系数 R^2	摩阻风速 u_*	动力学粗糙度 z_0
向日葵翻耕地	$z = 0.0296\mathrm{e}^{0.6077u}$	0.9537	0.62	0.0249
高粱留茬地	$z = 0.0669\mathrm{e}^{0.5688u}$	0.9978	0.70	0.0669
菜地翻耕地	$z = 0.0197\mathrm{e}^{0.9011u}$	0.9149	0.41	0.0151

　　由表 5-20 可知，三种类型地表平均风速剖面拟合方程符合对数律，拟合方程的校正系数均大于 0.94。

　　为验证风洞实验结果的可靠性，将风蚀风洞移至向日葵翻耕地进行了实验，为减少风蚀风洞移动过程中对棒栅的影响，棒栅在现场安装并调试，拆除实验段底板，平均风速剖面仪放置于实验段测试区中心处，实验段风速保持 6 m/s 时获得不同高度的平均风速，见表 5-21，实测数据的拟合方程以及特征参数摩阻风速 u_* 和地表粗糙度 z_0 拟合值，见表 5-22，无风洞时实际地表平均风速剖面与风洞内实际地表的平均风速剖面如图 5-21 所示。

表 5-21　6m/s 时实验段不同高度处风速值

离地高度/m	0.025	0.05	0.1	0.2	0.4	0.6	0.8
风速/（m/s）	0.6273	1.2265	1.5613	3.7456	4.3764	5.8723	6.1373

表 5-22　6 m/s 时实验段平均风速剖面拟合方程及参数

粗糙地表类型	拟合方程	回归系数 R^2	摩阻风速 u_* /（m/s）	动力学粗糙度 z_0 /m
葵翻耕地	$z = 0.026\mathrm{e}^{0.5648u}$	0.9529	0.67	0.0242

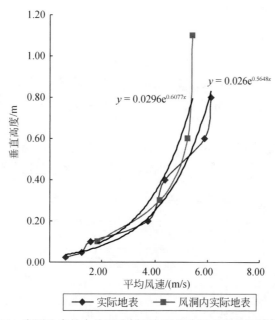

图 5-21　实际地表的自然风速剖面与风洞实验的平均风速剖面图

由图 5-21 可以看出，利用 NK-1 可移动式风蚀风洞在野外实际地表进行相关实验，可获得与野外实际地表相近的大气边界层平均风速剖面，能够满足地表大气边界层流动结构的相似要求。上述实验结果进一步表明，在室内开展风洞实验时，可以通过调整粗糙元几何高度和分布，获得农田各类型地表的实际平均风速剖面，从而使室内实验结果更趋真实、可信。

5.4.3 风洞能量比检测

依据 3.2 节风洞能量比估算的相关内容，以风扇输给气流的功率作为风洞输入功率，风洞能量比可由式（3-8）进行计算。

本风蚀风洞选用了 MDIC180L-4 型三相交流电动机，若 U_1、I_1 分别表示三相电源的线电压和线电流，则线电流应取三线电流的平均值，此时电机的输入总功率 P_T 为

$$P_T = \sqrt{3}\, U_1 I_1 \tag{5-16}$$

式中，P_T 为电机的输入总功率（W）；U_1 为三相电源的线电压（V）；I_1 为三相电源的线电流（A）。

电机输给风扇的功率 $N_{电机}$ 或电机输出的有用功率为

$$N_{电机} = P_T \cdot \cos\varphi \tag{5-17}$$

式中，$N_{电机}$ 为电机输出的有用功率（W）；$\cos\varphi$ 为电机功率因数，由所选电机的铭牌查得 $\cos\varphi = 0.85$。

将式（5-17）代入式（3-9）有

$$N_{tunnel} = N_{电机} \cdot \eta_{电机} \cdot \eta_{fan} = P_T \cdot \cos\varphi \cdot \eta_{电机} \cdot \eta_{fan} \tag{5-18}$$

将式（5-18）代入式（3-8）有

$$x = \frac{\dfrac{1}{2}\rho u_0^3 \cdot F_0}{P_T \cdot \cos\varphi \cdot \eta_{电机} \cdot \eta_{fan}} \tag{5-19}$$

式中，ρ 为气流密度（kg/m³），$\rho = 1.22\,\mathrm{kg/m^3}$；$F_0$ 为实验段截面积（m²），NK-1 可移动式风蚀风洞实验段截面积为 0.81m²；$\eta_{电机}$ 为所选电机的效率，$\eta_{电机} = 0.9$；η_{fan} 为风扇效率，由 3.3.4 节知 $\eta_{fan} = 0.8$。

由式（5-17）～式（5-19）可知，总能量比的测量需对风蚀风洞实验段的风速以及电机输入电压、电流进行测量，见表 5-23。测量中电压表读数变化微弱，较为稳定。

表 5-23 风蚀风洞能量比测算结果

中心风速/（m/s）	电流表读数/A	电压表读数/V	能量比
6	1.6	380	0.166
10	3.9	380	0.316
16	14.8	380	0.341
20	24.6	380	0.400
22.6	34.9	380	0.407
23.5	39	380	0.410

由表 5-23 可知，风速越大，能量比越高。在设计最高风速 20 m/s 时，能量比与估算值相当，表明运用经验公式逐项计算风蚀风洞各部件损失，最终加和获得风蚀风洞总损失的能量比估算方法，是一种可信、有效的估算方法，也说明 NK−1 风蚀风洞气动结构的设计是合理的。

参 考 文 献

陈曦, 沙奕卓, 吕文华 . 2011. 热线流速仪在风洞流场测试中的应用 . 仪器仪表学报, 32 (12)：356-360.

盖晓磊, 李光里, 张宏 . 2011. 可移动式风蚀风洞的设计与研究 . 沈阳航空航天大学学报, 28 (3)：27-32.

赛庆毅, 殷忠民, 王欣 . 2004. 小型校准风洞的设计及变频调速数据自动采集系统 . 上海理工大学学报, 26 (2)：134-137.

上海菱生电子仪器有限公司 . 菱生产品——节流装置/毕托管 . http：//www. ls-sh. com/02300015/php/pic-show. php? menuid=7&getproductlistid=62591&lang=0 ［2014-04-09］.

王晓英, 罗惕乾, 李国文, 等 . 2006. 低速风洞测控系统的改进与提高 . 农机化研究, (7)：57-59.

巫晓琳 . 2006. 风洞模型全机测力实验数据误差修正算法研究及软件实现 . 成都：西南交通大学硕士学位论文 .

吴嘉 . 2005. 流速测量方法综述及仪器的最新进展 . 计测技术, 25 (6)：1-4.

谢洪波, 宫仁敏, 韩凛, 等 . 2011. 一种便携式激光多普勒测速光学系统的设计 . 激光技术, 35 (1)：110-111.

许民, 胡益清 . 2006. 智能建筑接地技术的分析及地网电阻测试的实践 . 电气应用, 1 (11)：30-32.

第6章 土壤风蚀物采集器——集沙仪

土壤风蚀研究中通常要进行风蚀监测以研究其粒度组成、化学物质组成、风沙运动规律、风蚀速率、风蚀通量、风蚀预测模型以及风蚀排放清单等。目前，风蚀监测方法多种多样。根据监测目的和原理差异，将现有的主要风蚀监测方法划分为风蚀量监测和输沙率监测两大类。风蚀量监测方法主要包括集沙盘法、降尘缸法、风蚀盘法、风蚀圈法、示踪法、遥感法、侵蚀针法等；输沙率监测主要使用集沙仪和沙粒传感器等直接测量。其中，集沙仪是土壤风蚀物的重要采集装置。本章将分别介绍国内外集沙仪研究现状，进而在介绍集沙仪设计原则的基础上，详细介绍南开大学集沙仪和内蒙古农业大学集沙仪的结构设计和相关实验，为研究人员选择和研制适合的集沙仪提供基础资料，以提高风蚀研究结果的科学性、可靠性和可比性。

6.1 集沙仪简介

为了进行风蚀研究，国内外学者已研制了多种集沙仪用于采集风蚀土样，它们在结构、形状、采样原理及采集率方面均有不同。但从总体上来看，可以按照采样过程中是否需要排气装置分为主动式集沙仪和被动式集沙仪，按照是否可以运动分为固定式集沙仪和旋转式集沙仪，按照进沙口排列方式可以分为水平式集沙仪和垂直式集沙仪。

主动式集沙仪配有抽气装置，以减小集沙仪内的静气压。被动式集沙仪则没有专门的抽气装置。实际应用中，被动式集沙仪使用方便、容易制作、价格便宜，因而被普遍使用。

固定式集沙仪只能收集一个方向的沙尘颗粒，适合于风洞实验。旋转式集沙仪可根据风向调整方向，能收集多个方向的沙尘颗粒，适合于野外观测。

水平式集沙仪可收集水平方向的沙尘颗粒，计算水平方向沙通量。而垂直式集沙仪可收集垂直方向的沙尘颗粒，计算垂直方向沙通量。多数集沙仪是水平式集沙仪。

6.1.1 国外集沙仪简介

1941年，Bagnold设计出了最早的风沙观测仪器——垂直长口形集沙仪，但这种集沙仪因为缺少旋转装置，所以并不适合用于野外这种多方向风况环境中采样。

1957年，Chepil对Bagnold设计的集沙仪做出改进，增加了旋转装置，但这种改进过的集沙仪缺少排气装置，所以不适合用于强风沙天气。

1975年，Ganor首次描述了用来研究垂直尘通量的MDCO（玻璃球集沙仪）集沙仪。目前，该集沙仪应用广泛，尤其是在沙漠地区应用颇多。它是由一个盛有两层玻璃球的圆形容器组成，其直径为 315mm，高度为 100mm，如图 6-1 所示。

图 6-1　MDCO 集沙仪

资料来源：Goossens and Offer，2000

1976 年，May 设计了旋转杆集沙仪。该集沙仪对 50μm、30μm、20μm 和 10μm 等不同粒径颗粒的采集效率分别为 97%、90%、83% 和 60%。可见，它对于不同粒径土壤颗粒的采集率差异较大。同时，在使用时需要 12V 的直流电旋转 U 形杆，另外当风速超过 10m/s 时其风蚀物采集率将有所下降。

1978 年，Leatherman 设计的集沙仪有两个狭缝，一个狭缝为采沙口，另一个狭缝为 65μm 筛网形成的通风屏。该集沙仪结构简单，对方向较敏感，但需要频繁维护。

1980 年，Wilson 和 Cooke 设计了 MWAC 集沙仪，这种集沙仪由 100mL 塑料瓶、玻璃进风管和出风管三部分构成，塑料瓶垂直放置，如图 6-2 所示。采样时塑料瓶被水平固定在装有旋转尾翼的支架上，旋转装置可调整，使进风管始终正对风向。因为用来沉降沙尘颗粒的塑料瓶直径与进、出风管的直径不同，所以，进入瓶中的沙尘凭借压差沉降下来，空气随出风管排出。该集沙仪结构简单，进风管可保证时刻正对风向，并能单点采集不同高度的尘粒，但缺点是较小的进沙口面积使沙样采集量过少，无法满足研究需要。1990 年，Kuntze 等对 MWAC 采样器进行了少许改进，风洞实验时，将 5 个塑料瓶按照对数高度 0.05m、0.12m、0.2m、0.3m 和 0.5 m（后改为 0.4m）平放，如图 6-3 所示。Goossens

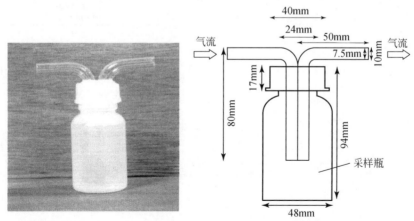

图 6-2　MWAC 采集器

资料来源：Goossens and Offer，2000

和 Offer（2000）使用的是 1.25mm 厚的玻璃管作为进风管和出风管，内径 7.5mm，外径 10.0mm。Goossens 和 Offer（2000）通过比较 6 种集沙仪之后发现，MWAC 的收集效率达到 90%~95%，且受风速影响较小；而 Sterk（1993）的研究表明，MWAC 的收集效率只有 47%。

图 6-3　风洞内使用的改进的 MWAC 采集器

资料来源：Maurer et al.，2006

Saltiphone 集沙仪。1985 年，Van der Linden 提出了早期的版本；1991 年，Spaan 和 vanden Abeele 共同介绍了后来版本的集沙仪。该集沙仪的 10mm 内径的传感元件被安装在 130mm 长、50mm 直径的不锈钢钢管中，钢管后部的两个尾翼起到控制风向的作用，不锈钢钢管被安装在轴承上，具体尺寸如图 6-4 所示。当尘粒进入不锈钢钢管时，一些粒子发生弹跳作用撞击到扩音器上而被仪器记录。1994 年，Bakkum 的研究表明，小的悬浮尘粒不足以被记录。因此，该集沙仪主要用来采集粒径较大的跃移尘粒。

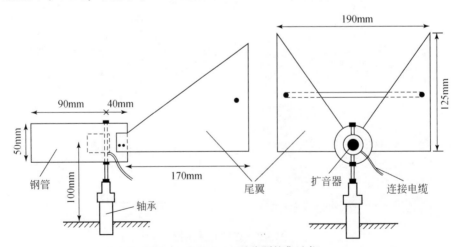

图 6-4　Saltiphone 跃移颗粒集沙仪

资料来源：Goossens，2002

1986 年，Fryrear 研制出了利用周围空气流进行驱动的 BSNE 集沙仪，如图 6-5 所示。该集沙仪制作简单，操作方便，可用于长期野外风沙观测而无需频繁维修，既可保证其进沙口正对风向，也可单点采集不同高度的风蚀物。现在，国外 BSNE 集沙仪已较多的用于田间土壤风蚀观测中，且已有成品销售，但实际购买时价格较高。1993 年，Fryrear 进一步改进了 BSNE 采集器，为其增加了一个防雨罩，有效改善了长期野外观测中降水造成的沙样流失的情况。现在市场上销售的集沙仪有标准型、改进型和组合型三种类型。

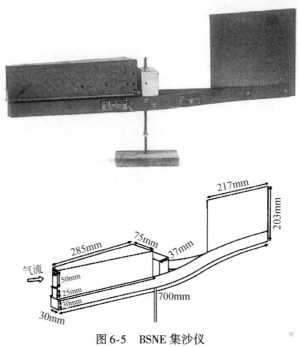

图 6-5　BSNE 集沙仪

资料来源：Goossens and Offer，2000

(1) 标准型

标准型 BSNE 集沙仪是垂直放置的，入口 2cm 宽，5cm 高。采样器上方有 60 目筛网，当空气流过时，挟沙气流中的沙物质可被截留在采样托盘上。采样器对直径小于 0.84mm 的沙粒采集效率可达 90%，采样效率与风速无关。对于小于 0.02mm 的沙粒，采集率仅 40% 左右。把几个 BSNE 集沙仪安装在同一个固定杆上［常用的是一根 1/2″的钢制 EMT 管（钢制电气金属管），外径 1.8cm］，可测量不同高度处的风蚀物。例如，美国加利福尼亚州风蚀研究项目中就在每个采样点布设 1 个集沙仪组，每组集沙仪彼此间隔 20m，每个集沙仪组包括 5 个集沙仪，开孔中心分别距土壤表面 5cm、10cm、30cm、55cm 和 100cm。每个集沙仪均可独立旋转，迎着风向，如图 6-6 所示。

图 6-6　标准型 BSNE
集沙仪野外布置图

（2）改进型

改进型 BSNE 集沙仪开口更小（2cm 宽，1cm 高），两侧有 120 目筛网，可以使空气流出而把空气中运动的粉尘留在采样器内。改进后的 BSNE 可以每隔 5cm 叠放一个，如图 6-7 所示。采样器托盘的容量小于标准型 BSNE 集沙仪。

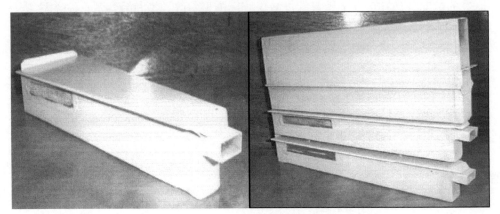

图 6-7　改进型 BSNE 集沙仪

（3）组合型

组合型 BSNE 集沙仪包括两个改进型 BSNE 集沙仪和一个标准型 BSNE 集沙仪。3 个采样器通过螺栓固定，开孔中心分别在土壤表面以上 5cm、10cm 和 20cm 处。采样器间的间隔固定。

1991 年，Janssen 和 Tetzlaff 根据 BSNE 集沙仪原理设计出了 SUSTRA 集沙仪，但这种集沙仪较 BSNE 集沙仪结构复杂，具有采集效率低且随风速变化较大，只能采集单一高度的风蚀颗粒等缺点而未被广泛推行使用。进沙口为直径 5cm 的水平进气管，如图 6-8 所示。风向标随风摆动，从而使进沙口时刻对准风向。该集沙仪因尺寸较大，难以放在风洞中开展实验，多在野外使用。如果在风洞内使用，可将风向标和平衡装置移除。

1992 年，Shao 等研制了改进的 Bagnold 集沙仪，这种集沙仪由真空泵提供动力，属于主动式集沙仪。空气流通过沙尘过滤器进行风蚀颗粒的采集，缺点是其进沙口太窄（5mm 宽，48cm 高）而影响采样量，采沙口方向固定，无法随风转动。

1993 年，Hall 等研发了 WDFG（wedge dust flux gauge）集沙仪。如图 6-9 所示，集沙仪的尺寸为原始设计的集沙仪全尺寸的一半。目前，全尺寸和半尺寸两个尺寸的 WDFG 集沙仪均可以在市场上购买。WDFG 呈楔形，后部有个挡板。水平放置的盒子底部长 18cm，宽 10cm，上部角度为 24.5°。挟沙气流从前部长 100mm、宽 19mm 的长方形进沙口进入。中部有可以捕集尘粒的泡沫发生器，该发生器每英寸有 10 个洞可以喷洒泡沫。1994 年，Hall 等详细描述了 WDFG 的空气动力学特性。

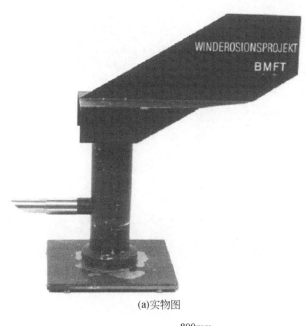

(a)实物图

风向标
排气口
进沙口
弹簧片
轴承
沙床面
平衡装置

800mm
150mm
300mm
125mm
540mm
300mm
50mm
240mm
235mm
220mm
460mm

(b)结构图

图 6-8　SUSTRA 集沙仪

资料来源：Goossens and Offer, 2000

(a)实物图

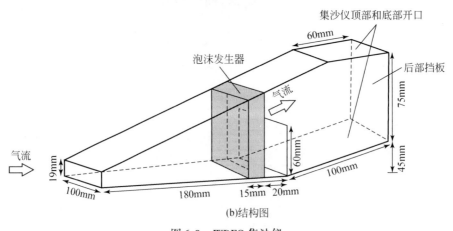

(b)结构图

图 6-9　WDFG 集沙仪

资料来源：Goossens and Offer, 2000

1995 年，Pollet 研制了 Pollet catcher（POLCA）。该集沙仪呈楔形，长 100mm，前面宽 100mm，后面宽 210mm。采样器前端的矩形入口宽 50mm、高 10mm。两边以 28.8°的角度向外扩散。尾部排气口高 10mm、宽 120mm，并装有 60μm 筛网，如图 6-10 所示。

Sierra/Misco 公司生产的 SIERRA 集沙仪（型号：680），如图 6-11 所示。挟沙气流进入 38.5cm×39.0cm 的水平进沙口，上部有用来保护集沙仪的盖子。中部有 22.8cm×17.8cm 的玻璃纤维滤膜用来捕集尘粒，该采样器属于主动采样器。

Sartorius 等速采样器是主动式集沙仪，采样流速为 200～1800L/h，挟沙气流被抽进装有直径 4cm 的滤膜的采样头里面，尘粒被采样头里面的滤膜捕集，具体尺寸如图 6-12 所示。

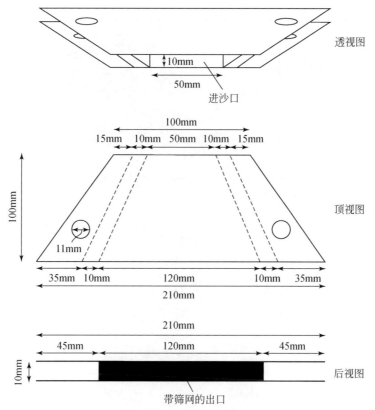

透视图

10mm

50mm

进沙口

100mm

15mm 10mm 50mm 10mm 15mm

100mm

顶视图

11mm

35mm 10mm 120mm 10mm 35mm

210mm

210mm

45mm 120mm 45mm

10mm

后视图

带筛网的出口

图 6-10　POLCA 集沙仪

资料来源：Goossens，2002

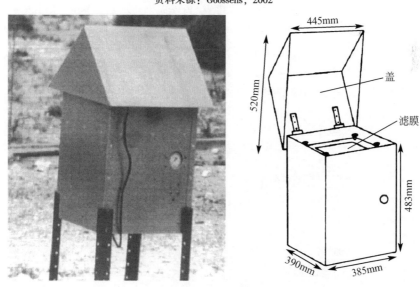

445mm

520mm

盖

滤膜

483mm

390mm 385mm

图 6-11　SIERRA 集沙仪

资料来源：Goossens and Offer，2000

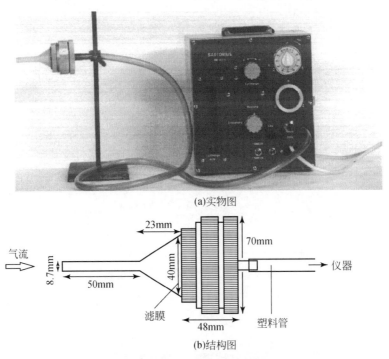

(a)实物图

(b)结构图

图 6-12　SARTORIUS 集沙仪

资料来源：Goossens and Offer，2000

2009 年 Ikazaki 等设计了 AMS（aeolian materials sampler）集沙仪（图6-13）。该集沙仪借鉴了 Bagnold（1941），Greeley 等（1982），Fryrear（1986），Stout 和 Rryrear（1989），Nickling 和 Neuman（1997）等设计的集沙仪，由采沙器、集沙盘和盖组成，内部扩散角 20°，呈楔形。入口 100mm 宽，50mm 高；出口 322mm 宽，30mm 高。入口前面有一个 200mm 长，50mm 宽的减少挟沙气流对入口产生摩擦用的沿。集沙盘较长，长度为 500mm。该集沙仪出口处无筛网等阻尘部件，成本低，制作方便。

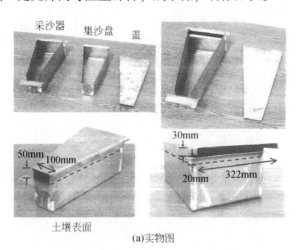

(a)实物图

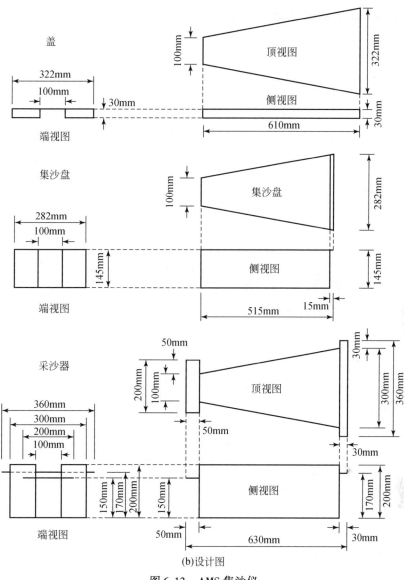

图 6-13　AMS 集沙仪

资料来源：Ikazaki et al.，2009

6.1.2　国内集沙仪简介

目前，国内普遍采用的集沙仪是利用重力分离原理取样的阶梯式、平口式以及遥测式集沙仪。此外，还有旋风分离式集沙仪。

阶梯式集沙仪前部由 10 个进沙通道叠放成阶梯状，故名阶梯式集沙仪（图6-14）。每个进沙通道有一个 2cm×2cm 的方形进沙口，后部为 10 个标有刻度的玻璃盛沙管，盛沙管设置在一个有排气孔的盒子里。进入进沙口的沙粒由安装下部的采集装置收集。该集沙仪可用来测量距离地面20cm 高度范围内的输沙量。其特点为可用于分析风沙流结构。缺

— 193 —

点为气流流通性差，只能采集距地面 20cm 高度内的沙尘颗粒。

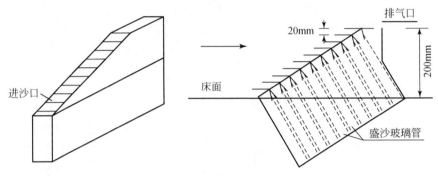

图 6-14　阶梯式集沙仪
资料来源：李振山等，2003

刘氏集沙仪（图 6-15）前部为 30 个垂直紧密排列的进沙通道，后部为标有刻度的盛沙盒。所有盛沙盒都设置在一个大的菱形盒内，盒的后端上部设有总排气口。该集沙仪可测量距地面 30cm 高度内的输沙量。

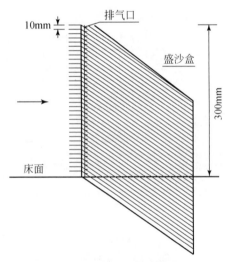

图 6-15　刘氏集沙仪
资料来源：李振山等，2003

中国科学院兰州沙漠研究所研制的平口式集沙仪为机械式集沙仪，由 25 个 2cm×2cm 的进沙方孔构成每组测沙探头，整体结构与阶梯式集沙仪较相似，但因其内部气流流通性得以改善而提高了测量准确度。该集沙仪主要由装有存沙器（布袋）的测沙探头和支架两部分组成。25 个进沙方孔代表不同的测量高度，由下往上代表的测量高度依次是 0 ~ 2cm，2 ~ 4cm，…，48 ~ 50cm。探头全长 50cm。其主视图和俯视图如图 6-16 所示。实验表明，该集沙仪具有观测高度高，一次观测时间长，存沙器不易破损，对风向方便，节省人力等优点。

中国科学院兰州沙漠研究所研制的遥测集沙仪（YC-82 型）由遥测发射机、集沙传感器、接收控制器和记录器构成（图 6-17）。该集沙仪通过集沙传感器和遥测发射机实现野

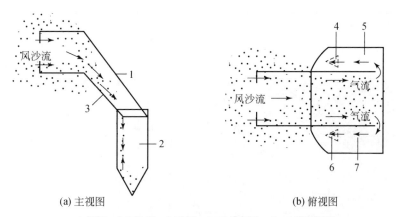

(a) 主视图　　　　　　　　　　　　　(b) 俯视图

1.挡板；2.存沙器；3.底部；4、7.排气孔；5、6.排气通道

图 6-16　平口式集沙仪

资料来源：李长治等，1987

外风沙通量的遥测，可以使研究人员不到现场就能获得自动记录的观测数据。集沙传感器是该集沙仪的关键部件，其结构简单，成本低廉，便于推广使用。集沙传感器主要由圆筒形集沙筒（有一个排气孔）、挡沙板、汇集漏斗、翻斗和感应器等部分组成。

图 6-17　遥测集沙仪及其集沙传感器

资料来源：高正锐和赵爱国，1983

内蒙古农业大学研制的布袋式集沙仪，利用流线结构的布袋收集尘粒，进沙口可随风转动，能在野外收集来自各个方向的尘粒，同时也可单点采集不同高度的风沙颗粒，比较适合在野外观测中使用，如图 6-18 所示。该集沙仪结构简单，操作简便，平均集沙效率为 80.91%，但对于其等动力性和单独对小于 100μm 的悬移运动颗粒采集率的测定在相关研究中并未提及。另外一个缺点是，布袋采集的沙尘难以完全取出，尤其集沙量较少或颗粒较细时，取样损失较大。

— 195 —

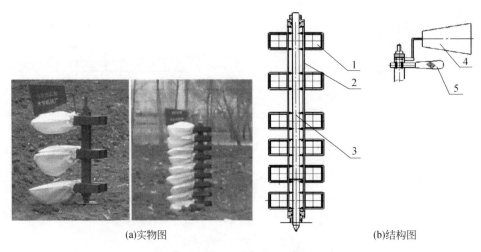

(a)实物图   (b)结构图

1.集沙筒；2.支架；3.立轴；4.导向器；5.布袋

图 6-18　布袋式集沙仪

资料来源：冬梅，2005

　　内蒙古农业大学设计的旋风分离式集沙仪，该集沙仪采用惯性分离原理采集沙尘颗粒，如图 6-19 所示。该集沙仪可单点收集各高度沙尘颗粒，同时也可保证进沙口时刻正对风向，适合用于野外采样，相关研究也对该集沙仪进行了采样性能实验，其等动力性较好，进沙口风速与实验风速比为 0.998，沙尘平均采集率为 84.92%。但其制作较为复杂，并且同样也未单独对小于 100μm 的悬移运动颗粒采集率进行测定。

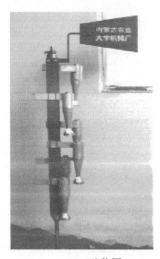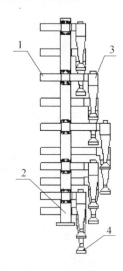

(a)实物图   (b)结构图

1.气流管；2.支撑座；3.旋风分离器；4.集沙盒

图 6-19　旋风分离式集沙仪

资料来源：冬梅，2005.

　　中国农业大学研制的"中农"集沙仪，由采沙器、支撑架、尾翼、支撑杆和固定栓等主要部件组成，如图 6-20 所示。其中，采沙器是核心部件，由采沙盒、集沙盒和密封圈三部分构成，采沙盒是主要的采沙部件，其进沙口尺寸为 5cm×2cm（宽×高），285mm 长的通道壁以 11°向外渐扩，如图 6-21 所示。尾翼（导风板）主要用于自动调整进沙口指向，使进沙口时刻正对风向，其尺寸为 210mm×190mm。支撑架和固定栓主要用于将采集器固定在不同高度处。该集沙仪结构简单，操作方便，价格便宜；进沙口能够时刻指向风向；能够在同一位置点采集不同高度的沙样；不需工作人员时刻照看以及频繁的维修，可进行长期田间野外观测。

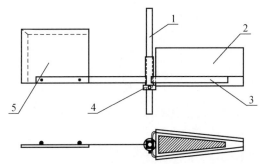

1.支撑杆；2.采沙器；3.支撑架；4.固定栓；5.尾翼

图 6-20　"中农"集沙仪

资料来源：臧英，2003

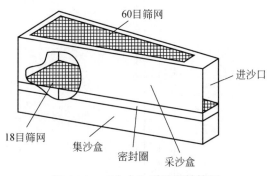

图 6-21　"中农"采沙器结构图

资料来源：臧英，2003

　　中国科学院寒区旱区环境与工程研究所研制的 WITSEG 集沙仪（多路集沙仪）由活动保护盖板、楔形入口段、支架和 60 个集沙盒组成，如图 6-22 和图 6-23 所示。每个集沙盒有一个 10mm×5mm（高×宽）的楔形进沙口，集沙盒尺寸为 140mm×15mm×6mm，集沙盒两侧有直径为 2mm 的排气孔。为避免运动沙粒随气流排出，每个排气孔都安装有不锈钢过滤网。

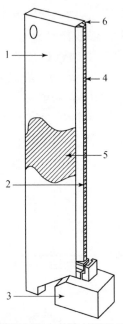

1.活动侧盖板；2.楔形进沙段；3.支座；4.进沙口；5.集沙盒；6.垂直排气孔

图 6-22　WITSEG 集沙仪结构图

资料来源：董治宝等，2003；Dong et al. , 2004

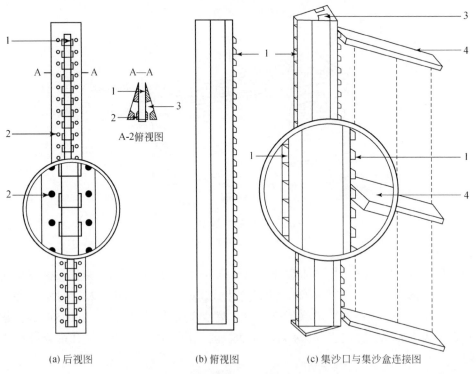

(a) 后视图　　　　　　(b) 俯视图　　　　　　(c) 集沙口与集沙盒连接图

1.进沙口；2.滤网排气孔；3.垂直排气孔；4.集沙合

图 6-23　集沙仪进口段（0 ~ 25 cm 段）

资料来源：董治宝等，2003；Dong et al. , 2004

西安交通大学研制的新型主动式竖直集沙仪，带有抽气系统，由内部取样管排和外壳组成。采用20mm×10mm×0.6mm（宽×高×壁厚）、长250mm的不锈钢薄壁方管叠层放置，共20个取样方管。外壳为280mm×200mm（高×宽）的扁匣子，如图6-24所示。其最大优点为可以通过顶部抽气口形成静压力梯度，从而调节总抽气量使不同高度取样管同时趋于等动力条件，对气流的阻碍作用较小，在不同风速下均具有很好的适应性，具有较高的采集效率。而且，该集沙仪结构简单，加工和使用方便。

(a)实物图

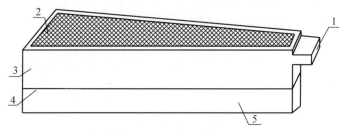

(b)结构图

图6-24　新型主动式竖直集沙仪

资料来源：Gu and Guo，2007

南开大学研制的集沙仪由进沙口、通风屏、采沙盒、插槽和集沙盒共5个部分组成，如图6-25所示。进沙口为10mm×20mm（高×宽）的长方形，采沙盒顶部的通风屏为120目不锈钢滤网，采沙盒高40mm；采沙盒前端为进沙口，它凸出采沙盒20mm且低于采沙盒顶部5mm；通风屏各边距采沙盒顶部各边5mm；集沙仪左右两侧以11°的角度逐渐向外扩展，整体为楔形。该集沙仪结构简单、外形小巧、携带轻便、造价便宜、操作方便、采样性能好，特别是对于粒径小于100μm，对环境空气影响较大的细颗粒物采集率较高，符合室内外风蚀研究的采样要求。进行风蚀采样时可以通过中间密封性较好的插槽使采沙盒

1.进沙口；2.通风屏；3.采沙盒；4.插槽；5.集沙盒

图6-25　南开大学集沙仪

资料来源：南开大学，2011

和集沙盒合为一体，并使集沙仪进沙口正对风向。采沙结束后，采沙盒可顺插槽拿下以便从集沙盒中取样。

乌鲁木齐铁路局李荧等（2012）研制的全风向梯度集沙仪，该集沙仪高 10m，在 0.5m、1m、2m、4m、6m 和 9m 处分别设置集沙箱。集沙仪主杆使用无缝钢管，主杆由上下两段组成，中间由联轴盘固定连接。主杆最下端与中心底座通过联轴盘连接，从而便于运输。上下主杆分别由 3 根夹角互为 120°的钢丝绳固定在地锚上，地锚和中心底座底板分别焊接有胡子筋，在施工现场浇注在混凝土中。全风向梯度集沙仪具有集沙口能自动调整、可进行梯度采样、防雨免维护等优点。

综上所述，目前国内外研制的集沙仪的问题主要集中在几个方面：野外观测适用性、对细颗粒物的采集效率及制作成本等。因此，设计一种结构简单、操作方便、成本较低、采样性能好，尤其对环境空气影响较大的细颗粒物采集率较高的集沙仪是未来集沙仪发展的重点和方向。

6.2 集沙仪设计实例

6.2.1 集沙仪设计原则

美国风力工程师 Stout 和 Fryrear 在 "*Performance of a windblown-particle sampler*" 一文中指出：当集沙仪满足等动力性、高效率性和非选择性三条原则时，可以被认为具有采样精确性。在实际集沙仪设计过程中，大部分设计者通常考虑集沙仪的等动力性、高效率性、非选择性三个基本原则。其中，等动力性和高效率性是集沙仪的两个重要设计原则。

等动力性是指集沙仪进沙口风速等于集沙仪未安装时的自然风速。进沙口指集沙仪上的土样入口，有时也称为采样口。

高效率性，即高采集率，是指集沙仪应尽可能多地采集到来自进沙口方向的风蚀物。集沙效率定义为由集沙仪采集的输沙量与实际输沙量之比，它是用来衡量集沙仪是否具有高效率性的指标。

非选择性是指集沙仪采集不同粒径的土壤颗粒应具有等效率性。非选择性是指采沙器能够等效率地采集到不同大小的颗粒。

集沙仪的等动力性与其采集率关系密切，其内部排气情况直接影响集沙效率高低。较大的集沙仪迎风面会严重扰动风洞内的气流，改变其空气动力学特性。其实，结构简单、体型小巧的集沙仪仍会对风产生阻挡，造成集沙仪进沙口风速低于流场自然风速，气流使其周围形成涡旋，尤其在近沙面会发生刮蚀现象，进而造成蠕移和部分跃移颗粒因漏测而无法收集，采集率下降。所以，集沙仪的采集率和稳定性取决于其内部排气情况及其外部结构形状。最理想的集沙仪是其出入气流流速相等，即体积小巧、等动力性较好，同时有利于进入集沙仪的风沙流中的气流顺利排出，而又不把沙尘带走，即较高的沙尘收集率。

6.2.2 南开大学集沙仪设计实例

6.2.2.1 南开大学集沙仪结构设计

在国内外相关研究所使用的集沙仪中，BSNE集沙仪相较于其他的集沙仪制作简单、操作方便、集沙效果相对较好，但其价格昂贵。因此，以BSNE集沙仪为基础，根据集沙仪设计原则设计一款制作成本较低，并保持对细土壤颗粒一定采集率的集沙仪是集沙仪设计的主要目的。由于通风屏的位置和面积对集沙仪性能有明显影响，因此，增大通风屏面积、降低进沙口高度会使集沙仪内部排气通畅。另外，如果通风屏筛网孔径过大，在排气时会将小于筛孔孔径的土壤颗粒一同排出，造成采集效率偏低；通风屏筛网孔径太小又会造成集沙仪内部排气效果差，直接影响集沙效果。因此，南开大学主要从通风屏的位置和面积、形成通风屏筛网的目数和进沙口位置等方面来设计集沙仪，并通过等动力性实验和采集率实验对设计出的集沙仪进行逐步筛选，以期获得较理想的集沙仪。

首先从进沙口位置、通风屏的位置和面积等方面设计了4种不同结构的集沙仪，每种集沙仪结构的通风屏筛网又分别设计为60目、80目、120目和150目4种，总共16种不同的集沙仪。4种集沙仪结构如图6-26所示，其中，图6-26（a）面积为9884mm^{2}的通风屏位于集沙仪顶部，进沙口凸出集沙仪迎风面，简称为顶凸结构；图6-26（b）面积为3000mm^2〔120mm×25mm（长×宽）〕的通风屏位于集沙仪采沙盒两侧对称位置，进沙口凸出集沙仪迎风面，简称为侧凸结构；图6-26（c）面积为10 916 mm^{2}的通风屏位于集沙仪顶部，进沙口不凸出迎风面且与顶部平齐，简称为顶平结构；图6-26（d）面积为3000mm^2〔120mm×25mm（长×宽）〕的通风屏位于集沙仪采沙盒两侧对称位置，进沙口不凸出迎风面且与顶部平齐，简称为侧平结构。这些集沙仪形状大体相似，均主要由采沙盒和集沙盒两部分组成，二者在进行风蚀采样时通过中间密封性较好的插槽结合为一体，减小了缝隙对集沙仪采集率的影响，集沙仪进沙口均为10mm×20mm（高×宽）；300mm长的进沙通道以11°的角度逐渐向外扩展，形成了可使进入集沙仪的风沙流流速降低的扩散段，风沙流中的沙尘颗粒随流速降低沉降在集沙盒中，气流则依靠内外压差通过顶部或两侧不锈钢滤网所形成的通风屏排出，集沙仪采沙结束后，采沙盒可顺着插槽单独拿下取沙样。

6.2.2.2 南开大学集沙仪性能实验方法

（1）等动力性实验方法

将集沙仪安装在位于NK-1可移动式风蚀风洞实验段入口下风向7.0m处的风洞轴线上，距风洞底部46cm高度处，集沙仪进沙口沿风洞纵轴对准风向。从贴近集沙仪进沙口边缘处钻孔，竖直插入并固定3cm长的不锈钢针头使其底端与进沙口上壁保持平齐，将直径1.5mm毕托管牢固套在针头上端，用于测量集沙仪的进沙口静压。测定总压的毕托管被固定在距实验段入口1.8m的中轴位置处，测定位置距离风洞顶面30cm。通过计算机控

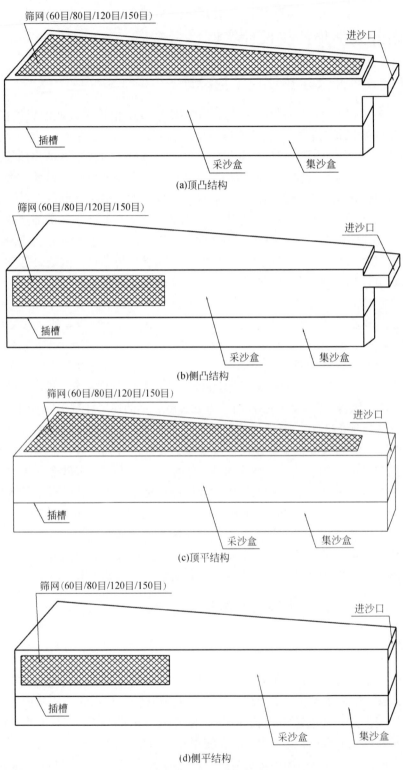

图 6-26　集沙仪结构图

资料来源：王嘉珺，2012

制设定的风洞实验段入口轴线位置处的风速即实验风速，测量全、静压的毕托管与压差传感器相连，所获的压差信号经处理得到集沙仪实时的进沙口风速值。每个进沙口风速测定值是指在1min内连续测得的60个瞬时风速值的平均值。测得集沙仪进沙口风速为u_i，风洞实验风速为u_r。风洞内集沙仪的安装情况如图6-27所示。

图6-27 等动力性实验集沙仪在风洞内的安装图

资料来源：王嘉珺等，2012

（2）采集率实验方法

供试土样分为五种粒径：0.5~1.0mm、0.25~0.5mm和0.10~0.25mm三个粒径范围的土壤颗粒，以跃移运动为主；0.075~0.10mm和<0.075mm两个粒径范围的土壤颗粒，以悬移运动为主。实验时，将集沙仪安装在距风洞实验段入口下风向6.5m的中轴线处，集沙仪进沙口中部距风洞底部60mm，并使进沙口正对实验段上风向。将土样均匀装满在位于集沙仪上风向距集沙仪进沙口30mm的光滑托盘（长×宽×高＝200mm×100mm×5mm）内，托盘顶部与集沙仪进沙口中部保持同一高度且集沙仪对准托盘宽边正中。风洞内集沙仪布置情况如图6-28所示。

图6-28 采集率实验集沙仪在风洞内的布置图

资料来源：王嘉珺，2012

实验前，用电子天平称重确定托盘内与集沙仪进沙口宽度相同的沙带重量m_g，m_g是供沙重量，即集沙仪采集率为100%所采集到的沙量；风洞启动后通过变频器手动调节两种实验风速（12m/s 和 15m/s），使风洞风速在 10s 内达到设定值，至托盘内的土样全被吹走时停止吹风。取下集沙盒，对其实际所采集到的土壤颗粒称重，记为 m_c，采集率即为 m_c 在 m_g 中所占的百分比。每种实验风速重复 1 次，实验结果取平均值。

6.2.2.3 通风屏面积变化对等动力性的影响

对设计出的 16 个不同的集沙仪进行等动力性实验，为了观察各个集沙仪不同的通风屏面积对等动力性的影响，实验时使用胶带密封的方法来改变每个集沙仪的通风屏面积 6 次，改变的通风屏面积大小见表 6-1。实际上，通风孔即通风屏实际净孔面积才起到真正的气流通风作用，通风孔面积是通风屏面积乘以通风屏筛网目数所对应的孔隙度，通风屏筛网为 60 目、80 目、120 目和 150 目所对应的孔隙度分别为 33.8%、30.4%、30.6% 和 37.7%。下面的 r 即代表通风孔面积与进沙口面积比。

表 6-1　不同结构集沙仪通风屏面积变化

集沙仪结构	不同的通风屏面积/mm²					
顶凸结构	2 613	4 839	6 680	8 134	9 202	9 884
侧凸结构、侧平结构	1000	2000	3000	4000	5000	6000
顶平结构	2785	5183	7196	8822	10062	10916

资料来源：王嘉珺，2012

结果表明，实验风速为 9m/s 时，通风屏面积变化对 16 个集沙仪的等动力性均产生影响。无论何种集沙仪，在进沙口面积均为 200mm² 的情况下，随着通风孔面积的增大，其 u_i/u_r 总体均呈增大趋势。对于凸口结构集沙仪，除侧凸结构通风屏筛网 80 目集沙仪外，其余 7 个凸口结构的集沙仪均在通风屏面积最大时 u_i/u_r 达到最大值。而平口结构集沙仪的规律性并不明显，其 u_i/u_r 的最大值均非在通风屏面积最大时出现。研究表明，u_i/u_r 达到 0.91 以上的集沙仪就认为其符合等动力性要求。据此筛选出 8 种集沙仪在不同通风屏面积下的 $u_i/u_r - r$ 关系如图 6-29 所示。从图中可以看出随着集沙仪通风屏面积的增大，其进沙口风速开始时增大较快，之后增大速度逐渐变慢。图中关系式中的 y 即代表 (u_i/u_r)，x 即代表 r，由此显示出各集沙仪的 $(u_i/u_r) - r$ 之间均呈对数关系，且 R^2 不低于 0.87。

然后对筛选出的每一种集沙仪确定一个固定的通风屏面积，以确保其等动力性最佳。最后确定的具有固定通风屏面积的集沙仪是顶凸结构通风屏面积达到最大时通风屏筛网为 60 目、80 目和 120 目的集沙仪，侧凸结构通风屏面积达到最大时通风屏筛网为 60 目、80 目和 120 目的集沙仪，顶平结构通风屏面积为 8822mm² 时通风屏筛网为 120 目和 150 目的集沙仪。需要说明的是，侧凸结构通风屏筛网 80 目的集沙仪其 (u_i/u_r) 的最大值并不是通风屏面积为 6000mm² 时，但由于其最大 (u_i/u_r) 只比通风屏面积为 6000mm² 时的 (u_i/u_r) 大 0.004，又因为凸口结构的集沙仪均是在最大通风屏面积时 (u_i/u_r) 达到最大值，所以在此筛选出的侧凸结构通风屏筛网为 80 目的集沙仪其通风屏面积为 6000mm²。另外，这 8 个具有固定通风屏面积的集沙仪在本节后均分别简称为顶凸 60、顶凸 80、顶凸 120、侧凸 60、侧凸 80、侧凸 120、顶平 120 和顶平 150，其 (u_i/u_r) 依次为 1.088、1.005、0.950、0.944、0.932、1.156、0.960 和 0.951。

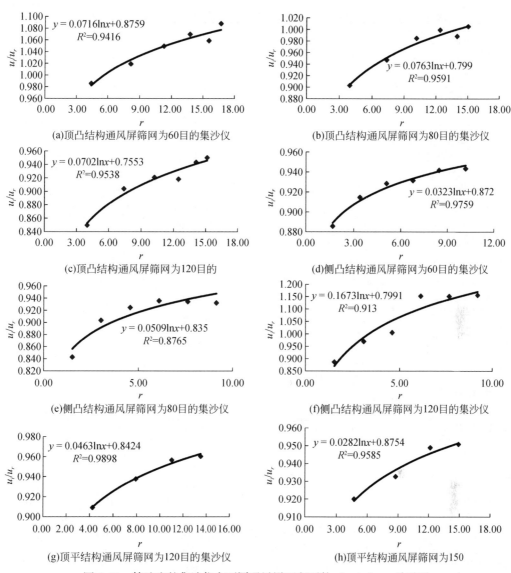

图 6-29 筛选出的集沙仪在不同通风屏面积下的（u_i/u_r）$-r$ 关系图

6. 2. 2. 4 风速变化对集沙仪等动力性的影响

良好的集沙仪其等动力性不应因风速的变化而发生较大改变。为了判断风速变化对已筛选出的 8 种具有固定通风屏面积集沙仪的等动力性是否有影响，将改变 9m/s 的实验风速分别为 6m/s、12m/s、15m/s 和 18m/s，以同样的方法测得集沙仪进沙口风速。这 8 种集沙仪在不同实验风速下的进沙口风速 u_i 及相应的（u_i/u_r）见表 6-2，（u_i/u_r）和 u_r 之间的关系如图 6-30 所示。表中数据说明，这 8 种集沙仪在不同实验风速下（u_i/u_r）几乎全部大于 0.91，等动力性均符合初步筛选要求。图 6-31 表明，这 8 种集沙仪的（u_i/u_r）和 u_r 之间均呈线性关系，而且直线较为平直，斜率都很小，接近于 0。这说明实验风速的变化对这 8 种集沙仪的等动力性影响并不大。

表 6-2　8 种集沙仪在不同实验风速下的进沙口风速 u_i 及相应的 (u_i/u_r)

项目	顶凸 60				
实验风速 $u_r/(m/s)$	6	9	12	15	18
进沙口风速 $u_i/(m/s)$	6.45	9.79	12.86	16.09	19.77
$(u_i/u_r)'$	0.968	0.979	0.965	0.966	0.989
平均 $(u_i/u_r)'$	0.973				
项目	顶凸 80				
实验风速 $u_r/(m/s)$	6	9	12	15	18
进沙口风速 $u_i/(m/s)$	6.11	9.05	10.88	13.56	16.53
$(u_i/u_r)'$	0.916	0.905	0.816	0.814	0.826
平均 $(u_i/u_r)'$	0.855				
项目	顶凸 120				
实验风速 $u_r/(m/s)$	6	9	12	15	18
进沙口风速 $u_i/(m/s)$	5.63	8.55	11.78	14.63	17.75
$(u_i/u_r)'$	0.845	0.855	0.884	0.878	0.888
平均 $(u_i/u_r)'$	0.870				
项目	侧凸 60				
实验风速 $u_r/(m/s)$	6	9	12	15	18
进沙口风速 $u_i/(m/s)$	5.78	8.49	10.97	13.61	16.30
$(u_i/u_r)'$	0.867	0.849	0.823	0.817	0.815
平均 $(u_i/u_r)'$	0.834				
实验风速 $u_r/(m/s)$	6	9	12	15	18
进沙口风速 $u_i/(m/s)$	5.60	8.39	11.46	14.65	17.82
$(u_i/u_r)'$	0.840	0.839	0.860	0.879	0.891
平均 $(u_i/u_r)'$	0.862				
项目	侧凸 120				
实验风速 $u_r/(m/s)$	6	9	12	15	18
进沙口风速 $u_i/(m/s)$	6.79	10.41	13.90	17.48	21.06
$(u_i/u_r)'$	1.018	1.041	1.042	1.049	1.053
平均 $(u_i/u_r)'$	1.041				
项目	顶平 120				
实验风速 $u_r/(m/s)$	6	9	12	15	18
进沙口风速 $u_i/(m/s)$	5.94	8.64	11.38	14.05	17.13
$(u_i/u_r)'$	0.890	0.864	0.853	0.843	0.856
平均 $(u_i/u_r)'$	0.861				
项目	顶平 150				
实验风速 $u_r/(m/s)$	6	9	12	15	18
进沙口风速 $u_i/(m/s)$	6.15	8.56	11.64	14.41	17.64
$(u_i/u_r)'$	0.922	0.856	0.873	0.864	0.882
平均 $(u_i/u_r)'$	0.879				

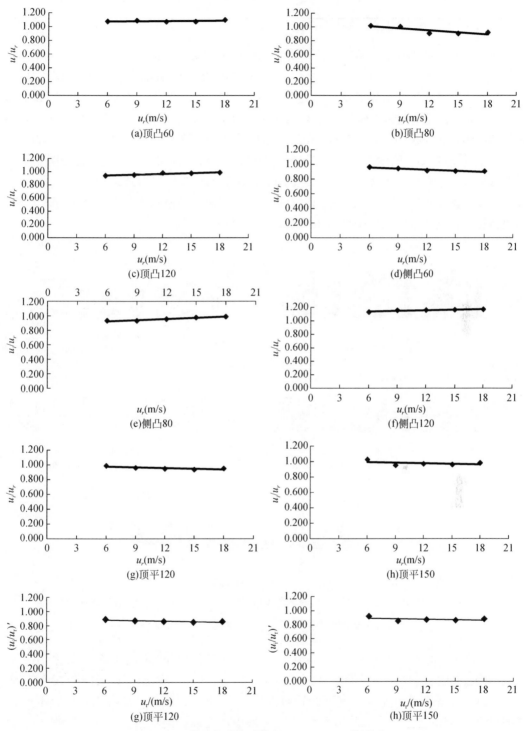

图 6-30　筛选出的集沙仪的 $(u_i/u_r)'{-}u_r$ 关系图

资料来源：王嘉珺，2012

6.2.2.5 集沙仪采集率实验

筛选出的 8 种集沙仪在不同风速下对不同粒径土样采集率的对比情况如图 6-31 所示。从图中发现，对于 0.5~1.0mm、0.25~0.5mm 和 0.10~0.25mm 三个粒径范围土样，顶凸 120 在不同风速下的采集率及其均值在 8 种集沙仪中均为最大。而对于 0.075~0.10mm 和 <0.075mm 粒径范围的土样，顶凸 80 在 12m/s 下的采集率及各风速下采集率均值在 8 种集沙仪中为最大；顶凸 120 只有在 15m/s 下的采集率在 8 种集沙仪中为最大，在 12m/s 下的采集率及不同风速下采集率均值在除顶凸 80 外的 7 种集沙仪中为最大。这说明顶凸 120 对跃移形式运动颗粒的采集率最高，顶凸 80 和顶凸 120 对悬移形式运动颗粒的采集率较高。因此，鉴于本书的目的在于筛选出对跃移运动颗粒，特别是悬移运动颗粒采集率较高的集沙仪，在这 8 种集沙仪中顶凸 80 和顶凸 120 较符合要求。

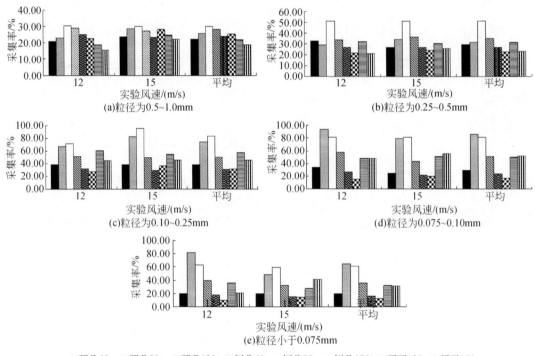

图 6-31　8 种集沙仪在不同风速下对不同粒径土样的采集率对比图

顶凸 80 和顶凸 120 这两种集沙仪在不同风速下对各粒径范围土样的采集率情况如图 6-32 所示。从图 6-32 中可以看出，除 0.10~0.25mm 粒径范围土样外，顶凸 120 对其他粒径范围土样的采集率在不同风速下差异均较顶凸 80 偏小。因此，从各因素综合考虑，最终认为顶凸 120 是本书设计的 16 种集沙仪中采集性能最好的集沙仪，并将其作为风洞风蚀和野外风蚀研究的采样工具。

顶凸 120 集沙仪等动力性较好、采集率较高，对 0.10~0.25mm 粒径范围土样的各风速平均采集率为 83.58%，对 0.075~0.10mm 粒径范围土样的各风速平均采集率为

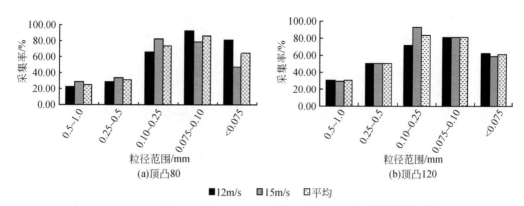

图 6-32　顶凸 80 和顶凸 120 不同风速下对各粒径土样的采集率情况

资料来源：王嘉珺，2012

81.16%，对<0.075mm 粒径范围土样的各风速平均采集率为 60.93%。说明该集沙仪对跃移形式运动颗粒和部分悬移形式运动颗粒的采集率较高，适合采集跃移及部分悬移运动颗粒。该集沙仪结构简单、造价便宜、操作方便，可采集同一位置不同高度的风蚀尘。由于风洞内风向单一，因此在风洞实验中集沙仪无需旋转。但在野外风蚀采样中，对其增加旋转装置可使其灵活转动，保证集沙仪进沙口始终正对侵蚀风向，可用于长期野外观测。

6.2.3　内蒙古农业大学旋风分离式集沙仪设计实例

6.2.3.1　旋风分离式集沙仪的结构设计

2005 年内蒙古农业大学突破重力分离取样原理，设计了旋风分离式集沙仪，2006 年获得国家专利。2006 年，内蒙古农业大学付丽宏对旋风分离式集沙仪进行了结构优化性能实验，并增加了随风摆动装置，可在同一位置收集不同高度、不同方向的沙尘。其主要结构设计参数选取方法如下。

本体直径的确定：旋风分离式集沙仪的圆筒本体直径越小，则分离效率越高。所以，选用本体直径为 50mm 的小型标准形式的旋风分离式集沙仪。

入口截面宽度的确定：临界粒径是旋风分离式集沙仪的主要性能指标，临界粒径是指分离器能 100% 分离出的颗粒的最小直径，其计算公式如下。

$$d_c = 3 \sqrt{\frac{\mu b}{\pi n (\rho_1 - \rho) v}} \tag{6-3}$$

式中，μ 为气体黏度（Pa·s）；b 为入口截面宽度（mm）；ρ_1 为颗粒密度（kg/m³）；ρ 为空气密度（kg/m³）；v 为气体入口速度（m/s）；n 为气体旋转圈数，计算时通常取 $n=5$。

通过计算得出旋风分离式集沙仪理论上能收集到的最小颗粒的临界粒径为 3.22μm。

入口截面宽度越小，临界粒径越小，则旋风分离式集沙仪能分离出去的颗粒数量越多。所以在旋风分离器的几何尺寸范围内确定了截面宽度与临界粒径的比值为 0.2，入口截面宽度为 10mm。

锥体段高度的确定：随着旋风分离器长度的增加，切割粒径 D_{50} 略有下降，同时压降随旋风分离器的长度增加而减少。锥体段高度增大则集沙效率也增大。确定锥体段高度为 125mm。

此外，圆筒段高度 75mm，入口截面高度 30mm，升气管直径 25mm，升气管插入深度 38mm，排尘口直径 20mm，测量高度 16~616mm，层数 6 层，测层间距 100~150mm。旋风分离式集沙仪用 0.5mm 厚的钢板制成，总长、宽、高分别为 346mm、112mm 和 742mm。

6.2.3.2 旋风分离式集沙仪等动力性实验

旋风分离式集沙仪等动力实验在内蒙古农业大学可移动式风蚀风洞内进行。

实验前，单个旋风分离器安装在支架上，将毕托管探头安装在另一个可移动的支架上，探头对准气流方向与风洞工作段轴线和分离器气流管中心线平行，其偏离角不得大于 3°，毕托管探头距离分离器气流管口 10cm。对于每一个测点，在同一种风速下，在 60s 内随机读取 10 个瞬时值，以该 10 个数的算术平均值代表测点的速度。

集沙仪等动力性实验研究结果表明，集沙口风速与参照风速比之间呈线性关系，二者比值接近 1，平均为 0.988，见表 6-3。说明自由流速变化很大时，集沙口处的风速仅发生较小的变化，风速变化对旋风分离式集沙仪的等动力性基本无影响，满足等动力原则。

表 6-3　自由风速 u_r 与集沙口处风速 u_i 之间的比较

自由风速 u_r/(m/s)	5.51	8.00	9.74	11.94	13.93	15.28
集沙口处风速 u_i/(m/s)	5.47	7.90	9.56	11.80	13.78	15.15
u_i/u_x	0.993	0.998	0.982	0.988	0.989	0.991
平均	0.988					

资料来源：冬梅，2005

6.2.3.3 单个旋风分离式集沙仪集沙效率分析

实验前将单个旋风分离器安装在可移动支架上，固定在风洞实验段中央距入口 6m 处，使分离器气流管中心线与风洞轴线平行。气流管中心线距离风洞底面 60cm。实验风速选择 6m/s、10m/s、14m/s，实验沙床布置图如图 6-33 所示。集沙效率结果如图 6-34 和图 6-35 所示。

6.2.3.4 旋风分离式集沙仪集沙效率分析

旋风分离式集沙仪集沙效率实验在内蒙古农业大学可移动式风蚀风洞内进行。

供试土样为内蒙古农业大学科技园实验田，土样自然风干，烘干后测量含水率为 2% 左右。实验时，将土样从风洞实验段入口 2.8m 处开始铺成 3m×1.0m×0.005m 的沙床，距集沙仪 0.2m。风速设定为 8m/s、10m/s、12m/s、14m/s、16m/s 五个级别。风速在 8m/s、10m/s 和 12m/s 时，集沙时间为 60s；风速在 14m/s 和 16m/s 时，集沙时间为 30s。

实验结果表明：集沙效率均小于 1，变化范围为 82.01%~92.97%，平均为 89.49%，

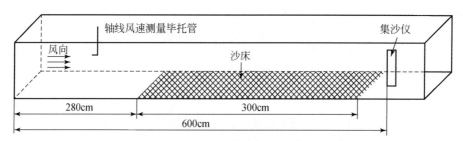

图6-33 风洞实验布置图

资料来源：冬梅，2005

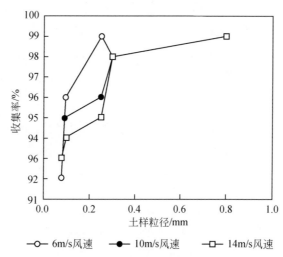

图6-34 不同风速下收集率

资料来源：冬梅，2005

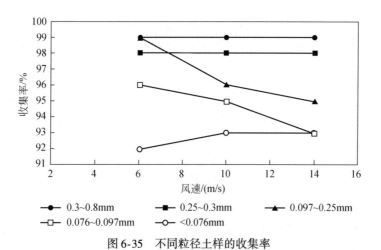

图6-35 不同粒径土样的收集率

资料来源：冬梅，2005

见表6-4。

表6-4　不同风速下的集沙效率

风速/（m/s）	8	10	12	14	16
集沙效率/%	90.69	92.33	89.44	92.97	82.01

资料来源：冬梅，2005

　　2007年，内蒙古农业大学的付丽红和赵满全对旋风分离式集沙仪的集沙效率进行了补充实验研究，实验土样仍然取自内蒙古农业大学科技园实验田，土样经自然干燥。但是，所用土样粒径范围为0.3~0.076mm，土样在风洞中布设方法为：从实验段入口2.9m处开始铺成2.9m×1.0m×0.005m沙床，距集沙仪0.2m，如图6-36所示。入口距地面0.005m。风速设定为6m/s、9m/s、12m/s、15m/s、18m/s五个级别。风速在6m/s，9m/s和12m/s时，集沙时间为60s；风速在15m/s和18m/s时，集沙时间为30s。

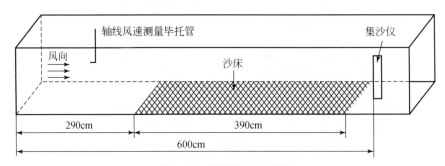

图6-36　风洞实验布置图

资料来源：付丽宏和赵满全，2007

　　经过计算，得到不同风速下集沙仪的集沙效率，见表6-5。可见，随着风速的增大，集沙仪的集沙效率提高，如当风速6m/s时，集沙仪的集沙效率为83.41%；当风速达到18m/s时，其集沙效率达90.53%。

表6-5　集沙仪不同风速下集沙效率表

风速/（m/s）	集沙效率/%	风速/（m/s）	集沙效率/%
6	83.41	15	89.65
9	85.58	18	90.53
12	86.65	—	—

资料来源：付丽宏和赵满全，2007

参 考 文 献

戴海伦，金复鑫，张科利.2011. 国内外风蚀监测方法回顾与评述. 地球科学进展，26（4）：401-408.

冬梅.2005. 可移动式风蚀风洞集沙仪及排沙器的性能实验研究. 内蒙古：内蒙古农业大学硕士学位论文.

董光荣，李长治，高尚玉，等.1987. 关于土壤风蚀风洞模拟实验的某些结果. 科学通报，（4）：297-301.

董治宝，孙宏义，赵爱国.2003. WITSEG集沙仪：风洞用多路集沙仪. 中国沙漠，23（6）：714-720.

付丽宏，赵满全. 2007. 旋风分离式集沙仪设计与实验研究. 农机化研究，（10）：102-105，136.

顾正萌，郭烈锦，张西民. 2006. 新型主动式竖直集沙仪研制. 西安交通大学学报，40（9）：1088-1091.

贺大良，申健友，刘大有. 1990. 风沙运动的三种形式及其测量. 中国沙漠，10（4）：10-17.

李长治，董光荣，石蒙沂. 1987. 平口式集沙仪的研制. 中国沙漠，7（3）：49-56.

李荧，史永革，蒋富强，等. 2012. 全风向梯度集沙仪的研制. 铁道技术监督，40（2）：41-43.

李振山，倪晋仁，刘贤万. 2003. 垂直点阵集沙仪的集沙效率. 泥沙研究，（1）：24-32.

南开大学. 2011. 一种集沙仪：中国，ZL 201120129755. 3.

荣姣凤. 2004. 移动式风蚀风洞研制与应用. 北京：中国农业大学博士学位论文.

荣姣凤，高焕文，李胜. 2004. 风蚀集沙仪的等动力性实验研究. 中国水土保持，（5）：17-19.

孙悦超，麻硕士，陈智，等. 2007. 阴山北麓干旱半干旱区地表土壤风蚀测试与分析. 农业工程学报，23（12）：1-5.

王嘉珺，姬亚芹，赵雪艳. 2012. 集沙仪结构设计及其性能实验研究. 水土保持通报，32（3）：1-8.

王嘉珺. 2012. 集沙仪结构设计与地表风蚀起尘机理研究. 天津：南开大学硕士学位论文.

臧英. 2003. 保护性耕作防治土壤风蚀的实验研究. 北京：中国农业大学博士学位论文.

臧英，高焕文. 2006. 土壤风蚀采沙器的结构设计与性能实验研究. 农业工程学报，22（3）：46-50.

Bagnold R A. 1941. The Physics of Blown Sand and Desert Dunes. London：Methuen.

Chepil W S. 1957. Width of field strips to control wind erosion. Kan. Agric. Exp. Sta. Tech. bull. ；92.

Cornelis W M, Donald G. 2003. A simple low- cost sand catcher for wind- tunnel simulations. Earth Surface Processes and Landforms, 28：1033- 1041.

Dong Z B, Sun H Y, Zhao A G. 2004. WITSEG sampler：a segmented sand sampler for wind tunnel test. Geomorphology, 59：119-129.

Fryrear D W, Stout J E, Hagen L J, et al. 1991. Wind erosion：field measurement and analysis. Transactions of the American Society of Agricultural Engineers, 31（1）：155-160.

Fryrear D W. 1986. A field dust sampler. The Journal of Soil and Water conservation, 41（2）：117-120.

Ganor E. 1975. Atmospheric Dust in Israel：Sedimentological and Meteorological Analysis of Dust Deposition. Jerusalem：Hebrew University of Jerusalem Ph. D. Thesis.

Goossens D, Offer Z Y. 2000. Wind tunnel and field calibration of six aeolian dust samplers. Atmospheric Environment, 34：1043-1057.

Goossens Dirk. 2002. Calibration of aeolian sediment catchers. In：WEELS, wind erosion in European light soils：60-86. http：//www2. geog. ucl. ac. uk/weels/final_report/section_4. 2. pdf.

Goossens D. 2002. Calibration of aeolian sediment catchers//WEELS, wind erosion in European light soils：60-86.

Greeley R R N, Leach S H, Williams B R, et al. 1982. Rate of wind abrasion on Mars. J. Geophysical Res, 87（B12）：10009-10024.

Gu Z M, Guo L J. 2007. Experimental investigation on trap stagnant effect and sand flux in aeolian sand transport. Physics Letters A, 368：435-441.

Jones J R, Willetts B B. 1979. Errors in measuring uniform aeolian sand flow by means of an adjustable trap. Sedimentology, 26：463-468.

Ikazaki K, Shinjo H, Tanaka U, et al. 2009. Sediment catcher to trap coarse organic matter and soil particles transported by wind. American Society of Agricultural and Biological Engineers, 52（2）：487-492.

Leatherman P. 1978. A new Aeolian sand trap design. Sedimentology, 25：303-306.

Maurer T, Herrmann L, Gaiser T, et al. 2006. A mobile wind tunnel for wind erosion field measurements. Journal of Arid Environments, 66: 257-271.

May K R, Pomeroy N P, Hibbs S. 1976. Sampling techniques for large wind borne particles. Journal of Aerosol Science, 7: 53-62.

Nickling W G, Neuman C M. 1997. Wind tunnel evaluation of a wedge-shaped aeolian sediment trap. Geomorphology, 18 (3-4): 333-345.

Shao Y, McTainsh G H, Leys J E, et al. 1993. Efficiencies of sediment samplers for wind erosion measurement. Australian Journal Soil Research, 31: 519-531.

Sterk G. 1993. Description and Calibration of Sediment Samplers. Wageningen: Wageningen Agricultural University, Department of Irrigation and Soil and Water Conservation, Report III.

Stout J E, Fryrear D W. 1989. Performance of a windblown-particle sampler. Transactions of the ASAE, 32 (6): 2041-2045.

Zobeck T M, Geert S, Roger F, et al. 2003. Measurement and data analysis methods for field-scale wind erosion studies and model validation. Earth Surf. Process. Landforms, 28: 1163-1188.

第7章　排沙器和原状取土器

在土壤风蚀风洞实验中，既要研究一般天气条件下的土壤风蚀问题，还要研究沙尘天气甚至沙尘暴天气下的土壤风蚀问题。因此，往往需要模拟挟沙风，这就要用到排沙器以产生不同挟沙量的挟沙风。而进行室内风蚀实验时，还需从野外采集土样并尽量保持原状，土样受到人类活动的扰动越少越好。这就要用到排沙器和原状取土器，本章将通过具体实例来分别介绍排沙器和原状取土器。

7.1　排沙器研究现状及设计

自然风与风洞产生的风不同，自然风并不是净风，当风速达到一定的程度会携带不同粒径的尘土，成为挟沙风。挟沙风对地表的物质结构具有很大破坏力，与净风相比，其风蚀强度可成倍甚至几十倍地增加。这表明真正造成土壤风蚀的不是净风，是挟沙风。要想掌握风沙运动的规律，达到防治风蚀沙化的目的，模拟自然的挟沙风对风蚀研究具有举足轻重的地位。因此，根据土壤风蚀研究的需要可给风蚀风洞配置排沙器，以产生符合要求的挟沙风。

7.1.1　排沙器的研究现状

目前，国内外对排沙器的研究和应用都比较少，特别是排沙量可调的排沙器。20世纪90年代初，美国华盛顿州立大学 Saxton 教授配合美国环境保护局的"哥伦比亚高原的风蚀空气质量计划"所设计的野外风洞配有一个排沙器。国内研究机构的风洞配有排沙器的很少，中国科学院寒区旱区环境与工程研究所的风沙环境风洞配有一个排沙器。内蒙古农业大学自行设计的用于可移动式风蚀风洞的排沙器，其排沙量可控，稳定度高，本节将重点介绍。

7.1.2　内蒙古农业大学排沙器

7.1.2.1　总体结构特征

内蒙古农业大学的排沙器主要由6套螺旋式窄外槽轮排沙器部件、输沙漏斗、排沙管、带轮传动系统及控制装置组成，结构和实物外形如图7-1和图7-2所示。6个螺旋式窄外槽轮的位置可以轴向调整。排沙器轴与带轮相配合通过带传动与电动机相连。6个输沙漏斗分别与6根排沙管相接，从风洞顶插入风洞内。排沙管高度可调。

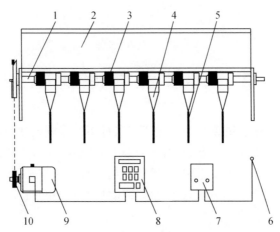

1.排沙器；2.沙箱；3.螺旋式窄外槽轮；4.排沙漏斗；5.排沙管；
6.电源；7.电源开关；8.变频器；9.电动机；10.带轮传动

图7-1　内蒙古农业大学排沙器结构示意图

资料来源：冬梅等，2012

图7-2　内蒙古农业大学排沙器实物外形示意图

7.1.2.2　工作原理

排沙器以 Y90S-6 型电动机为动力源，功率0.75kW，额定转速910r/min。由带轮传动系统传递动力，通过调节变频器 VARISPEED616PC5 的频率来控制电动机转速进而改变排沙轮转速。排沙器转速 n（r/min）与变频器频率 f（Hz）之间符合关系式（7-1）。排沙器槽轮有 0 和 1 两种档位可供选择，相同转速下排沙速率 0 档位大于 1 档位。

$$n = 13.75f - 15 \tag{7-1}$$

实验前，首先需要调试排沙器，即通过空载调试，调整张紧皮带轮位置使皮带松紧合适。其次，需要调整槽轮位置，即调整槽轮在排沙箱内漏出的宽度，分别为 0mm 和 1mm，相应的确定为 0 档位和 1 档位，确保 6 个槽轮的漏出宽度相等。

7.1.2.3 排沙器性能实验

冬梅等利用内蒙古农业大学可移动式风蚀风洞，通过排沙器稳定性实验和均匀性实验分析了排沙器性能。即通过实验确定排沙器的横向排沙一致性和纵向排沙稳定性及输沙量在风洞流场内的分布均匀性，并确定最小排沙量。结果表明，排沙器最小排沙量为 0.53g/s，排沙器转速与排沙量之间呈线性关系，其回归模型的校正系数 R^2 值在 0 档位和 1 档位时分别为 0.9893 和 0.9943。排沙稳定性变异系数范围为 3.52% ~ 8.67%，排沙一致性变异系数范围为 3.65% ~ 6.68%。

7.1.3 "喷沙"模拟装置

明章鹏和王浚（2011）研发的排沙方式是在实验段上游的收缩段内设置喷头，通过喷头直接将沙尘顺流喷入实验段的方式向实验段加沙，并将这种加沙方式称为"喷沙"。

明章鹏和王浚采用 Ansys 公司推出的商业版 Fluent 6.3.26 软件中的 DPM（discrete phase model）模型作为仿真模拟工具，运行环境为 Windows XP sp2 平台。在仿真模拟中选择的沙粒粒径分别为 0.15mm、0.325mm、0.5mm、0.675mm 和 0.85mm 共五档，在实验段进口上游 0m、0.25m、0.5m、0.75m 和 1m 处设置五个开缝，沙粒喷出初角度为 –60° ~ 60°，初速度为 1 ~ 12m/s。通过模拟，确定了沙粒粒径、下沙口位置、沙粒的初始喷出角度和速度等的最佳组合，并将得到的最佳组合与传统的"下沙"方式的最佳组合进行流体力学模拟对比分析，表 7-1 和表 7-2 是两种方式下各组沙子的参数。

表 7-1 "下沙"方式加沙对应的工况表

组合号	1	2	3	4	5
初始扩散角度/(°)	60	60	60	60	60
初速度/(m/s)	12	7	6	5	4
流量/(kg/s)	0.012	0.012	0.012	0.012	0.012

资料来源：明章鹏和王浚，2011

表 7-2 "喷沙"方式加沙对应的工况表

喷头	位置 x, y, z	初速度/(m/s)	扩散角/(°)	方向	流量/(kg/s)
1	4.0, 0.7, 1.5	12	90	顺喷	0.01
2	4.0, 0.7, 1.0	12	90	顺喷	0.01
3	4.0, 1.3, 1.5	12	90	顺喷	0.01
4	4.0, 1.3, 1.0	12	90	顺喷	0.01
5	4.0, 1.9, 1.5	12	90	顺喷	0.01
6	4.0, 1.9, 1.0	12	90	顺喷	0.01

资料来源：明章鹏和王浚，2011

模拟对比结果表明：①"下沙"方式下，沙子只能占据实验段内一半左右的空间；"喷沙"方式下，沙子可完全覆盖实验段内的全部空间。②"下沙"方式下，不同粒径的沙粒分层明显；"喷沙"方式下，不同粒径的沙粒基本可以混合均匀。

将"喷沙"和"下沙"两种方式进行了相同实验条件的风洞实验（积沙装置在风洞实验段内的结构如图7-3所示），两种方式均做了3min和5min两种时间，实验结果见表7-3。

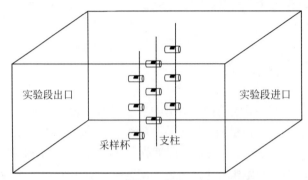

图7-3　积沙装置在风洞实验段内的结构图

将9个采样杯从上到下依次编为1、2、3共3行，从左至右依次编为1、2、3共3列，并按"行-列"的顺序依次编为1-1至3-3共9个编号。采样杯圆柱形，半径300mm，长200mm，下游50mm处开有60mm×70mm的覆有120目纱网的方形排气口

资料来源：明章鹏和王浚，2011

表7-3　两种加沙风蚀风洞实验结果

加沙方式	喷吹时间/s	项目	采样杯号								
			1-1	1-2	1-3	2-1	2-2	2-3	3-1	3-2	3-3
喷沙	180	积沙量/g	10.51	8.74	9.36	7.66	21.03	8.86	12.46	18.83	12.83
		实验浓度/(g/m³)	1.148	0.955	1.022	0.837	2.297	0.968	1.361	2.057	1.401
		计算浓度/(g/m³)	1.1	0.9	1.1	0.9	2.3	0.9	1.3	2.1	1.3
		误差/%	4.4	4.55	−7.1	−7.0	−0.1	7.5	4.7	−2.1	7.8
	300	积沙量/g	17.21	14.46	16.04	13.98	37.09	12.92	10.98	30.43	21.35
		实验浓度/(g/m³)	1.128	0.948	1.051	0.916	2.430	0.847	1.199	1.994	1.399
		计算浓度/(g/m³)	1.1	0.9	1.1	0.9	2.3	0.9	1.3	2.1	1.3
		误差/%	2.5	5.3	−4.4	1.8	5.7	−5.9	−7.7	−5.0	7.6
下沙	180	积沙量/g	0.12	0.03	0.31	12.15	5.76	11.97	30.32	8.16	29.82
		实验浓度/(g/m³)	0.013	0.003	0.034	1.327	0.629	1.307	3.311	0.891	3.258
		计算浓度/(g/m³)	0	0	0	1.2	0.6	1.2	3	0.8	3
		误差/%	—	—	—	10.6	4.8	8.9	10.4	11.4	8.6
	300	积沙量/g	0.21	0.11	0.57	20.01	9.36	20.3	49.86	13.1	50.67
		实验浓度/(g/m³)	0.014	0.007	0.037	1.311	0.613	1.313	3.267	0.853	3.320
		计算浓度/(g/m³)	0	0	0	1.2	0.6	1.2	3	0.8	3
		误差/%	—	—	—	9.3	2..2	9.4	8.9	6.6	10.7

资料来源：明章鹏和王浚，2011

表7-3表明，流体力学模拟结果和风洞实验结果基本一致，模拟计算与实验结果之间的相对误差都在10%以内（个别点除外）。

通过流体力学模拟和风洞实验验证，这种"喷沙"方式无论从覆盖范围和均匀性方面还是从沙子浓度分布核心区的沉降方面都具有明显的优越性，是未来风蚀风洞加沙器加沙方式的理想选择。

7.2　原状取土器

利用土壤风蚀风洞开展室内实验时，保持所采集土样的原始状态至关重要。而一般的取土器在取样和运输的过程中容易破坏地表，最终得到的土壤样品为扰动样品。用扰动土壤开展风蚀实验研究，将降低土壤风蚀实验结果的可靠性、代表性和可应用性。因此，要想取得室内土壤风蚀风洞研究的理想结果，原状取土器是采集原状土的必备工具。

7.2.1　原状取土器的研究现状

目前，国内外在野外原状土样采集的设备方面做了一些研究，也取得了部分成果。国内的原状取土器大多采用直压入式、锤击加压式和压入旋转式等。

敞口薄壁取土器型号TB100A，能够采集的土样直径为100mm、面积比8.2%、土样长度300~500mm，如图7-4所示。它适用于取流塑土、软塑土、可塑土和粉砂土，可获得较好的原状土样。

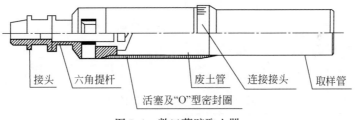

接头　六角提杆　废土管　连接接头　取样管

活塞及"O"型密封圈

图7-4　敞口薄壁取土器

资料来源：李博聪，2003

吉林农业大学研制的新型直压式手动原状土取土钻，由钻头、钻筒、连接座、钻杆组成，无需挖掘土壤剖面，5~8min即可由一人轻松获取0~200cm高度整个剖面的原状土柱，其结构如图7-5所示。

以上几种类型取土器所取得的土样截面是比较小的圆柱形，但是在风洞实验中往往需要用到大面积的矩形截面土样，内蒙古农业大学的赵寰宇等自行研制出便于农田土壤取样的原状取土器，下面将重点介绍内蒙古农业大学的取土器。

7.2.2　内蒙古农业大学的原状取土器

土壤按照机械组成可分为砂土、黏土和壤土三类，见表7-4。砂土的土壤颗粒中砂粒

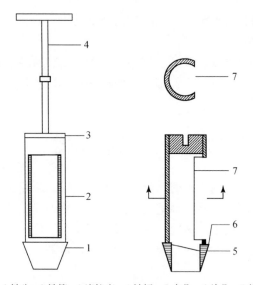

1.钻头；2.钻筒；3.连接座；4.钻杆；5.内凸；6.外凸；7.裁口

图 7-5　新型直压式手动原状土取土钻

资料来源：贾书刚等，1995

占优势，土壤中的大孔隙多，毛管作用弱，通气透水性强，有机质分解迅速彻底，不易积累，保水保肥能力差；疏松易耕作；热容量小，温度变化剧烈，易受干旱和寒冻威胁；主要矿物成分是石英；含养分少，要多施深施有机肥。黏土的土壤颗粒中黏粒占优势，黏土的毛管孔隙多，通气透水性差，有机质分解缓慢利于积累，养分含量丰富，保水保肥能力强；质地黏重，不易耕作；蓄水多，热容量大，土体紧实板结，耕作费力。壤土中砂粒、粉粒和黏粒的含量适中，具有一定数量的非毛管孔隙和适量的毛管孔隙，兼有砂土和黏土的优点，即不仅通气、透水性能良好，而且蓄水、保肥和供肥能力强，是理想的农业土壤。以土壤的持水能力而言，砂土保持水分最少，黏土最多，壤土中等。

表 7-4　我国土壤质地分类简表　　　　　　　　　　　　　　　（单位:%）

质地组	质地名称	颗粒组成		
		砂粒（0.05~1 mm）	粗粉粒（0.01~0.05 mm）	黏粒（<0.001 mm）
砂土组	极重砂土	>80	—	<30
	重砂土	70~80		
	中砂土	60~70		
	轻砂土	50~60		
壤土组	砂粉土	≥20	>40	
	粉土	<20		
	砂壤土	≥20	<40	
	壤土	<20		
	砂黏土	≥50	—	≥30

续表

质地组	质地名称	颗粒组成		
		砂粒 (0.05~1 mm)	粗粉粒 (0.01~0.05 mm)	黏粒 (<0.001 mm)
黏土组	轻黏土	—		30~35
	中黏土			35~40
	重黏土			40~60
	极重黏土			>60

资料来源：邵明安等，2006

不同机械组成的土壤，其抗风蚀能力不同。土壤风蚀的研究不仅研究裸露农田的土壤风蚀问题，还要研究沙地、沙漠等的土壤风蚀问题。因此，原状取土器不仅要能够采集农田土样，还应可以采集草地、沙地和沙漠等不同地表的土样做风蚀实验，而且采集到的土样应接近原始状态。

7.2.2.1 总体结构设计

（1）箱式取土器的结构和特点

箱式取土器长、宽、高分别为 1147mm、424mm、167mm，由中隔板、楔形刃口侧板、手柄、地钉套、丝杠、刃口、楔形刃口插板、地钉套等组成，用 4mm 厚 Q235 型钢板焊接而成，如图 7-6 所示。

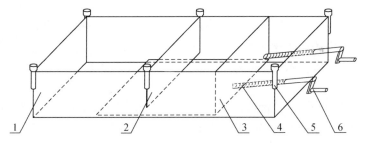

1.楔形刃口侧板；2.中隔板；3.楔形刃口插板；4.丝杠；5.地钉套；6.手柄

图 7-6　箱式取土器
资料来源：赵寰宇，2006

取样时，需要在待取土样侧面挖一个剖面坑（510mm×410mm×200mm）；使用重锤少击取土器地钉，使整个取土器均匀压入地面；缓慢摇动手柄带动丝杠旋转，推动插板缓慢前进，使土样和土壤分离。利用该取土器取得原状土样的尺寸为 500mm×400mm×150mm。

卸样时，打开折叠式取样箱两侧的折叠板，使折叠板与取土器底板在同一平面内。把取土器放置在底板和折叠板上，使土样的位置恰好在折叠式取样箱内，然后轻轻摇动手柄旋转丝杠，带动楔形刃口插板缓慢向远离土样方向移动。当楔形刃口插板和土样完全分离时，移去取样箱，合上折叠板，扣上吊扣，这样就完成一次取样和卸样。

箱式取土器适用于砂土，采用重锤少击和手动相结合的方式。它结构简单，使用方便，易于加工，进入土层比较顺利，取样器内壁摩擦阻力小，所取得土样较接近原来的状态。

（2）框式取土器的结构和特点

框式取土器长、宽、高分别为 508mm、408mm、150mm，由楔形刃口侧板、活动侧板和螺栓等组成，用 4mm 厚 Q235 型钢板焊接而成，如图 7-7 所示。

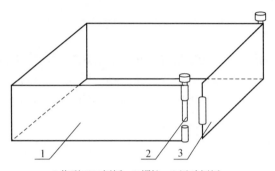

1.楔形刃口侧板；2.螺栓；3.活动侧板

图 7-7　框式取土器

资料来源：赵寰宇，2006

取样时采用重锤少击取土器的周围侧板，使整个取土器均匀且顺利进入土层，用铁锹把取土器周围的土壤挖走，移出取土器。可获取的原状土样尺寸为 500mm×400mm×170mm。

当框式取土器卸样时，打开折叠式取样箱两侧的折叠板，并使折叠板与取土器底板在同一平面内。若土样底面不平，使用锋利的长板刮平整，然后放置土样在折叠式取样箱中，抽出螺栓，打开活动侧板，拿走取土器，合上折叠板，扣上吊扣，这就完成了一次取样与卸样。

框式取土器结构简单，三面固定一面可活动，易于取样和卸样，能够采集土壤硬度高的黏土和壤土类型的土样，也可采集留茬地、草地等土样，应用较广泛。

（3）折叠式取样箱的结构和特点

取土器取样之后，样品需要存放在取样箱中，运送到实验室开展风洞实验。为此，内蒙古农业大学设计了折叠式取样箱，其长、宽、高分别为 520mm、420mm、180mm，由上箱和下箱组成；下箱主要由立板、拉手、折叠板、吊扣、合页、底板组成，用五合板加工而成，如图 7-8 所示。折叠式取样箱用于盛放取土器卸下的土样，可盛放土样最大的体积为 500mm×400m×170mm。

折叠式取样箱可盛放深度不一的土样，实验时放下两端折叠板，使土样表面与风蚀风洞底面在同一平面内。同时，取样箱还设计有吊扣和拉手，方便搬动和运输。

为防止运输对土样的扰动，在运输车的车厢内垫一层厚 10～20mm 的硬纸板或平铺20～30mm 厚的细沙，在折叠式取样箱之间填充硬纸板、泡沫或薄木板等缓冲材料，车速限制为 40 km/h，搬运土样要轻拿、轻放。

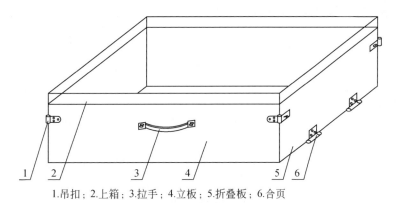

1.吊扣；2.上箱；3.拉手；4.立板；5.折叠板；6.合页

图 7-8　折叠式取样箱

资料来源：赵寰宇，2006

7.2.2.2　主要参数的选择

取土器的结构和参数决定着土样保持原状的程度与取样效率。参考《岩土工程勘察规范》（GB50021—94）对取土器技术参数的规定，面积比和刃口角度是两个重要的参数。

（1）面积比的计算

面积比是取样器最大断面与所取土样面积之比的百分值，计算公式如下：

$$A_r = \frac{S_w - S_n}{S_n} \times 100\% \tag{7-2}$$

式中，A_r 为面积比；S_n 为取样器楔形刃口最小面积；S_w 为取样器楔形刃口最大面积（此最大面积针对于箱式取土器，不包括取样时在待取农田土样侧面挖掘的剖面坑的面积）。

《岩土工程勘察规范》（GB50021—94）规定敞口薄壁取土器的 A_r 须小于 10%，这样才能够保证原状农田土样的质量。经计算，内蒙古农业大学所设计的取土器的面积比为 3.6%，满足小于 10% 的要求。

（2）楔形刃口设计

取土器的刃口形状和刃口的角度是获取原状土样的重要因素，它能够减少土体的阻力和减轻土样的扰动。一般来说，刃口角度越小，土壤的切削阻力也越小。张力群给出了管靴刃口角度与无侧限抗压强度的对应曲线，得出管状靴刃口角度为 10° 时，无侧限抗压强度达 90% 以上；管状刃口角度为 20° 时，无侧限抗压强度达 80% 以上；管状靴刃口角度为 30° 时，无侧限抗压强度仅为 70% 左右。《岩土工程勘察规范》（GB50021—94）规定敞口薄壁取土器的刃口角度为 5°～10°。经过综合考虑，内蒙古农业大学设计的取土器刃口角度为 20°。

参 考 文 献

陈杰锋，储诚富 . 2005. 原状土的无侧限抗压强度实验研究 . 山西建筑，（9）：89-90.

冬梅.2005.可移动式风蚀风洞集沙仪及排沙器的性能实验研究.内蒙古：内蒙古农业大学硕士学位论文.

冬梅，赵士杰，陈智，等.2012.风蚀风洞排沙器设计与性能实验.农机化研究，(10)：135-138.

贾国英.2003.水利水电工程地质勘察中取土器及取样方法的探讨.电力学报，18（4）：317-318.

贾书刚，杨学明，王淑平，等.1995.新型直压式手动原状土取土钻设计、性能分析及其应用.水土保持研究，(1)：61-79.

李博聪.2003.敞口薄壁取土器在珠江出海八大口门整治工程勘察中的应用.内蒙古水利，93（3）：66-67.

明章鹏，王浚.2011.沙风洞两种加沙方式效果的仿真及实验对比分析.系统仿真学报，23（3）：603-607.

邵明安，王全九，黄明斌.2006.土壤物理学.北京：高等教育出版社.

中华人民共和国建设部.1994.岩土工程勘察规范（GB 50021—94）.北京：中国建筑工业出版社.

曾德超.1995.机械土壤动力学.北京：科学技术出版社.

张力群.2003.取土器的合理选用与改进.探矿工程，(3)：33-34.

赵寰宇.2006.利用风蚀风洞研究原状农田土样的风蚀特性.内蒙古：内蒙古农业大学硕士学位论文.

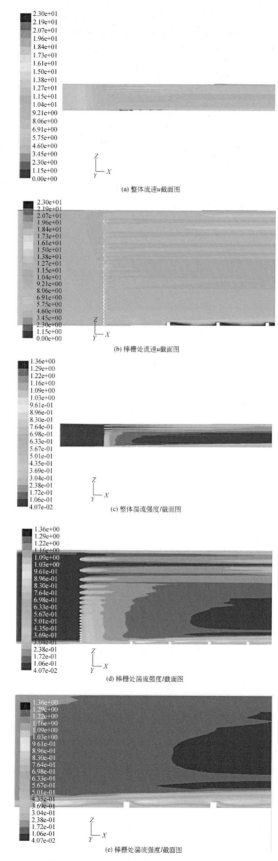

(a) 整体流速u截面图

(b) 棒栅处流速u截面图

(c) 整体湍流强度I截面图

(d) 棒栅处湍流强度I截面图

(e) 棒栅处湍流强度I截面图

图 4-20　风洞流场截面图（$u=10\text{m/s}$）

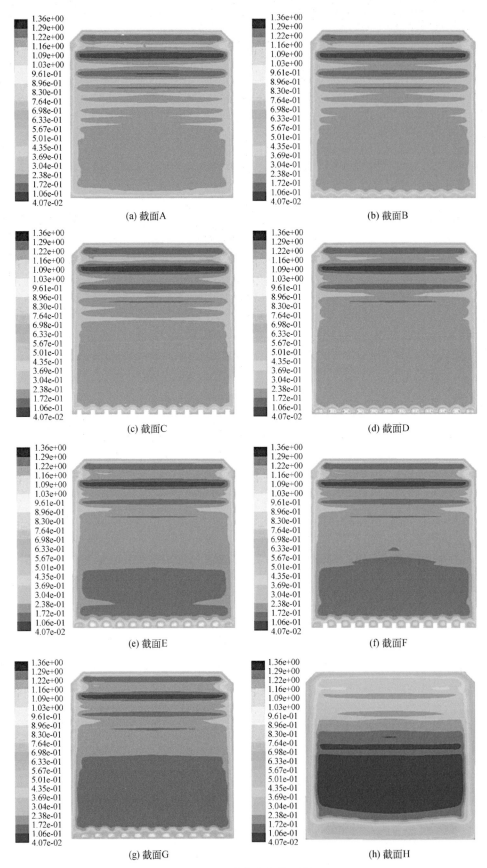

(a) 截面A   (b) 截面B

(c) 截面C   (d) 截面D

(e) 截面E   (f) 截面F

(g) 截面G   (h) 截面H

图 4-22 湍流强度截面图